— 走近西方心理学大师丛书 —

心理学大师的失误启示录

熊哲宏 / 主编

中国社会科学出版社

图书在版编目（CIP）数据

心理学大师的失误启示录/熊哲宏主编．－北京：中国社会科学出版社，2008.7

（走进西方心理学大师丛书）

ISBN 978－7－5004－7037－3

Ⅰ．心… Ⅱ．熊… Ⅲ．心理学－研究－西方国家 Ⅳ．B84

中国版本图书馆 CIP 数据核字（2008）第 094259 号

责任编辑　李炳青
责任校对　韩天炜
封面设计　回归线视觉传达
版式设计　王炳图

出版发行	中国社会科学出版社
社　　址	北京鼓楼西大街甲 158 号　　邮　编　100720
电　　话	010－84029450（邮购）
网　　址	http://www.csspw.cn
经　　销	新华书店
印　　刷	北京君升印刷有限公司　　装　订　广增装订厂
版　　次	2008 年 7 月第 1 版　　印　次　2008 年 7 月第 1 次印刷
开　　本	710×980　1/16
印　　张	28.35　　插　页　2
字　　数	378 千字
定　　价	49.00 元

凡购买中国社会科学出版社图书，如有质量问题请与本社发行部联系调换

版权所有　侵权必究

主编序言：叩问心灵探索者的心灵

亲爱的读者朋友，当你看到《心理学大师的失误启示录》这样一本书时，你一定会纳闷，抑或吃惊不小：既然被称作"心理学大师"，怎么他们也会有失误？而且他们的失误还能给我们以启示？可以想象，你的纳闷乃至吃惊是完全可以理解的。在这个序言里，我就要试图阐明一下，心理学大师为什么也会犯错误，而且这些错误又能给我们什么样的启示。

在一般读者特别是心理学爱好者的心目中，心理学是一门最神圣、最奇妙的学问，因为它探究的是世间万物之灵（人类）的"灵"这个东西——而这个"灵"就是我们所说的"心理"（西方人称之为"Mind"）；而心理学家则是这个世界上最伟大的科学探险家，因为他们拥有最奇妙的智慧来洞察"人自身的宇宙"即心理；更何况"心理学大师"——他们是科学探险家这一群体中最璀璨的明珠！可是，就连他们也会犯错误，那世间不就不存在完美之人了吗？

是的，世间本不存在"完美"——充其量，完美只是人的一种理想（柏拉图把理想视为他所谓的"理念"之一种）；而之所以是一种"理想"，笛卡尔的解释是，因为"完美的东西不可能来自不完美的东西"，而人，正是这样一种"不完美的东西"。笛卡尔甚至说了这样一句话："最伟大的人有最高尚的美德，同时也能做最糟糕的坏事。"后来，像海德格尔这样一位存在主义心理学大师也承认："思想伟大的人，犯的错误肯定也大。"

如果你怀着这种态度对待你将要接触的这些心理学大师，你就会

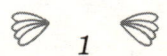

心理学大师的失误启示录

发现，心理学大师犯错误，的确是情有可原的，因为他们所探索的是"心理"这一世界上最复杂、最隐秘、最难解的现象；不仅如此，心理学家独有的研究方式似乎也使得他们不能不犯错误——这就是我在《西方心理学大师的故事》（广西师范大学出版社，2006）中所说的："心理学知识的提出具有强烈的个人色彩，其中打上了心理学家深深的人格烙印。心理学与其他科学的一个不同之处是：心理学家研究'心理'，基本上——或说到底——是自我反省式的。所谓'自我反省式'，就是说，不管心理学家是研究可观察行为，还是洞察内在的心理状态，甚或提出关于心理如何运作的理论模型，其实都是心理学家用自己的主观意识去探索'大脑的产物'即心理。在这个意义上，心理学家都是'自己面对自己'。"

既然心理学家是采用"自己面对自己"的方式去探索人的心理，那么我们就有必要把本书撰写的主题确定为：首先，在充分估价西方历史上和当今著名心理学家的杰出贡献的基础上，着重探讨他们的各种失误。这些"失误"包括：他们在心理学的理论上和方法上的缺陷与不足；他们对后来心理学的发展所产生的某些消极影响；他们的某些创伤性经历，人格缺陷与人格障碍，生活中的怪癖，糟糕的（可鄙的）行为（如伪造数据，虚假案例等），难以抵挡的各种诱惑（如名声、权力、金钱和性），以及在人际关系、道德规范、性关系等日常生活上的失误。在此基础上，我们还要进一步探讨西方心理学家的这些失误对中国的心理学发展、中国心理学家的素质培养，乃至普通人的心理健康所具有的重要"启示"。敏感的读者即刻就会发现，本书的立意是极富创造性的，无论从哪个意义上说，它都填补了我国西方心理学史研究的一项空白。

人格缺陷、日常生活失误与大师的思想

本书要探讨的第一个主题是，心理学大师在日常生活中有哪些失

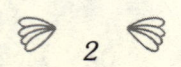

误？这些日常生活中的失误与他们的心理学思想又有什么样的内在联系？具体来说，我们要深究的是这样一些问题：他们的童年经历（特别的某些创伤性经历）是怎样造成了他们的人格缺陷或人格障碍（包括生活上的某些怪癖）？他们在学术研究中有过哪些糟糕的或可鄙的行为（如伪造数据、杜撰虚假案例等）？他们可曾面临过抵挡不住的诱惑（如名声、权力、金钱和性）？他们是否在道德规范、人际关系和性关系等方面犯过错误？等等。

你可能会质疑：这有必要吗？其实，我们了解大师的人格缺陷和日常生活方面的失误，绝非为了猎奇，或满足人们本能中的某种偷窥欲；更不是有意贬低甚至丑化心理学大师。我们重视大师在这方面的失误，其表层的意义很显然，就是有助于我们把握心理学家到底是什么样的人，还心理学家以本来面目，而避免将其"理想化"、"神圣化"；而更深层的意义还在于，只有通过追溯大师日常生活中的失误、特别是他们人格上的缺陷，我们才能更精准地把握其心理学思想的内涵、贡献与不足。诚如尼采所说："每种伟大的哲学都是其创立者的自白——一种秘密的、不情愿的个人传记。"福柯更是直白地道出："在某种意义上，我总是想让我的书成为我的自传的片断。我的书总是关于我对疯狂、监狱和性的个人问题。"

心理学大师并非神仙或"圣徒"，他们和你我一样，不过是普通凡人一个，有着常人都会有的心理问题，或犯一般人都会犯的错误。像弗洛伊德就得过神经症，詹姆斯年轻时就患背痛和抑郁症，福柯一直吸毒、尝试自杀、施虐受虐以致最后体验艾滋病的折磨，鲍德温曾在一家妓院被人发现，华生年轻时喜欢搞点婚外恋……就连以探索"我们时代的神经症人格"而著称的霍妮，也很难说她自己就不是一个典型的神经症人格。而造成这种人格特征的主要原因是童年的压抑："我把手指按在嘴唇上保持沉默、沉默、沉默。陌生人对我们算得了什么，值得我们将内心向他们开放？"（霍妮：《青春期日记》）一个粗暴的父亲，一个因婚姻不幸而多病的母亲，一个得到偏爱的哥

心理学大师的失误启示录

哥——霍妮的家庭环境是培养她神经症人格的苦涩土壤,并且一生如影随形。依据霍妮的"基本焦虑"理论,便可看出她早期的生活经验对她人格发展的影响。她的父母具有"基本罪恶"——缺少对她的爱,这使得霍妮心中产生了对父母的敌意(即她后来所定义的"基本敌意")。但由于身为儿童的无助感、恐惧感和内疚感,她压抑了自己的敌对心理。这样她就陷入了既依赖又敌视父母的不幸处境之中,从而埋下了神经症人格的种子。而且,这种敌意后来投射、泛化到外部世界,使她觉得整个世界充满着危险和潜在的敌意,并深感自己内心的孤独、软弱和无助。同时,她那坎坷的童年经历迫使她滋生了一种防御行为,而这种不当的"防御"却在日后损害了她的人际关系。

更令我们感兴趣的是,霍妮的某种神经症人格内在地影响到她的理论的性质和特征。后期的霍妮自己承认对男性有"不顾一切的需要",而这也只能归咎于她不幸的童年。她成长的环境助长了她无意识的自我欺骗、男女交往中有意识的虚伪。她一直害怕在感情上过度依赖他人。她在《自我分析》一书中描述了这样一些爱情神经症症状:"深深地沉浸在爱情之中";"一旦那男子被'征服'了,她们就会对他失去兴趣";"害怕陷入爱河会给她们带来失望和羞辱";"胜过男子就把他撇在一边,抛弃他,正如她们自己曾经感受到被撇在一边、被抛弃一样"……霍妮自身的情感经历潜移默化地影响了她的理论,正是对她自身的反思使她得出了与正统精神分析不同的结论。通过对女性阉割情结、女性的男性气质情结、女性性冷淡、女性受虐狂倾向等所做的精神分析,她认为女性身上的这些人格特征,实际上并不是由生理原因造成的。女性如何体验自身的生理特点,是深受其文化因素影响的。由此,她不仅系统地提出了精神分析的社会文化理论,而且还开创了"女性心理学"这一学科领域的先河。

主编序言：叩问心灵探索者的心灵

理论和方法上的失误与大师的命运

　　大师们在理论和方法上的失误，更是本书着力探讨的中心主题。这是因为，从美国科学哲学家库恩"范式"的观点看，对一个心理学大师的历史地位、贡献与不足进行考察的最佳方式，莫过于看他提出了什么样的"理论假设"？独创了什么样的"研究方法"？建构了什么样的"概念框架"（或概念网络）？而这三个方面正是库恩的"范式"观所意指的内涵。

　　我们知道，科学始于问题；而按爱因斯坦毕生的科学经验，发现一个问题甚至比解决问题更重要、更难能可贵。但无论是发现问题还是最终解决问题，都依赖于你是否能提出一个作为全部研究出发点的理论上的"假设"——一个科学史上前所未有的假设！我们说弗洛伊德是一位当之无愧的心理学大师，是因为他提出了自己特有的三个假设：一是"心理动力学"假设——把人的心理生活还原为"能量"（或"力"）的相互作用和反作用；二是"心理地形学"假设——把心理看成"由许多可以用空间概念来表示相互关系的机制或系统"——意识、前意识和潜意识——所组成的；三是"心理经济学"的假设——"力比多"和"精神能量"是守恒（即恒定、不变）的。弗洛伊德正是以这三个独特的假设为前提，建构起了经典精神分析的整个宏伟大厦。如果这个大厦有致命缺陷或坍塌的可能性的话，那最终分析起来还是要追究到这些假设的不合理性上。皮亚杰的"发生认识论"也依赖三个"基本假设"："后成论"（或"衍生论"）假设、智慧的"适应论"假设，以及主客体相互作用即"建构论"假设。

　　因此，我们在分析大师理论上的失误时，将其着眼点放在理论假设上。例如，笛卡尔假设，心理与身体（大脑）不仅是分离的，而且心理从本质上说是"同质的"——"我们只有一个灵魂，而这一

心理学大师的失误启示录

灵魂本身内部各部分之间不存在差异性"。也就是说,他把心理看作是单一的、透明的(可内省的)、可渗透的东西。而他的这种心身"二元论"和"同质性"假设,给后来的心理学史乃至当今的心理学研究带来了近乎灾难性的影响。皮亚杰假设儿童心理的发展是"领域普遍"的:在儿童的发展中,只存在一条"单一的"、"中心性的"发展路线,即"逻辑数学结构"的发展;这条主线支配并影响着儿童其他所有的认知能力的发展。但目前世界范围内的"领域特殊性"浪潮的掀起,也许正是对皮亚杰那种过于普遍化、纯粹逻辑数学化的发展观的一种反弹。

要是有了一个好的假设,那么下一步就要发明一种新的科学方法去验证这个假设。此时,就到了大师成长道路上的关键一步了!因为心理学之所以能够从"常识心理学"——人类天赋上具有的一种揣摩、推测他人心理的能力,上升到今天为科学界所公认的"科学心理学",最主要的是得益于心理学科学方法的发现和运用。如实验法、观察法、测量与调查等,就是科学心理学常用的方法。根据我们的研究,心理学大师在方法上的表现,既有可歌可泣、千古传颂的壮举,也有贻笑大方、名声扫地的遗憾!

例如,高尔顿出于对"心理遗传"和"个体差异"的信念或偏爱,致使他在方法上做出了一系列创新。除了他的家族研究和自陈问卷外,关于心理表象的测定,使他获得了差异性与亲属间相关性的报告;观念联想的研究,词汇联想测试的发明,以及对双生子进行的追踪调查等,这些已成为今天心理学研究中经常用到的方法。但仅就智力测验而言,高尔顿在方法上的失误也是极为明显的。尽管心理测验的简便性为大样本的个体差异研究提供了可能,但是高尔顿却认为用两种品质就可以鉴定人的聪明程度:一是"精力",即工作能力;二是"敏感力",按照他的说法,越是聪明的人对周围刺激的敏感性越高。听起来这似乎颇具科学性。虽然他借助他的"人体测量室"得到了很多统计数据,但遗憾的是,他所测量的东西似乎并没有怎么与

"智力"挂上钩，连听力、臂长、体重、肺活量这些都被包括在内。对此，斯腾伯格曾调侃道，如果听觉测验也可以用来测定智力的话，那家里养的猫也要比我们聪明多了。

皮亚杰在方法上的不足更是耐人寻味的。你可以说他是世界闻名的生物学家、哲学家、心理学家、"发生认识论者"，但唯独就缺个"统计学家"的称号。看来他在这方面还是有些薄弱的。他在数据获得和处理上的一些做法不够科学，这就免不了他在统计方法上遭到一些非议。皮亚杰避免使用某种高度标准化的方法，而偏爱以"临床法"取向的方法来探测儿童的知识。从他的家庭背景来看，他母亲的神经症激起了他对精神分析的兴趣，引起了他后来对临床法的偏爱。他的研究主要基于个体的原始记录而非基于群体均数和统计检验。他的样本取样也不甚科学。他婴儿期研究的样本主要限于他自己的三个孩子。在他的报告中，很少提及他的样本大小及样本的构成方面的内容，而且他也经常没有区分其研究是在被试间还是被试内。

大师的失误对后世的消极影响

在通常的《心理学史》教科书中，尽管也会从历史的角度谈到某一心理学家的缺陷与不足，但其缺陷与不足，究竟是如何影响后世心理学的发展的？它们给后世心理学的发展带来了哪些消极的或不良的后果，则一直是此类教科书没有解决好或留有缺憾的问题。

当然我们也可以退一步说，这个问题实在太大、太难。至少，你需要时间，需要历史长河的淘洗、检验，才能给某一大师以客观的、合理的历史定位；同时，你需要有无畏的探索精神和理论上的勇气。此外，你还需要有合理的心理学史研究方法。方法不得当，就可能差之毫厘，失之千里。但就本书而言，也许我们可以自豪地说，我们关于心理学大师对后世的消极影响的研究，不啻为中国心理学史研究的一个大胆的创新尝试！

心理学大师的失误启示录

在确立大师的某些消极影响时，我们坚持了两个方法论原则：第一，纵向分析原则。这就是说，按某一大师所属的思潮（如，是"科学主义"，还是"人本主义"）、流派或学派（如，是"行为主义"，还是"认知主义"等）、范式（如，是"机体中心论"，还是"环境中心论"等），从其历史沿革或演变的角度，看某一大师对后世所产生的不良影响。第二，横向分析原则，即按大师所处的时代，他对自身所属思潮、流派或范式之外的其他思潮、流派或范式所产生的不良影响。我们相信，通过纵向分析和横向分析原则的有机结合，就能对大师对后世的消极影响问题给出一个合理的答案。

作为纵向分析的一个例子，我们再来看一下高尔顿。从历史的观点看，高尔顿关于"相关分析"的统计方法的发现，其重要性怎么强调都不会过分。为了给心理的遗传本质提供证据，高尔顿对他所收集的数据进行分析，发现每一项测量的结果都符合一个"钟形"的概率曲线，而在他对遗传天才的研究中，也发现了这种"回归中庸"的现象。终于，他发现了"回归线"这一分析工具，并指导自己的学生卡尔·皮尔逊提出了计算相关系数的公式（即"皮尔逊积差相关系数"），这个公式目前仍在使用。

但是，从对后世的负面影响看，高尔顿的这些创新并非都得到了正确的应用。例如，后世的人们在运用他的"回归中庸"理论过程中，常常会犯所谓"高尔顿谬误"——例如，如果人的身高代代都向中等平庸回归，那人类的身高必将趋于平均——一种貌似正确、实则大谬的推论（究其原因，是因为人们过分地按照统计的方法追求平均，却忽视了机会的变异和不确定性）。

至于高尔顿把他的"人体测量"等同于智力测验，尽管问题不少，但在当时，人们仍然很看重它。人体测量最热情的倡导者当属卡特尔（James Mckeen Cattell）。他原是冯特的学生，却怀疑并不是所有人都能通过冯特的方法进行"内省"。他在高尔顿那里工作了两年，把其思想引入自己的测验里并带回美国。卡特尔后来发明了

"心理测验"这个术语，并借此掀起了心理测量运动。然而，到了1901年，当卡特尔终于收集到足够的数据，他的学生威斯勒（Clark Wissler）对这些数据进行了"高尔顿—皮尔逊相关分析"，却发现其测验得分，既不与被试学业成绩相关，测验间的相关也极低，这足以使人们质疑这种测量方法的有效性。后来，仍有许多人在重蹈高尔顿和卡特尔的覆辙。他们编制了一些摒弃已久的测验，如用简单反应时和直线长度判别时间来测量智力。

作为横向分析原则的一个例子，我们还是再来看一下皮亚杰。总的来说，他的许多过失不仅对他的理论体系而且对20世纪下半叶的整个心理学，都具有一定的负面意义。他的巨大功绩是创建了"发生认识论"这一宏伟体系，他的许多天才式的创举为发展心理学的研究提供了无数的启示。但是，从横向影响，特别是其负面后果的角度看，皮亚杰那包罗万象的"统括性"理论，对当代心理学的各个思潮、流派的影响是空前的。特别是"领域普遍性"思想，对他来说，就不仅仅是一种发展观，而且涉及对"心智如何运作"（How Mind Work）这一心理学核心问题的总体性理解。若用一句话来概括这一点就是："如果皮亚杰的领域普遍观是正确的话，那么领域特殊观就是错误的。"此话反过来说也照样成立："如果领域特殊观是正确的话，那么皮亚杰的领域普遍观就是错误的。"应该说，在这个实质性问题上不存在折中的可能性。

而仅就发展心理学这个研究领域本身来说，皮亚杰从个体"智慧的发生"来研究儿童心理，实际上也是为这个领域的发展框定了一条既定的"路线"——后继者很多都要沿着他的路走，这在某种意义上其实是禁锢了人们的创造性。或者这样说，如果没有皮亚杰，发展心理学不会走到今天的样子，也许他真的建立了一门"了无生气"的学问；可是谁又敢说没有这样的可能——儿童心理学沿着"另外"一条路走了，并且走得更好，更加硕果累累。当然，说皮亚杰的理论框架在某种程度上限制了儿童心理学的发展，并不会抹煞皮

心理学大师的失误启示录

亚杰在儿童心理学乃至整个心理学中的地位。

发人深省的启示

在揭示了心理学大师在日常生活、理论和方法上的失误及其对后世的负面影响后，本书的最后一个主题便是，所有这些失误对于我们今天的心理学工作者和爱好者来说，究竟意味着什么？应该说，这是我们这项创新性研究的落脚点。

从思维的逻辑上说，大凡"启示"之类的东西，一般可从两种途径得出：或者是靠读者在阅读过程中自发地感悟；或者是研究者自然而然地导出。在本书中，我们有意识地运用了这两种途径。就前者来说，我们有时重在分析大师的失误在哪些方面，特别是导致某种失误的原因是什么，而把启示留给读者去思量。这不仅有助于让读者在明确问题的过程中发现新的问题，而且有助于培养读者的批判性反思能力；而就后者而言，我们则尽可能旗帜鲜明地概括出启示所在。这些启示涉及对中国的心理学发展、中国心理学家的素质培养，乃至普通人的心理健康和健全人格的形成等。

最后我要再次强调的是，我们研究心理学大师的"失误"，是为了汲取伟人的经验教训，进一步推动中国心理学事业的健康发展。尽管我们在本书中对大师们采取了不留情面的态度，但我们绝没有贬低、丑化他们的意思。我们力争全面地收集和占有资料，进行客观、严肃、认真地研究，然后得出尽可能科学的、准确的结论。不是随意评判，更没有妄下结论。当然，我们最终做得如何，只有请聪慧的读者不吝指教了。

目　录

主编序言：叩问心灵探索者的心灵 …………………………（1）

早期哲学心理学大师

柏拉图：孤独的灵魂 ……………………………………（3）
亚里士多德：坚实脚印的"旁边" ………………………（17）
培根：从平步青云到坠入谷底 …………………………（28）
笛卡尔：又一个"亚里士多德" …………………………（36）
卢梭：浪漫与现实的距离 ………………………………（46）
萨德侯爵：思想与行为的放浪形骸 ……………………（59）

科学心理学诞生时期的心理学大师

赫尔巴特：先驱与逆流 …………………………………（71）
费希纳：心与身的碰撞 …………………………………（84）
冯特：心理学界的泰坦 …………………………………（93）
铁钦纳：从创立者到终结者 ……………………………（102）

功能主义学派心理学大师

达尔文：进化中的一声叹息 ……………………………（115）

心理学大师的失误启示录

高尔顿：天才的悲哀 …………………………………… （126）
比纳：学路漫漫寂寞行 ………………………………… （138）
詹姆斯：在矛盾的漩涡中挣扎 ………………………… （149）
桑代克：亡羊补牢 ……………………………………… （162）

行为主义学派心理学大师

华生：矫枉过正的行为主义者 ………………………… （175）
麦独孤：一个麦田中的孤独者 ………………………… （189）
班杜拉：一位折中主义心理学家的尴尬 ……………… （199）

精神分析学派心理学大师

弗洛伊德：一半是海水，一半是火焰 ………………… （213）
荣格：一个神秘主义教派的领袖 ……………………… （231）
霍妮：经典精神分析的"社会文化"外衣 ……………… （241）
弗洛姆：苛刻的理想主义者 …………………………… （253）
金赛：徘徊于道德的边缘 ……………………………… （264）
赖希：在孤独中爆发 …………………………………… （274）

存在主义与人本主义心理学大师

克尔凯郭尔：孤独中迸发的激情 ……………………… （285）
叔本华：整个世界的蔑视者 …………………………… （297）
尼采：矛盾冲撞中的狂人与天才 ……………………… （309）
海德格尔：上帝和撒旦的宠儿 ………………………… （321）
萨特：时势造就的错误 ………………………………… （331）
马斯洛：越不过理想的巅峰 …………………………… （340）

目　录

罗杰斯："冷漠的"咨询师 …………………………………… （350）
罗洛·梅：没有实证支撑的爱 …………………………………… （361）

认知主义心理学大师

维特根斯坦：哲学思考的受难者 ………………………………… （373）
皮亚杰："博而不专的"发生认识论掌门人 …………………… （382）
科尔伯格：一曲理想主义者的悲歌 ……………………………… （396）
福柯：疯狂于性与死亡之间的"酷儿" ………………………… （411）

参考文献 …………………………………………………………… （422）
跋：祈盼21世纪诞生中国心理学大师 …………………………… （428）

早期哲学心理学大师

柏拉图：孤独的灵魂

哲学家的灵魂与其他灵魂的根本区别，在于其是否善于回忆。

——柏拉图

　　柏拉图无疑是西方思想史上最有影响的哲学家之一。用罗素在《西方哲学史》中的说法，"柏拉图和亚里士多德是远古、中古及近代的所有哲学家中最有影响的人；而在他们两个人中间，柏拉图对后世所起的影响尤其来得大……"

　　这样的评价用在柏拉图身上并不过分，因为他的哲学思想是西方历史上第一个全面涵盖了形而上学、认识论、伦理学、政治学、辩证法等这些哲学领域的完整的理论体系。柏拉图的老师苏格拉底首次将伦理学引入哲学的范畴，使哲学不再仅仅是探究世界的来源和本质的学问，而与普通人的生活发生了直接的联系。如果说苏格拉底给哲学带来了伦理学和辩证法，那么柏拉图就给了哲学一个完整的体系，并以此深深地影响了他本人的大弟子——亚里士多德。

"生逢苏格拉底时代"的"柏拉图"

柏拉图（Plato，约公元前427年—前347年），原名亚里斯多克勒斯（Aristokles），后因强壮的身躯和宽广的前额，改名为柏拉图（在希腊语中，Platus一词是"平坦、宽阔"的意思）。家中排行老四。"柏拉图"是其体育老师给他起的绰号。

他出生于雅典，父母为名门望族之后，从小受到了完备的教育。他早年喜爱文学，写过诗歌和悲剧，并且对政治感兴趣，20岁左右同苏格拉底交往后，醉心于哲学研究。他常说："感谢上帝，我生为希腊人而非野蛮人，生为自由人而非奴隶，生为男子汉而非女人；尤其是，我生逢苏格拉底时代。"公元前399年，苏格拉底受审并被判死刑，使他对现存的政体完全失望。老师的死给柏拉图以沉重的打击，他同自己的老师一样，反对民主政治，认为一个人应该做和他身份相符的事，农民只管种田，手工业者只管做工，商人只管做生意，平民不能参与国家大事。苏格拉底的死更加深了他对平民政体的成见。他说，我们做一双鞋子还要找一个手艺好的人，生了病还要请一位良医，而治理国家这样一件大事竟交给随便什么人，这岂不是荒唐？

老师死后，柏拉图不想在雅典待下去了。28—40岁，他都在海外漫游，先后到过埃及、意大利、西西里岛等地，他边考察边宣传他的政治主张。公元前388年，他到了西西里岛的叙拉古城，想说服统治者建立一个由哲学家管理的理想国，但目的没有达到。返回途中他不幸被卖为奴隶，他的朋友花了重金才把他赎回来。

公元前387年柏拉图回到雅典，在城外西北角一座为纪念希腊英

雄阿卡德穆斯而设的花园和运动场附近创立了自己的学校——"学园"（或称"阿卡得米"，Academy）。学园的名字与学园的地址有关，学园的校址所在地与希腊的传奇英雄阿卡得摩斯（Academus）有关，因而以此命名。这是西方最早的高等学府，后世的"高等学术机构"（Academy）也因此而得名，它是中世纪时在西方发展起来的大学的前身。学园存在了900多年，直到公元529年被查士丁尼大帝关闭为止。学园受到毕达哥拉斯的影响较大，课程设置类似于毕达哥拉斯学派的传统课题，包括了算术、几何学、天文学以及声学。

公元前367年，柏拉图再度出游，此时学园已经创立二十多年了。他两次赴西西里岛企图实现政治抱负，并将自己的理念付诸实施，但是却遭到强行放逐，于公元前360年回到雅典，继续在学园讲学、写作。直到公元前347年，80岁的时候，柏拉图在一次婚宴上兴高采烈地谈笑风生之际溘然长逝。

理念论

古希腊学者阿那克萨哥拉在物质运动的动因方面提出了"心灵说"。"心灵"有两个特征：（1）心灵具有外在的独立性，亦即心灵是在事物之外对事物起作用的能动力量。我们现在可以理解为"灵魂"。（2）心灵是不可感知的精神实体。它独立，有最大的力量，无所不在，推动一切事物。这种心灵的概念预示着柏拉图的理念论。

柏拉图的理念论区分了"现实世界"和"理念世界"。柏拉图认为最高的"理念"（Ideas）不是通过实际事物，而是通过灵魂与肉体的分离才能达到的对纯粹知识的理解。死就是灵魂与肉体的分离，哲学家只有死了，才能获得纯粹的知识。这既是柏拉图对他的老师苏格拉底之死所作的一种理论上的说明，也是他的悲观主义认识论的必然结论。苏格拉底的死加之当时城邦奴隶制由极盛转向衰弱对柏拉图造成了极大的打击，无论是从人格还是理论上，都对柏拉图产生了终生的影响。

理念论有如下几个重要观点：

1. 事物的本质是可以认识的，它是通过灵魂来认识的。柏拉图把对事物本质的认识称为"形式"的知识。人们的感官只能认识具体的事物及其"影像"，不能认识"形式"，只有灵魂才能认识和把握"形式"。

2. 人的肉体是污浊的，它阻碍着灵魂对真理的认识。因为肉体中充满了爱、惧等各种欲望和情感，它们干扰了灵魂的领悟和沉思。《斐多篇》中第一次划分了知、情、意。《理想国》中修正为灵魂是理性与非理性或知、情、意的统一。

3. 灵魂的净化和不朽。他认识到事物对立双方的相互转化，用其来解释灵魂不朽论，把灵魂当作永恒的认识主体和认识原则。

柏拉图的理念论在各方面固然开创了历史先河，也对后世造成了巨大的影响，可以说，从奥古斯丁到笛卡尔再到叔本华、尼采，无不踩着他的肩膀再各自为营。可是，其中的某些糟粕也成了人类文明发展的巨大绊脚石。

理念独立于一切又高于一切

> 绝对的美之外的任何美的事物之所以美，那是因为它们分有绝对的美，而不是因为别的原因。——《斐多篇》

对于这句话，柏拉图的意思是：理念第一。理念和具体事物是彼此分离的。柏拉图认为理念是一切事物中最本质的东西，是真正唯一不变的"实在"，而感觉和经验是有可能自相矛盾、有可能欺骗我们的东西。比如同样温度的洗澡水，有人觉得烫了些，有人觉得凉了些。甚至一个人在身体状况不同的情况下对水的冷暖的认知也不同，可见感觉和经验确实很不可靠。而柏拉图的理念，比如数学和逻辑，

柏拉图：孤独的灵魂

还有道德等在他看来是完全客观、永恒不变的，因此更为根本。好比三角形的内角和总是180度，不管世界上有没有人知道这个真理，甚至不管世界上有没有三角形存在。所以绝对真实的"理念"比具体物质更根本。而且我们对这些永恒不变的客观真理的认识仅仅通过逻辑推论就可得到，而不依赖于具体的物质及对具体物质的观察。所以就认识论而言，掌握客观真理（即"理念"）的必要前提在于逻辑推理而不是观察和经验。

上述柏拉图式的"先验论"观点，尤其是其以数学为论据支持"理念第一"的论证方法，似乎很雄辩，但也存在难以自圆其说的漏洞。其一，不错，几何学的那些定理都是客观真理，这些定理往往只能来自逻辑推论。（以三角形内角和为例：我们当然不可能穷举出世界上所有的三角形并丈量其内角再求和，所以我们只能通过几何定理的逻辑演绎来得出三角形内角和为180度。）但是，我们并不是从无到

柏拉图与亚里士多德在一起

有地凭空做推论的，所有欧几里得几何学中的定理，其论证出发点都是少数几个诸如"两点决定一直线"、"三点决定一平面"的公理。这些公理之所以被称为"公理"，就是因为这少数几条作为整个欧几里得几何学推论出发点的公理，在逻辑上是无法证明的，人类对它们的认知只能来自实践，即来自感觉和经验。离开了这些从实践中体验到，并为我们的经验所确认的公理，整个几何学无法只靠逻辑推演而建立起来。所以，即使是高度依赖逻辑演绎技巧来获得的数学知识，也必须依靠人们的感觉和经验作为推论的出发点，而不能被视作不需

通过感知外部世界就能获得、并与具体物质毫无关联的纯粹"理念"。

其二,柏拉图"理念"说的第二个大漏洞来自哲学上的所谓"共相"和"殊相"的关系问题。还是以三角形内角和定理为例,"三角形的内角和总是180度,不管世界上有没有三角形存在"。这个命题本身就存在着很大的毛病。在这个世界上本来就不存在任何"三角形",而只有三角形的物体。比如三角形的水塘、三角形的岩石、三角形的旗帜,等等。当我们要考察与这些物体的形状和位置有关的问题时,为了研究的方便而忽略了这些具体物体的其他性质(如物理、化学性质等)。或者说,世界上根本就不存在一个名叫"三角形"的东西,所谓的"三角形"只是我们在研究几何问题时,从客观世界无数呈三角形的物体中抽象出来的一个抽象概念,即哲学上所说的"共相"。好比自然界里实际上并没有"马"这个抽象的东西,有的只是一匹匹具体的公马、母马、蒙古马、阿拉伯马等。首先有了这些具体的、现实的、一匹匹活蹦乱跳的马,我们才能从中抽取出它们的共性,并赋予这些共性以"马"的抽象概念。如果世界上没有一匹匹具体的公马,母马,蒙古马,阿拉伯马……就根本不会存在"马"这个概念。同理,如果世界上根本没有任何三角形状的具体物质,那么也就根本不会有"三角形"这个抽象概念,更不会有"三角形内角和"之类的概念了。同样的道理,世界上也不存在"点"、"线"、"角"、"1"、"2"这样的东西,这些都是人们从具体事物中抽象出来的概念。当原始人需要对物体计数时,他们就必须抛弃具体物体的其他性质而只考虑其数量的多寡,由此发明了计数方法和数字,所以数字也是来源于感觉和经验的抽象概念。数学,不论代数还是几何,归根结底都来自对具体物质的感觉和经验。

其实,亚里士多德也早在学园时期就并不完全赞成理念论了。他指出理念论是一种不可能的理论,柏拉图用来证明理念的存在的那些方法都是无用的。有些东西是不可能有与之相对应的理念的,比如某

柏拉图：孤独的灵魂

些科学的对象、否定的东西，以及变易的东西，等等；反之，有些理念则又没有与之相对应的具体事物，比如"关系"、"否定"等理念。这样，柏拉图就陷入无法摆脱的双重矛盾和混乱。而且，同一个理念，既可以是原型，比如马、羊等特殊的具体动物，又可以是摹本，比如作为种的生物，所以把理念和具体事物截然对立起来是错误的。亚里士多德还认为，任何普遍的东西都不是单个的本体。"本体"是形式和质料（内容）结合在一起的一个具体的整体，比如雕像就是质料（青铜）和形式（形状）两者相结合的统一体。要是将一般和个别分离开，实际上就是又将一般当作个别的东西了。总之，理念不能离开具体事物而独立存在。

"柏拉图式的爱情"

> 人的肉体是污浊的，它阻碍着灵魂对真理的认识。——《费德罗篇》

这里要讨论的是由理念论所引发的"柏拉图式的爱情"。许多人认为那是超越肉体接触的纯"精神恋爱"，其实不完全如此，柏拉图要强调的是爱情的"理念"。无限、永恒是理念本身才具有的特性，肉身不可能追求永恒的爱情，因为肉身是具体的，是会消亡的。这种理论听起来令人费解，什么是永恒？为什么理念上的永恒才是值得追求的爱情？"永恒"就等于压根儿没有发生过；"永远"活着的，等于根本没有活过。正如前面论述过的那样，灵魂（理念）没有肉身（具体事物），可以说从来就不曾活过。"永恒的爱"只是一个语词上的虚构；"永恒"只有附在一次性的在世身体上，才是真实的——也许在这个意义上，我们才能说"爱的永恒"。

幸好，柏拉图没有说肉体根本就是虚无的，毕竟他还承认了有肉体上的爱情，甚至给出这样的定义："有一种欲望，冲破了理性，压

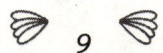

早期哲学心理学大师

倒了求至善的观念，浸淫于美所生的快感，尤其是受到相关欲望的唆使，迷醉于肉体之美，这种强力的欲望就叫做'爱情'。"（《费德罗篇》）当然，这里的定义只是一个幌子，是"狡猾地隐藏爱者"的欺骗。他接受老师苏格拉底的思想，认为真正的爱情是为了美德而委身的，是对美德、对真理的追求。"身体是一个活的坟墓，把那神圣的东西像蚌壳一样困在其中。"所以当心灵摒绝肉体而向往着真理的时候，这时的思想才是最好的；而当灵魂被肉体的罪恶浸染时，人们追求真理的愿望就不会得到满足。原来，柏拉图最终还是认为爱情是有区分的，一个是追求感官适宜和享受的"邪恶"的爱情；一个是追求真理的辛劳和美好的"美德"的爱情。联想到米兰·昆德拉的《不能承受的生命之轻》，那么托马斯与萨比娜一定是那轻逸的、邪恶的爱情，而他与特蕾莎就是沉重的、美德的爱情。同样是爱情，有差异无可厚非，但柏拉图却使它们在伦理道德上有了不平等。

那么柏拉图究竟推崇什么样的爱情呢？古希腊时期风行较年长的男子对少年的同性之恋——"男童恋"，视其为最高的爱情形态。《会饮篇》中隐约可以看出苏格拉底对美男阿伽通的爱慕。正是当时的风尚造就了柏拉图鄙弃肉体的思想。柏拉图终生未娶，80岁的时候，在一个学生的婚宴上溘然长逝。这是巧合，也是命运安排的戏剧，也许暗示着柏拉图式的爱情的偏颇。如果给柏拉图一次放下理念、抛开灵魂、单纯体验男女之间肉体快感的机会，他是否还会得出这样的结论？

昆德拉给出了答案。柏拉图就像那个冒着险割断身体与灵魂的关联，走进那个工程师的无爱之欲中，让自己的"灵魂看着背叛灵魂的肉体"的特蕾莎。灵魂第一次看到肉体并非邪恶，第一次用迷恋惊奇的目光来触摸肉体："肉体那无与伦比、不可仿制、独一无二的特质突然展现出来……灵魂在特蕾莎裸露的、被抛弃了的肉体中哆嗦颤抖……她猛然地感到一种要奔向他的欲望，想听到他的声音、他的言语。如果他送来温和而低沉的声音，她的灵魂将鼓足勇气升出体外，她将大哭一场，将像梦中抱着那栗树的粗树干一样去抱着他。"

柏拉图：孤独的灵魂

此时的"柏拉图—特蕾莎"发现：肉体及其情欲竟然有自给自足的欢乐，不依赖于灵魂的欢乐。

柏拉图，你要怎样去解释这种欢愉？也许尝试着听一下唯物主义者伊壁鸠鲁的说法："我们说快乐是幸福生活的开始和目的。因为我们认为幸福生活是我们天生的最高的善，我们的一切取舍都从快乐出发；我们的最终目的乃是得到快乐，而以感触为标准来判断一切的善。"（第欧根尼·拉尔修《名誓言行录》）幸福总是身体的幸福；没有身体，就不会有幸福这回事。还有尼采的箴言："灵魂不过是附在身体上的一个语词。"现世中，身体的爱情是可以超越灵魂的。杜拉斯的《情人》，湄公河上15岁的白人小姑娘与中国北方的黄皮肤男人的爱情，可以超越时空使死亡在"没有爱情的情人"面前俯首称臣。渡边纯一的《失乐园》，凛子和久木抛弃一切束缚，肉体的愉悦超越了恐惧、亲情、理智等等的一切，让生命永远静止在肉体爱欲的高潮中！

灵魂永恒

一切灵魂都是不朽的。——《费德罗篇》

柏拉图说的"真正的善"、"真正的美"是从来就有的、永恒不变的"理念"吗？非也。现代人类学的发展已经使我们知道了许多早期人类生活的情况，比如在现代社会中人们无法容忍甚至难以想象的乱伦行为、群婚制等在人类社会早期是极为普遍的，非常合乎当时的社会道德规范。甚至直到中世纪，西方的基督教文明把任何不能导致生育的性行为如手淫、同性恋视为极端邪恶、令人不齿的行为；而同一历史时期，在南美的印加帝国，手淫却被视为高尚行为，印加贵族有时候要在祭祀之类的场合公开手淫，那可是出身高贵者的高尚权力。如果说拿和性有关的问题来看善恶有些偏颇，那么我们就不说性吧。即使从其他伦理学问题来看，这世界上也绝对不存在先验的、不取决于任何物质实体的道德观念。比如说，我们常常看到人们抨击某人虐待老人、小孩甚至小动物，但绝不会有人被别人批评说虐待了一块石头。这说明我们的道德观念总是与相应的物质实体有关的。鲁宾逊一人生活在荒岛上的时候，根本就谈不上任何道德问题——因为在岛上根本没有别人，没有所谓"社会"可言。所以柏拉图的道德之类的理念也不能认为是先于物质实体而存在的。道德总是与具体的人类社会相关，没有人类社会，何来道德？有谁会抨击食肉动物捕食羚羊"缺德"吗？

知识回忆说

"洞穴的隐喻"

在柏拉图的《理想国》中，有这么一个著名的"洞穴的隐喻"：有一群囚犯在一个洞穴中，他们手脚都被捆绑，身体也无法转动，只能背对着洞口。他们的面前是洞穴的后壁，他们身后燃烧着一堆火。在那后壁上他们看到了自己以及身后的火堆之间事物的影子。由于他们看不到任何其他东西，这群囚犯会以为影子就是真实的东西。最后，一个人挣脱了枷锁，并且摸索出了洞口。他第一次看到了真实的事物。他返回洞穴并试图向其他人解释，那些影子其实只是虚幻的事物，并向他们指明光明的道路。但是对于这些囚犯来说，那个人似乎比他逃出去之前更加愚蠢，因为除了墙上的影子之外，世界上没有其他东西了。柏拉图用这个故事告诉我们，"形式"或"理念"其实就是那阳光照耀下的实体，而我们的感官世界所能感受到的不过是那后墙上的影子而已。大自然比起我们鲜明的理性世界来说，是黑暗而单调的。不懂哲学的人能看到的只是那些影子，而哲学家则能在真理的阳光下看到外界事物。

在此，柏拉图第一次提出了知觉与理性的区分。这一区分是有意义的，但笔者要批评的是柏拉图对于哲学的夸大化。他认为哲学可以指导一切学科，哲学是理性的最高境界。哲学家可以成就神圣永恒的命运和生活。

亚里士多德强调指出，不存在这种能够证明"一切实在的性质"的科学。一门科学要得到彻底的论证，它就必须从已知的前提出发；如果要通过论证来学习真理的话，就必须先认识到论证的前提；如果要从一种定义来学习这些前提的话，就必须熟悉定义里所用的术语的意义，而对于这些术语的意义，是通过归纳、例证的比较而学习到的。因此，必须熟悉个别事例，即首先必须从对个别事物的感知出发。反之，要是像柏拉图认为的那样，全部真理预先构成一门唯一的科学，而其他各门知识都可以由此演绎出来的话，那就从根本上否认了整个认知过程和学习过程。

后现代主义哲学家罗蒂在《哲学与自然之镜》中指出，具体科学的目标是为我们寻找在世界上为人处世的手段，而哲学的任务乃是提醒我们，我们在任何时候都可以对这样的手段加以改善。我们在任何时候都不能声称，我们已经获得了"完美的"手段。罗蒂作为一名后现代哲学家，否认哲学具有这样的"基础"地位。这主要不是因为他认为有什么别的东西能够比哲学更具有这种地位，而是因为他认为一种知识体系不需要任何这样的基础。体系的各个门类之间需要相互支持、相互挑战、相互改造，从而使整个体系不断处于某种动态的平衡之中。

知识回忆与内省

柏拉图认为所有的知识都来源于"回忆"，来源于对附入身体之前灵魂所具有的知识的回忆。只有通过"内省"（即对内部经验的寻求）才能获得。

在《美诺篇》中，柏拉图为了证明"回忆说"，便列举苏格拉底使美诺的一名从来没有受过教育的童奴，能够完全凭借自己的力量推论出正方形和三角形。笔者认为这个论证存在不合理性。首先，虽然童奴没有受过正规教育，但是他对于"正方形"、"三角形"的概念一定是后天习得的,不然根本无法与苏格拉底进行交流。其次,离开了苏格拉底的暗示和灌输,童奴是无法凭空提出直角三角形的三条边之间的相互关系的。这种勾股弦之间的关系,即毕达哥拉斯定理,是人类通过漫长的生产实践和科学实验而总结出来的。拿现代认知教学心理学观点来看,苏格拉底的这种做法属于问题解决中的启发式教学,启发学生运用已有知识来获得新的知识。

亚里士多德辛辣地嘲笑了柏拉图的理念论赖以确立的回忆说:"如果这门科学实际上是天赋的,那就很奇怪,何以我们竟然没有意识到我们拥有这种科学中间最伟大的科学。"(亚里士多德:《形而上学》)

灵魂的性质

柏拉图《理想国》的中文版封面

在《理想国》和《法律篇》中,柏拉图提出了三重灵魂说。第一重:理性。它专注于内省,延迟或禁止直接的欲望满足。受它支配的人是"哲学王"。第二重:激情,如恐惧、爱和愤怒。受它支配的人是武士。第三重:欲望,如饥、渴和性的需要。受它支配的人是劳动者和奴隶。他认为这种划分是由人的天性决定的。人的本性存在着差异,每个人都有适合于某种工作的本性,因此,只有发挥每个人的特长,才能很好地利用它们,这也是自身的造化使然。

但三重灵魂说矛盾重重。第一,在讲究男女平等的"理想国"里出现了人种歧视。第二,既然各个等级是彼此分离的,这三重灵魂本身也应该是彼此分离的。但这又与柏拉图坚持的灵魂是理性的、始终如一、不可分解等主张相矛盾。第三,他在《蒂迈欧篇》中,又把三重灵魂分别配置在人体的不同部位,认为灵魂的理性部分是属于大脑的,激情部分是属于胸部的，欲望部分则是属于横膈膜之下的。要是这种说法成立的话，那三重灵魂又是彼此分离的了。

说不尽的柏拉图的启示

解读柏拉图的文本实在很难。柏拉图对心理学的启示何止是在他的失误上！他是很多学科的鼻祖，并且比他的老师苏格拉底对学科的探讨更为深入，在人类科学发展史上占据着启蒙的地位。也就是说，两千多年以来的所有研究与进展都离不开他的贡献，哪怕不是直接的，也存在间接的累积效应。心理学中的几大永恒问题更是与他有直接的联系，比如，人性的本质是什么？心身关系如何？先天论与经验论、理性论与非理性论的关系如何？人类知识的起源是什么？等等。光是这些问题就足以指导心理学未来的研究方向了，如果心理学能够回答这些问题，那么人类的进步势必将进入一个新纪元。我们还可以看到，哪怕是柏拉图思想的细枝末节，经过几千年的演化之后，也变成了一个个庞大的知识体系。单从心理学来说，柏拉图理念论中提到的万事万物的"原型"概念，之后发展成了发展心理学代表人物皮亚杰的"阶段论"；他的三重灵魂说是初步的人格理论，后被精神分析泰斗弗洛伊德延伸为"本我、自我和超我"的经典学说。皮亚杰和弗洛伊德又影响了多少后代的心理学家为此前赴后继啊！柏拉图就像一个水滴，重重地砸入世界知识体系的这个湖面，泛起的涟漪不断扩散，一圈又一圈连绵不断，并且越来越大乃至看不见边际。

如果不得不对柏拉图的失误所带来的启示进行讨论的话，笔者想对他进行"鸡蛋里挑骨头"式的再次思考，算是从伟人身上进一步挖掘出对中国的心理学发展、中国心理学家的素质培养，乃至对普通人的心理健康的一些启示。

应当说，在理念论中，柏拉图区分了具体思维与抽象思维、个别与一般之间的差别，是有积极意义的，但他未能看到两者之间相互依赖、相互转化的辩证关系，表明了他的认识论思想的局限性。所以对于做心理学研究的学生或者学者来说，开拓思路是一个很关键的素质。柏拉图一生继承苏格拉底的遗志，坚持理念论，坚信灵魂的优先地位，以现代科学心理学的观点来看那是完全的错误，所以我们要勇于挑战权威，从对抗中完善我们的思想。另外，柏拉图多以理论来说服人，没有实验数据、经验证据来得直观和可靠，故我们需要明白，人是社会的人，离开了社会，人和动物没有区别，所以理论要为实践服务，脱离实际应用价值的"纯理论"是没有意义的。心理学研究更是如此。我们可以从中吸取教训，在心理学研究的方法上多加入实验证据及社会适应效度评估，并且在实验的过程中采用多种互补的方法进行深入探索。柏拉图是一个思维缜密的人，但是他的理论中仍然可以发现不少自相矛盾的地方，所以当我们提出一个理论时，思考要细致，思维要发散，只有辩证地看问题，我们的理论才会无懈可击。我们知道，苏格拉底之死对于柏拉图造成了极大的悲观影响，拿现代变态心理学的观点来看，柏拉图也许出现了创伤后应激障碍，导致他消极性格的形成。而作为一个心理学研究者，善于及时调整心理状态，对未来充满信心，相信自身努力而不是靠外界力量或者虚无的幻念，这些都是必不可少的心理素质。

　　最后，笔者想以《会饮篇》耐人寻味的结尾来结束。一夜喧嚣后，大家睡的睡，走的走。政治家走了，医学家走了，天要亮的时候，只剩下诗人陪伴着哲学家，一个悲剧诗人，一个喜剧诗人。苏格拉底逼迫两位诗人同意，在悲剧和喜剧之上还有更高的诗，那是诗的形而上学，即作为生命和创造的艺术。但苏格拉底并没有得到回应，因为两位诗人未能坚持到底，相继昏昏入睡。最后只剩下哲学，孤独的哲学。在人们的睡梦中永远清醒的哲学家起身离去，没有一丝睡意，没有一点醉意，照模照样，回到他往常的生活中去。那是他自己的生活，在与之截然不同的生活中的生活，所有的人都在外边，只有他孑然一身在里边。

亚里士多德：坚实脚印的"旁边"

放纵自己的欲望是最大的祸害；谈论别人的隐私是最大的罪恶；不知自己的过失是最大的病痛。

——亚里士多德

　　亚里士多德（Aristotle，公元前384年—前322年），这个世界哲学史上最伟大的名字，在每一个渴求知识与真理的人的心中都有着无法取代的地位。因此在这里，我们需要特别强调"哲学"二字是一个如何宽泛的范畴——她是一切知识的母体。这位古代世界的伟大学者，在其短短的一生中，开辟了相当广泛的研究领域，内容涉及哲学、美学、逻辑学、历史学、政治学、心理学、物理学、植物学、动物学等许多方面。这在当时看来，甚至是在今天都是一个奇迹。因此我们将他圣灵般地膜拜与颂扬，英雄般地敬仰与爱戴。与此同时，我们也产生了疑问：亚里士多德的知识从何而来？他是如何从一个崇尚知识而又在战争连绵的时代开始成为哲学的权威的？在他荣誉的背后又有怎样的疏漏被我们忽视？……

伟人从何处而来

我们自始至终都要接受这样一个事实：亚里士多德有着非同常人的思考力、洞察力和统括力，而且对于知识有着不可遏止的渴望。他深信："求知是人的本性"；获得智慧是愉快的；所有人都在哲学中感到自由自在，希望花时间研究它并将其他事情放在一旁。正因如此，在同样接受柏拉图的教诲、在同样经历动乱的岁月时，亚里士多德创造出了璀璨的哲学瑰宝。当然，在肯定亚里士多德自身天赋能力的同时，许多客观的因素也给了他了解世界、探究世界的机会。而很多时候，他会在一些并没有"目的性"的决定中，得到很多意外的收获。

公元前384年，亚里士多德出生于斯塔吉拉城。他的父亲尼各马科斯是伯拉宫廷的医师。亚里士多德幼年时期对于科学的了解就从医学开始了。他接受了医学的基础知识，包括解剖学等。他也有机会帮助父亲给病人做某些处置，甚至有可能独立进行简单的手术。所以我们没有理由怀疑亚里士多德曾经担任过"兼职医生"的假说。在理论与实践相结合的学习中，亚里士多德培养起了严谨的治学态度，从而为他今后知识的探索奠定了性情基调。而从学习医学与解剖学中对生命的了解，激发了他强烈的好奇心（我们每个人都会从了解自我开始，萌生出对自然科学的求知欲望）。使他能够以"完整有机体"的角度看待自然，并对他后来整体系统的对生物进行分类产生了影响。

公元前369年，马其顿王国的掌权者阿明塔斯王与世长辞。作为他的医师，尼各马科斯离开了争斗惨烈的伯拉宫廷，与亚里士多德一

亚里士多德：坚实脚印的"旁边"

同回到海滨故乡。不久尼各马科斯染病身亡，未成年的亚里士多德由姐姐和姐夫送到了雅典柏拉图开办的哲学学校进行学习——那里是哲学的天堂。亚里士多德在这所百家争鸣的哲学学校里用十年的时间系统地学习了算术、几何、立体几何、天文和声学等。这一时期亚里士多德的思想逐渐成熟，并且在继承柏拉图思想的同时提出了自己的见解。

公元前348年，马其顿帝国的南侵使雅典掀起了反马其顿的怒潮。亚里士多德迫于自己的政治背景，离开了雅典，与同学克塞诺克拉提东渡小亚细亚，定居在北部密细亚地区。后迁居靠近莱斯波斯的米塔宁，不久后回到故乡斯塔吉拉城。在亚里士多德游历的这些年中，他主要从事了生物学和动物学的田野研究。从他的主要生物学著作《动物志》中，我们可以看到很多小亚细亚地区的地名。这说明亚里士多德在这一时期，对于小亚细亚地区的生态环境进行了细致的考察。而《动物志》中对于种类繁多的动物的特征、行为及生活习性的细致入微的描写，也应当都基于亚里士多德在这一时间段内所搜集的资料。

公元前343年，亚里士多德应菲利普二世的邀请回到伯拉宫廷，开始做马其顿帝国王子、年满13岁的亚历山大的老师。在此期间，为了教学的需要他改编了部分荷马史诗，并经专家推测，《论君主》和《亚历山大或海外殖民》这两部现存的对话残片中的篇目，也是亚历山大当时的政治课教材。在亚历山大成年之后，亚里士多德回到了斯塔吉拉。

公元前335年亚历山大即位，时年马其顿政权延伸到了雅典。因此亚里士多德重返雅典，在吕克昂建立讲坛，开始了他一生真正的高峰期：他积极投身教育，编写大量讲义和教学提纲，对科学进行了系统的分类。《雅典法制》也是这一时期亚里士多德和吕克昂的其他学者一同收集的希腊158个城邦宪法中的一部。

公元前323年，亚历山大突然病死在遥远的巴比伦。再一次由于政治原因，亚里士多德逃离雅典，独自一人隐居在他母亲在卡尔基斯的房舍。公元前322年秋，这位伟大的哲学家孤独地离开了人间——这似乎与他170多部（篇）辉煌的著作和戏剧性的人生产生了极大的反差。

因此，我们可以这样说，亚里士多德一生是充满机遇的一生，是以流传千古的哲学宝藏为里程碑的一生。他所获得的知识来自于他的经历，提炼于他的求知，升华于他的思考……

伟人背后的支持者*

亚里士多德的思想好比一颗钻石，无论处在什么环境之中，它都有发光的能力；而只有在阳光下，人们才会看到它那璀璨的光辉。

古典时代的希腊文化大背景是亚里士多德的第一束阳光。当时的雅典，虽然与公元前5世纪相比，政治和经济方面已经趋于没落。但是在文化上仍然是全希腊的中心。人们崇尚那些接受最高文化的熏陶、能够在政治社会活动中一鸣惊人的人。从一个更宽泛的角度来说，当时的整个人类社会，都处在一个建立系统化的科学体系的初级阶段。在这样的环境下，拥有敏锐洞察力而又积极思考的人，当之无愧地会成为哲学巨匠，受到人们的尊重与爱戴。在德尔斐神庙的一块断裂的石碑上，记录下了亚里士多德曾经辉煌的一笔：由于"他们为在两次皮托赛中的得胜者以及从一开始便组织竞赛的人起草了一张名单，亚里士多德和加里斯塞纳斯*受到了赞扬和称颂；雕刻匠刻下了这张名单……并把它立在庙中"。这段铭文大概刻于公元前330年。然而雅典毕竟是一个渴望独立自治的城邦，恰恰当时最大的威胁来自马其顿。由于同马其顿帝国存在着千丝万缕的联系，亚里士多德

---

* 加里斯塞纳斯，亚里士多德的侄儿，曾为亚历山大伴读，后从征波斯，做随军记者。公元前328年因对亚历山大接受波斯的习俗和政治思想不满，被亚历山大所杀。亚里士多德因此受到沉重打击，对于亚历山大的态度也变得更加矛盾。

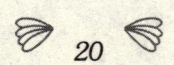

亚里士多德：坚实脚印的"旁边"

两次被迫因政治背景而离开雅典。这对亚里士多德的打击是巨大的，哲学的进步也受到了严重阻碍——公元前 323 年亚历山大的生命戛然而止，亚里士多德的黄金时期也随之终止。崇尚知识的雅典人，当对自由的渴求成为第一需要的时候，即便是亚里士多德灿烂无比的哲学光芒也无法掩饰他"莫须有"的罪名。

当亚里士多德第一次迫于政治原因离开雅典的时候，向往哲学的赫尔米亚斯邀请他居住到密细亚地区，为他和其他三位哲学家提供海滨住所，供他们讨论哲学。这是亚里士多德游学经历的开始，是他积累生物学资料的开始。所以说，赫尔米亚斯这个名声不佳的地方专制者给亚里士多德新的学习方向指引了一条路。

亚历山大大帝

当然，对亚里士多德的一生影响最大的是马其顿家族。他的命运，随着马其顿王朝的一次次波动而涨落；他的哲学成就也在帝国的全盛时期达到顶峰，并与帝国的衰亡一同停滞。如果强大的"菲利普方阵"没有对雅典产生威胁，那么亚里士多德也许在公元前 348 年不会逃离雅典；如果没有菲利普二世，亚里士多德也不会从小亚细亚一个无人问津的漫游学者转而成为马其顿王子的导师，进而成为亚

早期哲学心理学大师

历山大帝国最受人尊重的哲学家;同样,如果亚历山大大帝没有如此慑人的征服世界的野心而是放下兵戈稳固政权,那么亚里士多德的事业也必定是一帆风顺的,不会在一个没有鲜花簇拥、桃李爱戴的偏僻石房里结束他的一生。在这里,我们不得不看一看亚里士多德与亚历山大——王子与哲学家的完美结合所泛起的浪漫色彩。亚历山大吞噬世界的欲望是无法遏止的,但是面对自己的导师,他表现出极大的尊重与支持,这一切都给亚里士多德带来了精神与物质上的帮助。亚历山大曾经为了答谢亚里士多德的教育之恩,重建了毁于战争的斯塔吉拉——亚里士多德的故乡。公元前335年亚历山大称帝,在掌控雅典之前,他听从了亚里士多德的劝阻,为保存希腊文化仅仅将反马其顿领袖狄摩斯提尼放逐出境,这无疑使失去自治的雅典人更容易接受这位才华横溢的敌人的导师。在亚历山大疯狂进行军事扩张的时期,他并不想从老师那里得到什么建议,但是他给亚里士多德提供了大量的资金援助,以便他进行科学研究。这也许是有史以来第一次科学家接受国家资助从事学术研究,但也是此后几个世纪中的最后一次。而相传在此期间,亚历山大大帝曾命令专员为导师搜集所到之处的珍禽异兽的标本。虽然这一传说无据可查,但是这也说明在民间人们是如何看待这份传奇的师生情谊的。

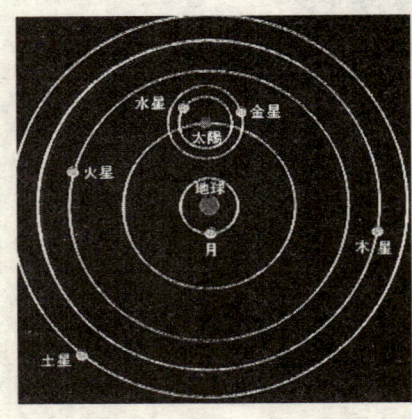

亚里士多德的"日心说"

然而,真正将亚里士多德神化的不是他本身在学术上的地位,而是宣扬并夸大亚里士多德的错误和唯心主义而建立经院哲学的天主教教会。经院哲学兴起于11世纪,12—13世纪达到鼎盛,15世纪以后逐渐走向瓦解。亚里士多德的一些错误观点,被经院哲学家无限夸大。例如,在逻辑方面,亚里士多德把他的发现运用

亚里士多德：坚实脚印的"旁边"

到科学理论上来。作为范例，他选择了数学学科，特别是几何学，并创立了数学研究的"三段论"。到了19世纪，这一方法还在阻碍着数学的发展。特别是中古时代的科学界在亚里士多德的权威下，运用演绎法把许多错误的观点说成是绝对正确的，并用颇具欺骗性的"逻辑形式"进行了许多错误的推论。在天文学方面，他认为运行的天体是物质的实体，地是球形的，是宇宙的中心；地球和天体由不同的物质组成，地球上的物质是由水、气、火、土四种元素组成，而天体由第五种元素即"以太"构成。在物理学方面，他反对原子论，不承认有真空存在；他还认为物体只有在外力推动下才运动，外力停止，运动也就停止。教会则利用亚里士多德的一些错误观点为自己服务，借助亚里士多德的权威为自己壮胆。而如今，当我们感受这位雅典圣道上漫步的学者时，在景仰他的丰功伟绩时，我们需要了解一个真正的亚里士多德。

坚实脚印的"旁边"

亚里士多德是伟大的，他在哲学世界的成就无人能够与之相抵，而他为科学所树立的标塔，也同样以经久不衰的光辉指引人类前进的方向。但是世界上没有完美无缺的人，换句话说，人正是由于缺点的存在而更近"完美"。当亚里士多德向我们走来时，我们依旧可以在他坚实的脚印旁边，找到些许毛糙的地方，甚至这轮廓也已经模糊不清。

我们不需要再讨论诸如"两个铁球"和"地心说"这样家喻户晓的问题，也不需要针对《动物志》——两千多年后才被取代的动物学基石中亚里士多德的主观观察记录——加以批评。我们应当宽容地对待这位智者在当时的思维模式与研究环境下产生的错误，同时对他的理论加以批判的继承。

我们不妨将这种态度运用在理解亚里士多德对心理学产生的影响

早期哲学心理学大师

上。亚里士多德在心理学方面的理论主要集中在《论灵魂》这部著作中，其中所阐发的理论框架几乎与现代心理学毫无二致。这不得不令我们折服，尤其当我们考虑到如下情形的时候——亚里士多德之后，心理学进入了持续近2000年的漫长睡眠期，直到17世纪之后才开始复苏。他关于心理学方面的理论主要涉及了人体构造与心理体验、遗传与环境、记忆、想象和梦、学习与推理以及人格等方面的内容。

亚里士多德在人体构造与心理活动的关联这一问题上否定了他的老师柏拉图的观点。柏拉图将心理和身体的反应看作是"灵魂"的作用，并认为人的理性位于头部，激情位于胸部，欲望位于腹部。亚里士多德则认为：感觉经验的主要器官在心脏而不在脑，脑的最基本功能是降低身体里过多的热。他曾经说，每餐让我们睡得好，因为消化引起的气体和体热围绕在心脏跟前，从而干扰了心灵。这一理论在西方文明史上流行了1500年之久。同时亚里士多德更多注意到了欲望和观念的情绪作用，认为人体的状态或变化会引起或构成情绪。因此他宣称，发怒可能会导致缺少理智的或没有理智的活动，所以必须首先归因于心脏周围血液的过热。他这些对于心理的生理基础的说法，显然都是错误的，有些甚至在今天看来十分的荒谬。但当时能够意识到心理与生理存在着一定的联系，亚里士多德已经带领人类向科学迈出了一大步。另外亚里士多德同意希波克拉底的这一观点，即认为心理的疾病源于生理的疾病，这个被认为是"真理"的说法贯穿于整个中世纪。对于这一说法的正确与否，我们至今仍然无法轻易下结论。因为虽然我们可以证实一些心理疾病的生理病变机制并可以通过神经类药物或手术的方法进行治疗，但是对于大多数心理疾病的产生，并找不到确切的生理学依据。

然而，在心理学的问题中亚里士多德对于柏拉图最大的反驳，是在关于肉体与灵魂二者关系的问题上。柏拉图认为灵魂一旦注入肉体，生物就开始具有生命了。换句话说，柏拉图认为灵魂是可以脱离

亚里士多德：坚实脚印的"旁边"

肉体独自存在的。而亚里士多德则认为没有肉体灵魂就不能存在。灵魂的原则和能力就是肉体的原则和能力。就像我们没有办法支配我们肉体上不存在的鱼鳍和鱼鳃在水中游泳一样，灵魂和肉体应当是，也必须是"一体的"。因此亚里士多德认为讨论灵魂和肉体是否独立存在的问题是毫无意义的。

但是当他开始论述"思想"这一高级心理功能的时候，灵魂与肉体一体化的理论便受到了威胁。亚里士多德认为思想是从外部进入肉体的，肉体的现实与思想的现实根本没有联系——他将思想赋予了最高的地位，认为它是神圣的。这样看来思想仿佛能离开肉体而独立存在。他认为思维可以不依赖于感觉，思维可以通过"直觉"而直接发现概念，它并不需要依赖感觉所提供的材料。感觉在这里仅能起到一种诱因作用，通过感觉的诱发，人们的思维便能发现概念、原理。亚里士多德在这里又一次陷入了与柏拉图相类似的片面性。他贬低感性认识，把感觉只看作是引起思维活动的刺激，理性可以不要感性认识，而凭空地产生概念、原理。他甚至重复柏拉图灵魂不死的神秘主义论调，说灵魂的理性部分是不死的，它永恒地存在着。所以亚里士多德在这个问题上是含混不清的。

关于记忆和回忆的问题，亚里士多德的理论显示了经验主义的成分。在《记忆论》中，他把记忆和回忆解释为感知觉的结果，并且阐述了对作为记忆的基本因素的"观念联想"有影响的四条基本定律："接近律"，即当我们回忆某种事物时，会想起与它一起发生的其他事物；"相似律"，即如果两个事物十分相似，那么在回忆起某件时很容易想到另一件；"对比律"，是指当我们想起某物时，往往会想起与它相反的事物；"频因律"，即我们容易记住多次重复发生的事件。虽然说现在的心理学家，对于亚里士多德的记忆规律进行了重新归纳组合，但是仍然包含以上四个方面。另外，亚里士多德在肯定记忆的形成规律和表象在记忆中起重要作用的同时，也对于想象的可靠性以及梦的预知性产生了怀疑。

早期哲学心理学大师

  当然，这一切理论与猜测在今天看来都是有道理的，我们可以从中看出亚里士多德基于经验主义的心理学理论。但是令人不解的是，在很多问题的阐述上，亚里士多德并没有按照自己对于认知过程所总结的规律来评判自己的结论；相反，往往是建立在他天才的思索之上而不是来自实践。比如亚里士多德断言有些生物并不是来自双亲而是自发产生的。这只是由于他从污泥和粪秽以及动物的毛发中找到了"生物"而已——他过于相信静态的表象。所以说，在这些方面亚里士多德是矛盾的，他一方面强调事实的重要性，一方面理论上又过于武断。另外，他有关记忆的一些评论是毫无意义的。比如，他说，当我们的记忆处于潮湿状态时，我们记忆事情的效果最好，干燥的时候效果最差。而且说，年轻人的记忆比较差，因为其（像蜡板一样的）记忆的面积会在成长过程中快速地变化。

  尽管如此，我们对亚里士多德学术上的肯定仍然大于对他的否定。一方面，他的功绩是不可磨灭的，他在很多学科都建立了完善的知识体系并且创立了新的学科：生物学与逻辑学。而且现代科学方法的观念完全是亚里士多德式的：科学的经验主义，即抽象论证必须从属于事实证据，理论应当在严格的观察法庭前接受审判。另一方面，从亚里士多德的年代到今天科学有了迅猛的发展，我们如今已经有能力发现并且纠正亚里士多德的错误，所以我们将这位伟人的形象看得更加清晰，更能够正确地评价他的成就与不足。

  今天，当我们重新审视这位伟人和他所生活的年代时，会发现亚里士多的成功应归因于他对知识的渴望与探索，归因于他传奇的人生经历和当时人们对哲学的尊敬与追求——这位百科全书式的学者生活在一个需要百科全书并且可以编著百科全书的时代。亚里士多德的另一句话与本章开头的"题记"相对应："我没有找到任何准备就绪的基础，也没有可供抄袭的模型。我走的是第一步，因而也只是很小的一步。我的读者们将会理解我已取得的成果，并且原谅我所留下来要别人去完成的东西。"很明显，这位哲学家坚信，他的理论一定有对

亚里士多德：坚实脚印的"旁边"

也有错，并请后人原谅他未完成的事业和所犯的错误。而他身上的不足，在反衬出他巨大的科学成就的同时，也让我们感受到这位两千多年前的智者与我们的距离是多么的接近！当我们站在这位伟人的脚边，不是仰视他巍峨的身躯而是沿着他的足迹向后看的时候，我们能够了解到的是他卓越中的平凡与朴实。

培根：从平步青云到坠入谷底

> 财富之于德行，就像辎重之于军队。在军事上，辎重不可缺少，但它是一种累赘，阻碍了行军，往往为了保护它们而丧失了胜利的机会。
>
> ——弗朗西斯·培根

弗朗西斯·培根（Francis Bacon，1561—1626）——英国著名的唯物主义哲学心理学家和科学家。在文艺复兴时期的巨人中被尊称为哲学史和科学史上划时代的人物。马克思称他是"英国唯物主义和整个现代实验科学的真正始祖。"他崇尚知识，"知识就是力量"贯穿了其所有著作。但他仍将知识归于道德之下，若知识不能带来善行，则于人类就是无益的。智慧过人的培根，人格却有着令人厌恶的一面。他对人冷淡，趋炎附势，收受贿赂，更为可耻的是，还厚颜无耻地说并没有受贿；他也有着令人肃然起敬的一面：坚定务实的风格；以纯然世俗且充满最高智慧力量之心为人类的进步而工作……

人生轨迹

　　1561 年 1 月 21 日，培根生于英国伦敦，他的父亲尼古拉斯·培根爵士是伊丽莎白女王的掌玺大臣，培根后来也继承了父亲的爵位和官职。他的母亲安妮·库克是爱德华六世的老师。他家共有 8 个孩子，培根最小。

　　他小时候非常聪明，12 岁就入剑桥大学攻读法律，在校学习期间，他对传统的观念和信仰产生了怀疑，开始独自思考社会和人生的真谛。16 岁就被派驻法国做见习外交官，工作两年后因父亲病逝，他才返回剑桥大学，继续学习法律。23 岁那年就成为国会议员，46 岁时当司法部长，此时，培根在思想上变得更为成熟了，他决心要把脱离实际、脱离自然的一切知识加以改革，把经验观察、事实依据、实践效果引入认识论。这一伟大抱负是他的科学的"伟大复兴"的主要目标，是他为之奋斗一生的志向。

　　57 岁培根升任掌玺大臣。当他 61 岁时，升任到子爵，但培根的才能和志趣并不在国务活动上，而在于对科学真理的探求上。这一时期，他在学术研究上取得了巨大的成果，并且出版了多部著作。

　　但因受贿案被国会指控而罢官，被高级法庭判处罚金四万英镑，监禁于伦敦塔内，终生逐出宫廷，不得任议员和官职。虽然后来罚金和监禁皆被豁免，但培根却因此而身败名裂。从此不理政事、归隐田园，专事写作著书。身为英国皇家大法官的培根因为受贿险些丧命。但是培根在《谈高位》里竟非常明确地排斥和反对贪污受贿。

　　1626 年 4 月，仍是天寒地冻的天气，培根在行车途中下车，当时他正在潜心研究冷热理论及其实际应用问题。当路过一片雪地时，他突然想做一次实验，以便观察冷冻对防腐的作用，这是冷藏防腐方法的初试。但由于他身体屡弱，经受不住风寒的侵袭，支气管炎复发，病情恶化，就此与世长辞，享年 65 岁。

思想巨人

　　培根对于婚姻和爱情有着自己独到的见解，且听他是如何说的。培根认为，人在结婚生子以后就像是给命运之神留作了人质一般，妻儿使你前后牵挂，成为事业的包袱。

　　妻子是青年时期的爱人；壮年时期的伴侣；老年时期的保姆。所以，人们在任何时候都有结婚的理由。此话固然不错，但希腊哲学家泰勒斯在人应该什么时候结婚这个问题上，曾说过：年轻人不妨再等等，年老的人倒莫存此念头。这样的婚姻必然充满理性，不符合多数现代人对婚姻的仓促和不慎重。培根的观点，从男子的角度出发，阐明了妻子的身份职责，但所得结论并不十分恰当。婚姻意味着两个人之间的承诺，是建立在感情基础上的伴侣关系，若是照培根这么说，在任何时候都有结婚的理由，假设，当一个人年老之时，还不如直接花钱雇用一名保姆，服务得更周到。寻求妻子，更多的可能是因为孤独寂寞，需要心灵慰藉，相守以至终老。

　　在培根的时代，有些性情好的女人嫁给了一个性情坏的丈夫，也许是因为她们认定自己的丈夫脾气坏，所以如果她们的丈夫偶尔对她们和善些，就会认为那实在是难能可贵了，也许她们以能够容忍自己丈夫的坏脾气而引以为傲。有些女人不听亲友的忠告而选择一个坏丈夫，这样就更能表现她们容忍的美德，因为她们必须以这点来为她们的愚蠢作辩护和掩饰。罗素也说："由于妇女的顺从，在大多数文明社会中并不存在夫妻间的真正相互友爱和相互合作。他们之间的关系是一方居高临下与另一方的尽职尽责。"四百多年过去了，人们的婚姻观、价值观尽然改变，女性的地位也有了很大程度的提高，如今的社会，恋爱自由、婚姻自由，尽管家庭暴力这样的丑闻仍然存在，女性在婚姻中的地位和男子是平等的，不用事事都看丈夫的脸色，选择脾气坏的丈夫，即使是当初的判断失误，默默忍受者，多半是顾全大局者，为了孩子，为了家庭。

从当时情境来看，倒也不是培根的观点失误，把女性看得如此愚蠢，只是时代不同、社会也不同了，人们的观念当然要变化。

培根对于爱情和婚姻的心理学都有过涉猎。他在《论爱》中说："与人生相比，爱情更多地得到舞台的青睐。因为在舞台上，爱情永远是喜剧的材料，偶尔也会成为悲剧的材料；但在生活中，爱情是常常招灾引祸，有时像一位感人的魔女，有时又似一个复仇的女神。"的确，爱情，给人带来的不仅是心灵的激荡，也是情感的历练。前者的体验往往是甜蜜而又短暂的，后者的体验却多是苦涩。然而，古往今来的伟大人物，很少有为爱情而神魂颠倒至发狂地步的，成大事者，并不是摒弃感情，而是以伟大的人格和伟大的事业摒弃"脆弱的"感情。人们常说，人在恋爱中是不会聪明的，也许就是指的这个意思。比如，有人为了恋爱，风波迭起，甚至还有因为恋人的不忠轻易断送自己或他人的生命，这就不是理智的情感，不是思想成熟的表现。

培根的著作与道德心理学更有密不可分的关联。他在《论嫉妒》中曾指出：人们的心里总是对自己的优点或美德感到暗自高兴，而对别人却幸灾乐祸，因此，自己没有的美德或优点，就会嫉妒别人。某方面不如别人，就设法去破坏别人那方面的成就，要使自己能跟别人列于同等的地位。但是，道德高尚的人，他们的升迁不会受人嫉妒，因为别人会认为那是他们应得的报酬，就比如人们嫉妒奖金和赠予物，却不会嫉妒还债的金钱。

宽容大度是一个道德高尚的人应该做的。报复除了让你获得快感，既可能触犯法律，又为道德规范所不容。所罗门曾经说过："以德报怨是一种光荣。"古语有云：往者往矣，覆水难收。聪明人更多的是考虑现在和未来，绝不会枉费心力在已经过去的事情上。再说，犯错误的人并不是为了犯错而犯错，只是为了追求利益，快乐或者荣誉。若是这样说，我们为什么要为别人爱他自己胜过爱我们而生气呢？

方法失误

在心理学发展史上，培根的归纳方法对整个近代自然科学的发展起了很大的作用，虽然难免有某些机械唯物论的观点，却有进步意义。曾有不少著名学者批评或补充过培根理论和方法的不足。弗勒曾批评培根说："关于培根的方法问题，我还要指出另一点，就是他对于尺度的事例，也即那种能对物理、数量提供准确计量的事例，没有予以足够的重视。他把这种实验仅当作有助于实践的事例来加以介绍。"

培根有贬低演绎法的倾向，甚至十分藐视数学方法。英国哲学家罗素曾批评培根"低估了演绎法在科学方法研究中的重要性。演绎法多半是应用数学的，而培根不了解数学在科学中的重要地位。"尽管培根是近代新科学和新方法的第一倡导者，但他的方法论取向根本上有别于伽利略和笛卡尔：培根过分倾注于科学发明的实践目的（"知识就是力量"），而没有去关注数学的理论价值。文德尔班曾批评培根，由于过于注重发明术，过于急功近利，他成为纯粹理论知识和形式化方法的敌对者，从而偏离了自己的目的。从这个角度来看，培根或许是近代方法论意识的引发者，但并不是它的真正倡导者。培根之所以不能成为近代方法论意识的代表，乃是因为他的方法的最根本特征与其说在于务实，不如说在于究虚。因此，近现代思维方法的开端不是他的《新工具》，而是法国人笛卡尔的《方法谈》。卡西尔曾合理地说，笛卡尔，其所以成为近代哲学的创始人，不是因为他将方法的思想推至极端，而是因为他在这个思想中把握到了一个新的任务。近代思维方法的开端因之而成为一个纯粹理论理性方法的开端。笛卡尔的理论正好补充了培根的不足。他强调演绎法和数学方法的作用，把欧几里得几何学称为演绎方法系统思维的典范。

培根是第一个提出"知识就是力量"的人。纽曼指出，知识可能为知识的追求者带来某种外在的利益，如财富、权力、荣誉或生活的便利与舒适，因而，他强烈批评培根式的知识功利主义信念。培根强调知识应当有益于人类，并为人类所利用。而纽曼则强调，知识本身就是目标，知识自身的本质就是真正的、无可否认的善。知识的善在于知识本身，只有知识可以提高人的情操，使人达到绅士的境界。这意味着，形成一种可以终生受用的"心智的习惯"，这一习惯的重要特性包括自由、平衡、冷静、节制与智慧。

劣德败行

培根的人生轨迹，是一条逐级上升的直线，却在上升到顶端后陡然跌落。他平步青云后坠入谷底的人生，是他贪婪的本性酿成的苦果。培根自己说："金钱是好的仆人，却是不好的主人。"

1603年，伊丽莎白女王去世，培根当上继任国王詹姆斯一世的顾问。他巧言令色，阿谀奉承无所不能，使得詹姆斯一世很喜欢他。因此在詹姆斯一世执政期间，培根平步青云，节节高升，从担任掌玺大臣，就任大法官，直到受封为子爵。但不久灾难降临了。培根被指控受贿。其实受贿在当时已是司空见惯，绝非新鲜，但培根在议会里的劲敌抓住这个机会，将他赶出了官场。培根对受贿供认不讳，被判在伦敦塔坐牢，交付大量罚金，终生禁止做官。但国王释放了他，免除了他的罚金，培根只不过丧失了政治生命。培根这样评论议会的决定："我是英国50年来最公正的法官，而议会对我的判决是200年来议会所做出的最公正的判决。"

他虚伪做作。在自己的文集中，还大言不惭地表明，矫治贿赂的恶习是除了不许自己的仆属接受不义的财物以外，还要让行贿的人明白不应该以这种卑劣的手段去诱惑别人。实际上，单单言语上表现正直、不收贿赂是不够的，你同时还应该让人知道，你根本就是一个大公无私、憎恨贿赂行为的人。

后世启示

培根对于后世可谓贡献卓绝，他思想深邃、智慧出众。他的文集，不仅是人类最具智慧的语言，也是人们立身处世的准则；他的科学著作，如《归纳法》、《学术的进步》、《新工具》对科学界影响非常深远。这些著作尽管才华横溢，但也难免出现疏漏。培根的才学博大精深，但人品却着实有着败坏的一面。正如海德格尔所言："思想伟大的人，犯的错误肯定也大。"

培根的哲学思想与其社会背景是密不可分的。他是资产阶级上升时期的代表，主张发展生产，渴望探索自然，要求发展科学。他认为是经院哲学阻碍了当代科学的发展。因此他极力批判经院哲学和神学权威。他还进一步揭露了人类认识产生谬误的根源，提出了著名的"心理的假象（idols of the mind）说"。他说这是人类心理普遍发生的一种病理状态，而非在某情况下产生的迷惑与疑虑。

培根写过一部大胆的作品《新工具》，希望通过科学新方法打开通往"伟大复兴"的大门。培根反对经院哲学的非经验传统，也反对文艺复兴时期恢复与保存古老智慧的努力。他所追求的，是感官事实与客观描述的综合体。认知假象是通往培根目标的最大障碍。培根指出了四种："洞穴假象"（个人特质），即个人由于性格、爱好、教育、环境而产生的认识片面性的错误。"市场假象"（语言局限），即由于人们交往时语言、概念的不确定性而产生的思维混乱。"剧场假象"（传统文化）指由于盲目迷信权威和传统而造成的错误认识。"族群假象"（人类天性）是由于人的天性而引起的认识错误。培根指出，经院哲学家就是利用这四种假象来抹杀真理，制造谬误。但是培根的"假象说"渗透了培根哲学的经验主义倾向，未能对理智的本性与唯心主义的虚妄加以严格地区别。

　　我们往往是较高地评价自己，较低地评价他人。最近，实验心理学家发现了一系列的认知偏见，证实了培根所说的假象，特别是其中的族群假象。例如，我们眼中的自己，往往比别人眼中的我们更加正面，这就是"谋私"的认知偏见。美国全国性的调查显示，大多数商人都认为自己比其他商人更具道德感；而研究道德直觉的心理学家，也认为自己的道德感优于其他道德直觉心理学家。

　　早在四个世纪前培根就指出："本质清流均匀的镜面，会根据真实的入射状况来反映事物。但人类的心灵远不如镜面的清流均匀，倒更像一面魔镜，如果不进行疏导匡正，就会充满迷信和欺骗。"培根认为当时的学术传统是贫乏的，原因在于学术与经验失去接触。他主张科学理论与技术相辅相成。他主张打破"假象"，铲除各种偏见和幻想；他提出"真理是时间的女儿而不是权威的女儿"，对经院哲学进行了有力的批判。

　　他的贪婪和那些令人憎恶的人格特点，也是对今天人们的警醒。似乎难以想象，如此睿智的哲学家、科学家，就因为自我把持不住，落得官位不保、声名狼藉。也许他的人生轨迹，正好应验了他的那句话——财富是德行的累赘。

笛卡尔：又一个"亚里士多德"

> 笛卡尔是他那个时代最伟大的几何学家……想创造一个宇宙。他造出一种哲学，就像人们造出一部小说；一切似真，一切却非真。笛卡尔比亚里士多德还危险，因为他显得更有理性。
>
> ——伏尔泰

勒内·笛卡尔（René Descartes，1596—1650）是17世纪法国著名哲学家、数学家、物理学家、哲学心理学家、解析几何的奠基人。他被黑格尔称之为"现代哲学之父"。

笛卡尔无疑是一个天才，他所取得的成就放眼于整个人类历史也是鲜有人能够企及的，特别是他的博学多才、涉猎之广，可以说和古希腊的亚里士多德很相似。而他的失误，也和亚里士多德一样，对当时以及之后的科学发展产生了很大的负面影响。

笛卡尔：又一个"亚里士多德"

笛卡尔的生平

富家公子和业余士兵

1596 年 3 月 31 日，笛卡尔诞生于法国西部图兰省和布瓦杜省交界处的海牙村（今称"笛卡尔海牙"）。1 岁多时，母亲因病去世，他幼年体弱多病，母亲病故后就一直由一位保姆照看。他对周围的事物充满了好奇，父亲见他颇有哲学家的潜质，亲昵地称他为"小哲学家"。少年时期他就读于一所环境幽雅的耶稣会学校——拉夫赖士公学，在那里由于他体质较差，被特许每天早晨待在床上不用上晨课，这也养成了他日后在床上沉思和写作的习惯。在拉夫赖士学习了 10 年文学、哲学和数学之后，他来到普瓦提·埃大学并在两年后获得法律学学位。

1618 年，22 岁的笛卡尔和当时许多贵族青年一样，带着一个仆人，自费到荷兰从军，成了一名军官。1619 年笛卡尔脱离了新教徒德纳索的军队，又参加了巴伐利亚公爵的天主教军团攻打波希米亚国王的战争。但他并没有实地作过战，不过借从军的机会走了不少地方。脱离军队后，他又到处旅行，几乎走遍了当时包括捷克斯洛伐克在内的全部德国。他到过匈牙利、奥地利、波希米亚、丹麦、英国，后来又到瑞士、意大利，最后定居于荷兰。旅行中，他结识了很多著名的科学家，这些科学家都给过他很多启示和帮助。

那些藏着掖着的巨著

1621 年他结束了战斗生活。访问过意大利之后，1625 年定居巴黎。但是朋友们又偏要在他起床以前拜访他（不到中午，他很少下床），1628 年他加入了正围攻余格诺派要塞拉罗歇尔的军队。当这段插曲终了时，他决定在荷兰居住，大概是为逃避迫害。笛卡尔是个懦

早期哲学心理学大师

弱胆小的人，有人猜测他是对伽利略的第一次（秘密）判罪有所耳闻，那是 1616 年发生的事（伽利略于 1611 年制成了天文望远镜，初次看到了以前用肉眼看不见的许多天体星象，进一步证实了哥白尼的太阳中心说）。他在荷兰过起了深居简出的日子。

笛卡尔的朋友中多是科学家，比如贝克曼（Beeckman）和麦尔赛纳（Mersenne）都是著名的物理学家、数学家，惠更斯（Huyghens）是数学家、物理学家、天文学家。笛卡尔自己则研究过物理学、光学、天文学、机械学、医学、解剖学，等等，而以数学方面的成就最为著名，把代数用于几何学而发明解析几何的就是他。1629—1633 年，他总结了这些年来自然科学研究的成果，开始撰写《论世界》（包括《论光》和《论人》），在这本书里，他打算一步步地解释自然界的一切现象，比如行星的形成、重量、潮汐、人体等。但就在 1633 年，伽利略由于主张地球围绕太阳运转而受到宗教裁判所的监禁，笛卡尔被吓住了。终于不敢把《论世界》拿出来出版，此书一直到笛卡尔死后 27 年才出版。1648 年他又写了《论人》和《论胎儿的形成》，都是关于生理学的书。在这两本书里，他把人体完全看成是机器，人的五脏六腑就如同钟表里的齿轮和发条一样，拨上弦它就能动，而血液循环就是发动力，外界刺激所引起的感觉由神经传到大脑，在松果腺里告知"动物精气"（也称"动物灵魂"），由动物精气发布行动的命令。这便是心理学史上最早的"反射"学说。

笛卡尔曾在伽利略事件后下决心不再发表任何论文；但由于麦尔赛纳和其他朋友们的敦促，他又于 1635 年开始写《屈光学》、《大气现象》和《几何学》，于 1636 年 12 月写完。由于出版商的催促，他匆忙地写了一个序言，几经斟酌之后，定名为《谈为了很好地引导其理性并在科学中探索真理的方法，外加屈光学、大气现象和几何学，它们是这个方法的实验》。由于题名太长，简称《谈方法》而作为这三篇论著的序言，出版于 1637 年。书中提出了他著名的格言："我思故我在"；在其中的《几何学》中制定了解析几何，把变量引进数学，使

笛卡尔：又一个"亚里士多德"

"辩证法进入了数学，有了变量，微分和积分也就立刻成为必要了"。在他 1628 年去荷兰之前，曾用拉丁文写了《指导心智的规则》，该书一直到他死后 51 年（1701 年）才出版。1629 年他写了关于形而上学的小册子，没有写完就中断了。1639 年 11 月至 1640 年 3 月，他用拉丁文写了他的主要哲学著作《第一哲学沉思集》，其中论证上帝的存在和灵魂的不灭，但书中并没有讲到灵魂不灭，只谈到灵魂与肉体是有区别的。

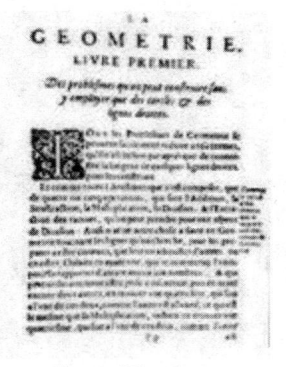

《几何学》的首页

麦尔赛纳劝他把书名改一改，笛卡尔没有同意，认为这个提法会引起巴黎神学院的重视。直到 1642 年再版时，才把"灵魂不灭"改为"灵魂与肉体的区分"。据笛卡尔自己说，这本书虽然是有关形而上学的，但他的全部物理学原理都包含在内。

1642 年，笛卡尔开始用他未出版的《论世界》的内容写了一本哲学大全，献给被推翻了的波希米亚国王菲德利克的女儿伊丽莎白公主，于 1644 年用拉丁文出版，书名《哲学原理》。该书本来打算包括六个部分：《知识原理》（即形而上学原理）、《物理性的东西的原理》（即物理学原理）、《天》、《地》、《植物和动物》、《人》，最后只写了前四个部分，后两个部分因缺乏材料没有写成。

笛卡尔《哲学原理》封面

1649 年又出版了《论灵魂的激情》，献给伊丽莎白公主。这是他最后的一部著作。

笛卡尔之死

瑞典女王克丽斯蒂娜自 1647 年通过法国大使得到了笛卡尔的著作，不断地与他通信，表示渴望会见"杰出的笛卡尔先生"。由于女

早期哲学心理学大师

笛卡尔为瑞典女王授课

王三番五次地邀请，笛卡尔于1649年9月1日乘女王特派的军舰去了瑞典，得到克丽斯蒂娜的盛情款待。但是他对女王在哲学上的无知感到扫兴。由于女王要求他清晨5点到皇宫授课，违反了他的睡觉习惯，而瑞典冬天的气候又太冷。终于，1650年2月1日笛卡尔从女王宫殿返回受了风寒，继而发展成肺炎。10天后，这位天才的法国思想家与世长辞，年仅54岁。

天才的另一面

在这400年里，人们大凡谈到笛卡尔，必会加上"解析几何的鼻祖"、"现代哲学之父"、"理性主义的先驱"之类的赞誉。但是，纵然笛卡尔再伟大，再有成就，他也是凡人，他也有很多缺点，犯过不少错误，这是人们常常忽略的。现在就让我们看看光环背后那个真正的笛卡尔吧。

懦弱胆小

笛卡尔的懦弱和胆小是很多人都公认的。罗素在《西方哲学史》中就曾这么形容过他，而且还指出："他一贯阿谀教士，尤其奉承耶稣会员，不仅当他受制于这些人的时候如此，移住荷兰以后也如此。"

这一点最明显的一次表现是在伽利略事件上。1632年，伽利略发表了《关于两大世界体系——托勒密体系和哥白尼体系——的对话》，几个星期后，这部著作就被没收了，伽利略也被勒令前往罗马受审。一直到1633年6月，70岁高龄的伽利略不得已而放弃原主

笛卡尔：又一个"亚里士多德"

张，终生不谈论日心说。教皇乌尔班八世通过这次事件，在一段时间内成功地阻止了人们对这一禁忌问题发表意见。之后消息穿越了意大利国境，把旅居荷兰的这位法国哲学家吓得不轻。他甚至停止了正在写作的《论世界》，因为他怀疑其中有部分内容可能会引起教会的指责。可是与伽利略不同的是，他侨居在宗教裁判所权力还控制不了的荷兰，并且在这之后很长一段时间都没敢离开那里。

笛卡尔有一句有名的座右铭："隐居得越深，生活得越好。"大部分时间他都严格遵守这一准则行事。也正因如此，我们今天所掌握的他的很多资料是通过他的书信整理出来的，他当年的所作所为有不少无从考证，成为永久之谜。

由于懦弱胆小，作为一名科学家，笛卡尔未能坚持真理，这对他那伟大的名望是有点讽刺的。与"在真理面前半步也不会退让"而牺牲的布鲁诺相比，笛卡尔先生无疑显得渺小了。

心胸狭隘

相对于前一点，这项缺点不太为人所知，不过却也是证据确凿的。

刚开始在荷兰当志愿兵的时候，有一次笛卡尔下了军事课后在学校海报上看到了一则用弗莱芒语出的数学题，他请旁边的人帮他翻译成拉丁文或法语，那人同意了，但要求笛卡尔解出难题后告诉他。3天后笛卡尔得到了答案，那人对笛卡尔的能力感到很惊讶，之后两人经常探讨一些问题，当时友情十分深厚。那个人就是伊萨克·贝克曼，小有名气的数学家、物理学家。笛卡尔在荷兰当兵的那段时

写作中的笛卡尔

早期哲学心理学大师

间可以说是他们俩友情的顶点，笛卡尔曾在他的笔记中写道：若干天来，他"同一个天资特异的人亲密交往"。1618年12月31日，笛卡尔把他的《音乐简论》手稿送给贝克曼，并在信中称："聊作对我们亲密友谊的纪念，并最确实地证实我对你的友情……"

可是在12年后的1630年，他们的友情破裂了。为什么呢？因为贝克曼说笛卡尔曾经尊敬他有如老师（从笛卡尔的信件来看确是事实）。笛卡尔为此要回了那本《音乐简论》原稿，还写了两封充满侮辱性的信给贝克曼，说他"宁取愚蠢的吹嘘而不要友谊，不要真理"；还说"捉摸不透是不是您过于愚蠢、过于没有自知之明"；"您有失检点，不是因为恶意，而是由于脑子不健全"。很难想象这样的话会出自一位伟人之口，不过可怜的贝克曼就是这样从此与笛卡尔分道扬镳了。

还有一件事就是他死前的治疗问题。当时笛卡尔感染了肺炎，虽然在那个时候这是很严重的病，不过也是可以治愈的。瑞典的御医本来是笛卡尔的好友杜里耶，可那几天他刚好外出了，于是女王派来了第二位御医韦乌勒斯。韦乌勒斯和笛卡尔素来不和，不过就医德出发，韦乌勒斯试图尽力挽救笛卡尔的生命。可笛卡尔由于对此人的厌恶，拒绝了他的放血疗法，还把韦特勒斯臭骂一顿赶了出去。最后韦特勒斯表示他不会违背病人的意愿把他救活，我们伟大的哲学家由于错过了治疗时机，终于离开了人世。

这一次他的心胸狭隘间接地要了他的命，真是让人感叹啊！

简单而又朦胧的私生活

笛卡尔终生未婚，睡单人床的笛卡尔和女人的关系不多。就感情方面来说，我们所知道的就是他对流亡的波希米亚公主伊丽莎白有点夹杂了爱情的友谊。似乎笛卡尔平生只与一个女人发生过肉体关系，她是阿姆斯特丹他寄居的人家的女佣，名叫海伦。具体的情况竟无从考证，不过这唯一的一次却让笛卡尔有了一个女儿——弗兰西娜。可

笛卡尔：又一个"亚里士多德"

怜的弗兰西娜在5岁的时候病死了，这使笛卡尔不胜悲恸。在女儿在世的5年里笛卡尔赡养了她们母女，与她们保持着联系。不过女儿死后，就再也没有记载他与那个叫海伦的女人有什么联系了。这段糊涂的关系也就此了结。

对心理学的影响

笛卡尔作为一位广泛涉猎的科学奇才，在心理学方面也对后人影响颇大。但究竟是贡献大，还是负面影响大，却还是个难以回答的问题。

创举与启示

笛卡尔对反射性行为的机械分析（虽然他的解释是错误的），可以看作是刺激—反应心理学和行为主义心理学的开端。由于人们对他"天赋观念"的广泛非议，又衍生出了现代经验主义和现代感觉论。还有就是他开创了现代生理心理学和比较心理学。他将大脑看作行为的中介，清晰而详尽地阐明了心身关系，还通过研究纯粹的主观经验为以后科学地研究意识铺平了道路。在笛卡尔之后，很多哲学家就他理论中的机械或认知的成分进行了研究，可以说他对后世起到了启发作用。

负面的影响

必须承认，由于历史的局限性，笛卡尔的观点总有一些被证明是错误的，但是仍有一些至今影响到心理学研究方向和方法论的问题。其中就有他对"Mind"（心理）的性质，或"心理如何运作"（How Mind Work）的理解问题。我国华东师范大学心理系熊哲宏教授专门就此做过探讨，现简介如下：

总体上说，笛卡尔主张一种可以称之为"相对主义的心理观"。

早期哲学心理学大师

这就是说,"Mind"是一个不可分割的整体,其各个部分的区分(或划分)是相对的。笛卡尔写道:"我们只有一个灵魂,而这一灵魂本身内部各部分之间不存在差异性。"换言之,对心理学家来说,可以把 Mind 看作是单一的、同质的、透明的和可渗透的东西。具体来说:

首先,笛卡尔主张"Mind"的"同质性"(Homogeneity)。即是说,构成"Mind"的各个部分都是单一的、均匀的,并无"质"的不同。就"Mind"的任何一个部分或要素来说,"你"可以是"我","我"也可以是"你"。例如"智力"(intelligence)作为"Mind"的一个部分,并没有什么特别的不同,因为——正如国内有人主张的那样——它要"包含人格、动机、认知、情绪、社会五个方面的因素"。可以想象,这样的"智力"概念可以什么都是,又可以什么都不是!因为智力并没有什么独特的功能,它可以做任何事情——只要你愿意!但可以问一句:这种无所不包的"智力"(intelligence)岂不是泛化成"Mind"了吗?那么,还有"智力"这个东西吗?再给出另一个例子:在思维和语言的关系上,人们大都相信:思维离不开语言,语言也离不开思维;没有语言的思维是不可想象的!因为语言是思维的"物质外壳",语言是"有声的"思维。但这样一来,思维和语言还有实质性的区别吗?

根据笛卡尔的观点,"Mind"是"透明的"、"可内省的",或按今天认知心理学的流行话语,是"可通达的"(accessible)。我们知道,笛卡尔把"清楚明白"作为他的"天赋观念"存在的标准。无独有偶,宣称能客观地研究人的信息加工过程的认知心理学,居然也使用所谓"口语报告"法。根据西蒙(H. Simon)的说法,被试并不是精神分裂症患者,他们不会像精神分裂症那样说出与认知作业无关的词来。相反,当他们"大声说出"是怎么想的时,就可以透露出他们在做这项认知作业时注意到什么信息。从被试的口述中,我们便可知道他们是如何做这项工作的(如他们的策略、推理、再认等)。显然,这种基于内省的口语报告的一个前提是:人的心理必定

笛卡尔：又一个"亚里士多德"

就像一个透明的、可透视性的东西，它里面的一切都可以通过"内省"的方法而得到。

进而言之，"Mind"还是"可渗透的"（saturable）。即是说，"Mind"的各个部分彼此相互渗透。这就意味着，"你中有我，我中有你"；"你认识我，我认识你"。在当前的认知心理学中，常可以见到这样的说法：知觉不是纯粹的东西，它要被（高级）认知——如假设、期待、存储的知识和上下文等——所渗透。像布鲁纳所谓"知觉的新观点"，知觉整合的"自上向下加工"等，就是"知觉被认知渗透"的典型代表。在科学哲学中，这种观点就自然演变为"观察渗透着理论"（或"观察的理论负载"）；此外还有什么"科学被社会等级渗透"、"价值被文化渗透"、"形而上学被语言渗透"，等等。

笛卡尔的这种"相对主义心理观"对当代认知心理学的负面影响是很大的。熊哲宏教授主张用他倡导的"模块心理学"来消除这种影响。因为，"模块心理学"（Module Psychology）是解释"Mind如何工作"的一种新视野或新范式，是以"心理模块"（Mental module）或"模块化心理"（modular mind）为研究对象的跨学科研究。它假设人的心理（或认知）实质上是许多功能上独立的单元（即模块）相互作用的产物。它的目标是要探究全人类所共有的心理机制，或者说要寻找"人性的普遍性"即人类所有种族都具有的共同心理特质。

卢梭：浪漫与现实的距离

> 人生而自由，然而自此却处处背负着锁链。
>
> ——卢梭

他是一个诗人，却做不到高风亮节；他是一个作家，却常违背自己的理想；他是一位隐者，却难放下滚滚红尘；他是一位伟人，却逃不开世俗的禁锢。他偏执、好色、虚伪、自恋、忘恩负义、恩将仇报，但同时他的思想也不得不让我们感慨心理学史上的浪漫主义光芒。今天，我们所要描述的是这位历史上不可忽略的大哲学心理学家悲剧色彩的一生，法国大革命思想的启蒙者，浪漫主义的先驱——让·雅克·卢梭（Jean Jacques Rousseau, 1712—1778）。

卢梭一生留下了许多为后人所敬仰的著作和思想，其中有一些还在为今人所运用。卢梭崇尚自然，强调人生而自由、平等，人生的本原是纯净，是不受社会污染的幼年。他的这些思想，被置于他那些文辞秀丽的美文中，往往更能触动人的灵魂，引发人们无限的遐思。在《爱弥尔》、《新爱洛伊丝》、《忏悔录》中，卢梭的真诚和坦率，质朴与纯净显露无遗。然而，现实却总是难以和人的思想保持一致，也许正是因为卢梭过于华美绚丽的文字，过于浪漫动人、令人应接不暇的思想映衬，才致使我们在审视他那坎坷的一生时，越发敏锐地捕捉到他的斑斑劣迹；让我们在崇拜和景仰他所带给我们的那些美丽财富的同时，不禁同时产生一次又一次的质疑，感叹：人非圣贤，孰能无过。即使是思想灵魂上超凡脱俗的大哲学家，也难以摆脱凡人的困扰，难以挣脱世俗的枷锁。这句话用在卢梭身上再恰当不过了。

我们将透视卢梭一生中的不同侧面，来寻找他的矛盾，他的偏执，以及导致他种种不良行径的原因，以求让大家了解到哲学家的某些人格缺陷和阴暗面，让我们能以一种对待平常人的眼光来看待哲学家。或许我们可以更真切地理解他种种思想的起源，发现和挖掘他哲学心理学思想中的局限性，以便形成我们自己的思考和观点，提高理论研究的严密性和客观性。同时也可以引以为鉴，以完善我们今天的哲学家和心理学家的人格和研究素质，不再让同样的错误重演。

几度风流几度情

卢梭生活的那个年代，正是男权主义盛行的时期。一个男人一生中的女人，自然就成了最容易被人所诟病的话题。既然提到卢梭的好色或者说私生活不检点，我们索性就以卢梭一生中的女人为线索，来揭示他在恋爱、婚姻和性观念上的一些道德和人格的问题。我们也许可以由此找见影响他一生命运的某些因素。

卢梭自幼失母，父亲是个火暴性子又常惹是生非的人，这个无人教养的孩子不久就被四处寄养。在他10岁那年，被日内瓦当地的牧师朗拜尔西埃所收养。每当卢梭不听话时，牧师的妹妹朗拜尔西埃小姐总会以打屁股作为惩罚，卢梭却不但不以为这是种惩罚，还觉得颇为快乐。直到他长大以后，也难以摆脱这种奇怪的癖好。也正因为如此，导致了卢梭一生的受虐狂倾向。

15岁时，命运动荡的卢梭得到了德·瓦朗夫人的收留，卢梭在《忏悔录》中丝毫没有吝啬赞美之辞来描绘这里给他留下的美好回忆。和这位被他唤作"妈妈"的男爵夫人一起生活了十年，卢梭在21岁时和"妈妈"发生了关系，而且也丝毫不在意瓦朗夫人有没有其他的情人。卢梭在著作里，曾多么深情地赞美夫妻之爱；然而现实中，他这古怪的、近乎变态的爱情观几乎伴随了他一生。

无奈，思想和行动永远难以一致的卢梭在那以后又犯了同样的错误。1745年在巴黎，他和一位名叫泰蕾兹·勒·瓦色的缝衣女工发生了关系，并且在此之后和她生下5个孩子（结果统统被送往孤儿院），后来他们一直以这样的关系生活到了卢梭过世。至于有没有结婚，众说纷纭，即使是结了婚，男权主义的卢梭也不会留给瓦色多少权利。瓦色正是这样一个跟随了卢梭一生也没有获得什么"名分"的女人。

卢梭当然不会忠于这份莫名其妙的"爱情"，也许他可以用浪漫主义的奔放情感来对他的花心自圆其说。1757年，年近中年的卢梭爱上了26岁的索菲·德虹特伯爵夫人，热恋中的卢梭竟然利用不识字的瓦色为他给德虹特夫人送情书。这是多么明目张胆的对于感情的欺瞒啊！卢梭在思想上对于欺骗和虚伪如此鄙视，行为上却不能以身作则。不禁让人难以释怀，难道一切的源头都在于"情感"吗？纯真质朴的情感让他讨厌虚伪和欺瞒，同样也是情感的诱惑让他逃不开世俗的卑劣行径，摆脱不了用虚伪和欺骗的手段来满足他情感上对爱情的向往。

到这里，我们可以看到一个崇尚自由，偏激地提倡让情感主导行动的哲学家的荒谬与矛盾之处。我们不否认卢梭浪漫主义热爱自然、顺应人类天性的思想给我们带来的积极启示，但是一味地追求无拘无束,却很难让我们在原始冲动和人类崇尚平等的美德之间看到什么联系。这从卢梭一生放荡不羁的感情生活中就可以看得出来。卢梭的这种人格特征可以用弗洛伊德对于"本我"的界定来说明。他崇拜自由,无拘无束,向往着自由的乐土,可以无尽地释放自己原始的冲动和情感,这些与"本我"的特点十分相似。也许卢梭作为一名大哲学家,身上所缺少的最为可贵的特质就是对自我的约束。

卢梭的这一人格特征,也决定了他在心理学理论上的纰漏。卢梭认为,人类的本能是正确的,先天的东西是无罪的,这些本能的原始冲动,应成为指导我们思想和行为的指南针。卢梭的这一理论含有过分的个人主义思想,忽略了对于人类本性约束的重要性。卢梭认为原始人类的思想是最纯净而不受污染的,也绝对不需要任何干涉去约束他们的行为,卢梭称他们为"高贵的野蛮人"。他的这种说法只是一种纯粹浪漫主义思想的演绎,有失偏颇,难以融入科学心理学的理论中。

半醒半醉

1755年,卢梭发表了骇人听闻的《论人类不平等的起源和基础》,这篇第戎科学院的征文详尽分析和描绘了人类从原始社会的平等到现代社会极端不平等的发展过程。他的主要观点就是人类的发展史,其实是一个不断堕落的过程。现代社会的种种规则、官衔、法律、财富,以及以此来划分人的等级等做法,是相当糟糕的,是和野蛮人的平等难以相互比较的,甚至两者是背道而驰的。他还提出,当今社会的饥饿、贫穷、苦难都是因为骄奢淫逸的贵族的肆意挥霍所造成的。

然而,尽管卢梭所提倡的"乌托邦"是纯净的、天真的、人人平等的,反对王室,反对阶级不平等的他却会做一些违背良心的事,思想和行为上的矛盾再次形成一组尖锐的讽刺画。40岁时,卢梭为了获得人们的注意,违背自己的原则,在糜烂的路易十五朝廷内应聘做了一名歌剧谱曲者,为他在所有著作里都唾弃的"王室"打工卖力,按他的说法是"只是为了生计"。而当他得到国王的赏赐时,又开始扭扭捏捏地不接受,摆出一副坚决反对奢侈王室奖励的姿态,矛盾的心态真是由此可见一斑!这些,也许是缺乏理性分析的表现。理性是严肃的,古板的,一成不变的,而情感是动荡的,起伏的。理性和情感总是人类思想斗争的主角,人总是矛盾的结合体。一半清醒一半执迷,这在卢梭那里甚是表现到了极致。

忘恩负义与自我膨胀

卢梭擅长撰写歌剧,又有很长一段时间以此谋生,他曾经尝试在歌剧中加入自己批判和讽刺艺术、科学和文学的内容,以图获得世人的认可。然而情况并没有他想象的那么顺利,他的剧本遭受冷遇。穷困潦倒的卢梭连满足生存的最低收入都难以达到。

在他最困难的时期,一些法国贵族向他伸出了援助之手,愿意向他提供资助,支持他继续写作,于是在这些贵族的经济支持下,卢梭的《社会契约论》和《论人类不平等的起源与基础》诞生了。在后一本著作中,卢梭深度剖析了造成人类不平等的深层原因。他指出,不平等是由于人类科技、法律、文化、政治的进步而造成的,导致了贫富不均,特权专制横行于世,普通平民过着拮据的生活。他无情地攻击了好心资助自己的贵族阶级。我们可以这样理解卢梭的想法,尽管贵族是他的恩人,但是为了揭示真理,他说的话不得不无情一些。尽管卢梭口称重视人与人间的朴素情感,但是却丝毫不念及别人给予过自己的恩惠,这着实让人吃惊。

更为天真的是,卢梭竟然在征文发表之后还想得到那些被他攻击过的贵族的进一步资助。从这一点上可以看到,卢梭意识不到自己的行为、自己的思想已经得罪了谁,他总是以自我为中心地希望别人信仰自己的思想。觉得自己已经"回归天然",已经是最为善良的人中之人。任何人都只能觉得他是这样一个空前绝后的好人。这样的言辞语调在他的《忏悔录》中无处不在。

在卢梭生命的后半程中,由于他的思想遭到越来越多人的反对和唾弃,他开始四处受排挤,曾经一度受敬仰的学者如今虎落平阳,无处容身。又是在这困难的时刻,英国著名哲学家,好心的大卫·休谟为他在英国提供了庇护所,并且安排他的生活起居,提供给他仆人。一切井井有条,无微不至,甚至还向当时的国王申请了一笔为哲学家提供的丰厚俸禄。

然而,最终只是因为一场误会,卢梭和无辜的休谟的关系就此了断。卢梭的过于敏感是这场误会的关键,他受不了别人对他哪怕一点点的诟病,即使事后了解到那是一场误会,他也不愿意承认自己错怪了别人。总之是相当的偏执与固执。因为要坚持自己神圣的正确(卢梭认为自己总是对的),而可以让自己的行为违反很多道德标准,即使被人诟病,也不承认自己错了。

他的这一性格特质可以追溯到他的少年时期。因为少年时期的苦难,卢梭常常被四处寄养。有一次他来到了一个贵族家里,因为喜欢上了这家的一个女侍从,于是偷了主人的丝巾想要送给她,谁知道被主人发现。调查这件事的时候,卢梭拒不承认是自己干的,还驾祸到那个女侍从的头上。卢梭觉得自己是个圣人,圣人是永远不会做错事的,所以即使错了也不承认。

卢梭在他最后一本著作《一个孤独的散步者的遐思》中宣称:"这就是我,一个没有兄弟,没有亲戚,没有朋友,没有任何社会关系的孤独者。"从这句话中,我们可以看到一个已经极度自我膨胀,自我神化,自我孤立了的孤独灵魂的哀伤。高处不胜寒。极端个人主义倾向的卢梭到最后也和他的理论一样,走到了一个很孤僻的角落,没有人际交流,没有社会支持。卢梭谈论自由的真谛,个人情感的自由,个人需要的自由,让我们想到如今的人本主义心理学。以人为

早期哲学心理学大师

本，提高个体的生活质量的确不是一件坏事，然而一个组织乃至一个社会的自由，并不是以个人的意志和需求为转移的。

晚期的卢梭提出"公意"的思想，基本要义是，一个社会、一个国家的人民，从本质上来说是自由的，只不过要被一种叫做"公众意志"的东西控制。"公众意志"是一种同时能够实现全民族利益的意志，是所谓的民心所向，也就是今天我们所说的民主。然而从本质上来说，要实现"公众意志"是不可能的，因为群体利益总会与个人利益有冲突，一个社会的多个阶级之间也会存在许许多多利益上的冲突。极端平等，极端的平均主义，就好像中国历史上短暂的"太平天国"，在历史上如同沧海一粟，只能永远是一个美好的梦想。

我心即上帝，上帝即我心

中年的卢梭

卢梭的宗教观念是一种"自然神论"的宗教观。他认为上帝存在，但未必是以独立于我们人类社会而高于人类社会这么一个实体的形式存在。他认为上帝是我们每个人先天道德的化身，我们每个人生来都是善良的、有良心的。这些道德不是后天形成的，而是生来就有的，或者说是一种叫做上帝的精神力量所赋予我们每一个人的。无须证明上帝的存在与否，因为我们关心的不是有没有这样的一个上帝，而是他所带给人间的幸福、和谐和自然界井井有条的安排，我们如何来保持住这些被我们称作幸福和和谐的东西。这又要牵涉到卢梭关于人性善的观点了。既然人人生来纯洁、善良和自由，那也可以说我们每个人心中都有一个规定善的标准的上帝。卢梭在他关于安邦治国的《社会契约论》中提到，如果一个民族、一个国家没有宗教的支持，

卢梭：浪漫与现实的距离

是难以长治久安的。政治社会总是需要靠宗教来维持的。

在卢梭的一生中，曾经多次皈依宗教，然而每一次都是生活需要使然，他从来就没有诚心信仰过这些教派。我们或许可以说这些教派不符合他的自然神论，然而信仰却不虔诚，也绝非君子所为。

卢梭的出生地有日内瓦市民自出生就开始信仰的加尔文教派，卢梭当然也不例外。13岁时，卢梭有一次因为出城游玩过晚回家，被关在了城门外，因为不想再回去干他不想干的雕刻活儿，他索性就离开日内瓦，来到邻近的皮埃蒙特公国。在这个天主教的国度里，为了生计，卢梭竟二话不说就转而皈依了天主教。他也只是一个无拘无束、自由自在的天主教徒。他根本就不相信什么天主教的教义，甚至不承认原罪的存在。

许多年后，卢梭又由于无处容身，想回到自己的家乡日内瓦而再次出卖了自己，重新皈依了加尔文教派。这种对于宗教的漠视和不尊重，可以在《爱弥尔》中找到："上帝就是大自然，每一个人都是上帝，上帝存在于我们每一个人的崇高冥想之中。"这一思想直接导致了卢梭对宗教问题的忽视与淡漠，然而在《社会契约论》中，他又提到了宗教对于安邦治国的重要性。

显然，在宗教这个问题上，卢梭的思想又是矛盾的。他一方面强调宗教的重要性，一方面又阐述着宗教其实只是我们心中的自然，只是一种内在形式的心理表现。这对于几个世纪传承而来的宗教思想实在是一个挑战。在当时的社会中，这样冒着被当作异教徒的危险，之于安邦治国、国泰民安，真的是舍生取义之举吗？

其实卢梭并没有我们想象的那样理智。否认宗教教义本身的举动，已经颠覆了一个宗教信仰能够带给人们的一种稳定崇拜了。如果没有这样的崇拜，对于一个社会的稳定，国家的长治久安，无疑是一个潜在的威胁。所以直到科学技术如此发达的当今社会，稳定的宗教信仰仍然是一个国家政治上不可缺少的重要因素。

受迫害妄想症

　　卢梭在晚年的时候患上了受迫害妄想症。表现在总是害怕别人加害于他，总是认为别人觉得他有罪。对于社会各界的舆论和攻击相当的害怕与敏感。这种心理上的折磨导致卢梭的晚年生活十分艰苦。实际上，卢梭的一生都是艰苦的。导致他晚年产生受迫害妄想的原因，从其一生的经历来看有很多。

　　在恋爱生活上放纵与混乱的一贯作风，导致了他屡屡在现实生活中碰壁。我们在《忏悔录》中看到卢梭在瓦朗夫人家这段被他描述为"一生中最快乐的时光"的经历，瓦朗夫人满足了卢梭在感情依恋、家庭的温馨，甚至在性爱方面的需求，怎能让他不难忘呢？但是美好的时光却在卢梭28岁那年结束，一位理发师来到了瓦朗夫人家，其能干和精明赢得了瓦朗夫人的欢心。卢梭意识到了自己的多余，迫不得已离开了他所钟爱的瓦朗夫人。拿卢梭的话来说，对瓦朗夫人的感情是他一生中最真挚也是最神圣的。离开瓦朗夫人，无疑给他的心灵造成了不小的创伤。

　　在后来的一次感情经历中，当卢梭爱上他的小说《新爱洛伊丝》中女主角的原型德虹特伯爵夫人的时候，再一次受到伤害。卢梭声称自己对于德虹特伯爵夫人，就好像他在《新爱洛伊丝》里写的那样，是最纯真，最朴实的，他并没有和德虹特伯爵夫人发生过男女关系，只是一种柏拉图式的爱情。然而德虹特伯爵夫人却心有所属，后来她放弃了和卢梭的关系。卢梭在追求爱情的道路上，总是得不到自己最想要的，即使得到了也留不住，这也是造成他晚年得受迫害妄想症的一个因素。

　　造成他受迫害妄想症的另外一个原因，就是他的思想在他晚年的时候遭到普遍的反对，当时，对于卢梭的排挤甚至严重到将他的著作《爱弥尔》和《社会契约论》当众焚毁的地步，卢梭的晚年也一直是

卢梭：浪漫与现实的距离

在避难中度过的。几乎整个欧洲都在无情地抨击他，反对他的无神论，指责他对于耶稣的亵渎。卢梭到老都不曾承认过自己做错过什么，即使他一生中做了不少有违良心的事。他仍然认为自己生不逢时，来到了一个没有人能接受他理论的社会里。因而才致使他的晚年草木皆兵，为了免遭舆论的攻击而四处躲避。

卢梭对人本主义心理学的影响

谈到卢梭对后人的影响，比较著名的就是当代美国人本主义心理学家卡尔·罗杰斯了。罗杰斯强调人的思想意识是自由的，容不得约束，这一点和卢梭对于自由的看法十分相似。罗杰斯还提出，人只有随着自己兴趣的方向前进，才能成为一个充分发挥自我潜力的人；人天生具有自我实现的倾向，每个人都有自己感兴趣的事，从而可以在这一方面进行深入的专攻学习。正是由于浓厚的兴趣和动力，才导致一个人在某一方面的成功。

另外，在教育问题上，罗杰斯还提出了"以学生为中心"的教育思想，提倡挖掘学生的主动性和创造性，反对教条的师生关系，尊重学生自我兴趣的发展趋势，不要进行刻意的干预，只有这样才能激发学生全部的潜力。

很明显，罗杰斯的思想大体上有继承卢梭思想的成分，特别是他的教育思想和卢梭在《爱弥尔》中提到的十分相似。卢梭反对理性主义与经验主义的人性本质观，尤其是与霍布斯关于人性本质的问题上存在着很大的分歧。霍布斯主张人就是一台机器，出生以后由于不断积累的社会经验而逐渐有了自己的思想、意志和行为习惯，因而霍布斯无论在教育还是政府干预的问题上都持人需要受约束的观点。这和卢梭的思想形成了强烈冲突。卢梭认为，经验主义的人性本质观限制了人性的自由发展。单从教育角度上来说，对于学生的管束容易使学生产生消极的思想，对于不愿意学习的东西感到无聊、疲惫。他认为只有学生有意愿学习的东西才是积极的教育，才是教育的正道。

然而和卢梭一样，罗杰斯的思想也过分强调自由的重要性，而忽略了社会制约性意义的一面。卢梭有这样的失误或许因为当时的社会体制不完善，而在广泛推崇教育的今天，罗杰斯的理论同样也由于受卢梭思想的感染而存在不足之处。

首先，罗杰斯提出人的情感是自由、不应受约束的。人的毕生发展，应该顺应着自己的情感和兴趣来进行，这在很大程度上是受到了卢梭"高贵的野蛮人"思想的影响。这样的人本主义精神显得有些过分的以自我为中心，只以自己的感受为准则，而忽略了对他人和社会的义务和责任，这样将会导致公民集体感上的许多问题。一旦人与人之间发生冲突，如果只是以自我情感为导向的话，许多社会矛盾就会很难调和。

其次，罗杰斯的教育思想"以学生为中心"，颠覆了教师与学生传统的教学观念，给学生提供了更多的自由空间，但却显得有些矫枉过正。过分地强调了学生的自由而忽略了教师的指导作用；过分地宣扬着一种"跟着感觉走"的教学思想，而忽略了在认知教学过程中记忆、知识和系统化的作用，从某种程度上来说影响了教学质量。可以说，这多少受到卢梭《爱弥尔》的不良影响。

取其精华，弃其糟粕

在看到伟大的学者也有和我们常人同样难以避免的问题的时候，我们的目的并不是想指责大哲学家在这些问题上的错误，而是为了更现实地讨论他所带给我们积极的东西。所谓前车之鉴，历史所带给我们的东西是很宝贵的。我们要从历史事实出发，来发现和总结当今心理学工作者在人格上的某些问题。这些问题往往会决定他们的工作风格，甚至可能导致理论上的某些倒退。

了解了卢梭那艰苦的一生，我们可以对他那种偏执人格的形成，

卢梭：浪漫与现实的距离

作一个简单的分析。首先是他童年的艰苦和漂泊，导致了他对自己身世产生的不公平感，这在某种程度上也播下了日后他憎恨人间不平等的种子。然后，我们又看到他那感情备受挫折的中年，找不到自己想要的爱情，他自己又是如此情感胜过理智的人。一次次的挫折造成的心理创伤，再一次点燃了他不公平感的火种。再加上晚年他的思想又四处碰壁，让他无法再相信身边的任何一个人，进一步加重了他的自恋和偏执。

如此不留情面地展示一个生活中真实的哲学家，为的是能够让我们看清楚做学问是一回事，可生活又是另一回事。才思敏捷的天才也会有自己的缺点，这些人格上的缺陷多半是后天造成的。我们自己或许也难以避免这些生活上的无奈，但卢梭却用出淤泥而不染的（至少在思想上）浪漫情怀向我们描述了一个他心灵中的自然与自由、原始与纯净的美好世界。拿卢梭的话来说，我们生来就应该在这样一个美好的氛围里，"受不得社会的污染"。这话似乎是真的，因为到最后，连卢梭自己也被"污染"了。

坐落于瑞士日内瓦的卢梭铜像

卢梭的行文中不乏令人神往的美丽，提倡大自然陶冶情操的作用。卢梭的理论也影响了法国的革命历史进程，他虽然生前饱受争议，然而死后，他的许多思想仍然为人所赞颂。他《社会契约论》中的"公众意志"甚至一度成了许多国家法律制定的摹本。也正是《社会契约论》中的民主、自由、平等的思想，间接导致了法国大革命的发生，使得人类历史又上了一个新的台阶。《爱弥尔》中提倡人性自由的教育，也是对当今应试教育的一次深深地批判，是带领我们

早期哲学心理学大师

走上素质教育之路的明灯，同样也给我们当今的儿童发展心理学研究带来不少的启示。总之，卢梭留给我们的思想财富不容小视。

在我们了解卢梭的人格特征以及成因之后，我们就能在卢梭犯过错误的那些方面产生一定的免疫力。他的口是心非，他的忘恩负义，他的浪漫精神，他的因为放纵情欲而陷入无尽的困惑和悲剧性的结局。矛盾的卢梭正是我们要力求避免的。

理想和现实之间的距离总是大得超乎我们的想象。卢梭悲剧性的一生不禁令后人感慨浪漫主义者的不幸。也许浪漫主义的世界观永远都只是朵绽放的玫瑰，精妙绝伦、令人神往，但也注定会走向凋零。

一位学者的理论和思想，是和他一生的亲身经历息息相关的。境遇并非我们所能决定的，一个人的理论总是带有一定的个人色彩。尤其在心理学这个研究内心世界的领域中，我们更要以科学性和客观性为重，对于前人的思想能有一个恰当的评价。取其精华，弃其糟粕，这样才能做到古为今用，博采众长，丰富我们研究的视野，不至于走入一叶障目，不见泰山的死胡同。

萨德侯爵：思想与行为的放浪形骸

> 整个宇宙对我来说似乎仍然不够宽广，以至于不足以满足我的欲望；宇宙对我划出了界线，而我并不想要这个界线。
>
> ——萨德侯爵

多纳蒂安-阿尔封斯-法兰斯瓦·德·萨德侯爵（Donatien-Alphonse-Francois de Sade 1740—1814）是谁？他是那个臭名昭著的性书狂人，描述骇人听闻的变态性行为的小说《索多玛的一百二十天》是他的作品；他是变态性行为的代名词，"性虐待狂"（sadism）一词便由萨德的名字派生而来；他是生活淫逸放荡的没落贵族，他一系列异常的、疯狂的性嗜好是从28岁开始的，大部分时间都在监狱和疯人院里度过。"色情"、"淫秽"、"变态"等最令人不齿的词汇已经成为了他的头衔——这就是大部分人所了解的萨德。

可是，不仅仅在文学的领域，我们看到了萨德的名字，而且在哲学、心理学、人类学、社会学等领域，萨德的名字也是频频出现。萨德的思想在他所处的 18 世纪显示出了惊人的超前性，他的许多言论在当前仍有其准确性、科学性与研究价值。可是他没有被戴上"思想家"的帽子，因为他已被历史上道德化的批评和谴责埋没得太深太深！

萨德侯爵放荡的一生

反常性行为的实践和书写

或许很多哲学家、心理学家都有一定的生活作风问题，可没有一个像萨德那样，一生有着数不清的前科、案底和犯罪记录，受到众多社会道德舆论的抨击和法律的制裁。

萨德侯爵于 1740 年生于巴黎的一个法兰西非常显赫的家族——孔代王宫的宅内。其父萨德伯爵是一位行伍出身的外交家，母亲是德·孔代公主的高级女佣，此后萨德继续待在孔代王宫。他性格中的傲慢正是在这里由仆人们的骄纵与他父母的疏忽所共同造成的。

萨德侯爵的童年由他的叔父德·萨德修道院长抚养和教育，从他那里萨德获得了对历史的兴趣和封建显贵的习气和做派。1755 年萨德参军，在 7 年战争和休假期间，他在巴黎的妓院里异常活跃，不体面的名声已开始流传。

1763 年，萨德与原巴黎税务局长的女儿蒙特罗伊结婚。同年，萨德被一位名叫热纳·泰斯塔尔的女性制扇商控告，指控萨德对她的肉体施虐，并沉浸于令人恐怖的不正常性行为。萨德因淫荡和亵渎神灵的罪名被送往凡尔赛的监狱。他的家庭出面干涉，将他的判刑减轻为驱逐巴黎一年。

1768 年，萨德在自己租用的房子里，在违背受害者本人意愿的情况下，对一位名叫罗丝·凯勒的失业纺织女工进行了鞭打，用小刀割她的皮肉，并且在她设法从窗子逃跑之前将滚烫的封蜡倒在她的伤口上。此次事件造成了轰动性的丑闻，萨德被判处六个月监禁。

1772年6月，萨德与他的贴身男仆拉图尔在马赛对四名妓女进行了下毒（催情的春药）和鸡奸后逃往意大利。他们在缺席审判中被判死刑，他们的模拟像被当众烧毁。

1776年，被萨德虐待过的一个姑娘的父亲在公众场合愤怒地向萨德侯爵开枪。随后萨德被捕并在万桑纳监狱收监。

1784年，从万桑纳监狱被当作重犯转移到巴士底狱。萨德侯爵开始了小说的写作，如《索多玛的一百二十天》。

1789年，萨德在巴士底狱的囚室窗边，用自制的扩音器呼救，声称囚犯们正在被谋杀。他因此而被转移到夏朗德疯人院。

1790年，萨德被释放。次年匿名发表其小说《朱斯蒂娜，或美德的不幸》（又名《淑女蒙尘记》）。

1799年，在"新道德"的氛围下，警察没收了《朱斯蒂娜》的一个新版本。评论界称，萨德是"对公共道德的威胁"。

1801年，萨德的"淫秽"作品继续被没收，萨德也在圣特·佩拉日被囚禁。

1803年，萨德因企图诱惑同室囚犯又被转移到夏朗德疯人院。

1812年，拿破仑再一次拒绝萨德欲获自由的要求。

1814年，萨德侯爵去世。

荒淫放荡的社会背景

的确，从萨德年轻时的放荡行为及屡次受审判和监禁的经历，我们可以认定，萨德属性虐待狂的心理变态者。但是，如果我们深入了解一下萨德所处的18世纪法国社会的背景，我们就会发现，萨德的种种放荡变态的行为不过是迎合了贵族们的风尚。当时的巴黎，有七分之一的妇女靠成为权贵们的性奴隶、屈从于顾客反常的性爱好而谋生；国王自身在凡尔赛开辟了一个鹿园，其中的工作人

早期哲学心理学大师

员都是刚刚发育成熟的姑娘，花在淫逸享乐上的支出使王室负债累累；鞭打、鸡奸和同性恋行为在贵族中广泛流行，有些被花钱雇佣的姑娘还被虐待致残。放眼于当时的社会大环境中，让萨德受到惩罚与制裁的那些"罪行"其实都不是特殊的。不知道有多少贵族淫棍，犯有比萨德侯爵更恶劣更骇人的罪恶。可是只有萨德，成了他所代表的贵族和审判他的议会之间政治斗争的牺牲品及社会道德舆论抨击的众矢之的。

被夸大的恶行

萨德之所以受到底层社会人们的批判，很大程度上归因于他那根深蒂固的等级观念。在萨德身上有这样一种矛盾：一方面他对当时君主独裁的制度强烈不满，渴望推翻那种社会秩序（这一点从他的小说《淑女蒙尘记》的主题——善良坚贞的人在社会里处处碰壁，最终难逃一死，而淫邪的恶人却春风得意，平步青云——就可以明显看出），因此，在革命到来的时候，他是一个温和的支持者。可是另一方面，在萨德身上却具有当时贵族所共有的奢淫无度的恶劣品行。一旦共和制被确立，贵族的特权被废除，他被禁止像一个封建君主一样行事时，他又极度地不满。萨德认为大多数的人都是低下的，因而带着贵族的轻蔑态度对待他们。这无疑激起了民众对他的愤怒，他的那些丑闻也进而被逐渐夸大和流传，甚至到了恶意中伤的地步。种种的流言蜚语把萨德塑造成一个嗜血的恶魔，更有谣传说，萨德侯爵在"享乐集会"时滥下的剧毒春药导致了无数人的死亡，并且他在专门的囚禁室用不同性别的年轻男女做活体解剖。显然，这些对他的罪行的夸大带有对萨德在行使他贵族的权力的强烈暗示——他是一个

电影《鹅毛笔》中的萨德

"暴君",是一个"独裁者",他所代表的贵族阶级对平民的身体和尊严进行着残忍和无情的践踏。

萨德侯爵的神学观

讲到萨德侯爵,我们必须要谈一谈他的神学体系,因为萨德一生的行为和文学作品都是他"萨德式神学思想"的体现。萨德侯爵可以说是一个彻彻底底的无神论者,他受到法国启蒙时期唯物主义思想家霍尔巴赫等人的影响,将自然宗教视为纯粹的虚幻,将对上帝的信仰视为最大的、最根深蒂固的偏见。虽然在萨德所处的启蒙时代,成为一个无神论者并不是一件很了不起的事情,但是萨德侯爵却以一种最激烈、最极端的方式否定上帝的存在并对上帝进行侮辱和亵渎。

上帝绝非宇宙的第一动因

萨德的无神论的起点是他推翻了上帝是宇宙的第一动因。过去的伏尔泰等人的自然神学认为,宇宙就像一座钟,是上帝创造了这座钟,并且给了它一个动力,让宇宙按照上帝给予的规律和动力永恒地运转。而萨德认为根本不存在"上帝"这一伟大的"钟表师",大自然本身就是物质性和机械性的,它可以自我建构、自我管理和自我运转。物质才是宇宙运动的最大推手,而绝非上帝。因此人类并不需要上帝,更不需要对其怀着敬畏之情。萨德曾经说过:"一个奇怪的和荒诞的生物,人们叫他上帝。我正式地、严肃地、公开地宣称,我对他没有一丝一毫地信仰,这是因为我无法找到任何可以证明一个如此荒诞存在的证明。"这正是萨德彻底的唯物论的言论。

判上帝死刑才能带来人类的自由与解放

人们认为是上帝创造了这个世界,并以赏善惩恶作为世界的内在法则，而启蒙时期的唯物主义哲学家霍尔巴赫则将此视为一种政治与宗教的压迫，认为这对人类是有害的。而把霍尔巴赫的思想视为自己的哲学基础的萨德，更是认为，由上帝这一概念所衍生出来的伦理道德处处制约着人们的思想和行为，将人类最原始的欲望视为邪恶的根源，这也就是禁止人们去追寻真实的幸福。上帝的存在剥夺了人类的幸福和自由，这无异于一种暴君的压迫式统治。只有将上帝判处死刑，万事都会被允许，即使是最变态的行为，人类才能得到真正的解放。

与此同时，萨德认为人应该以其理性的优越性和责任感肩负起上帝的角色和地位。也只有上帝的死亡，才能使人类严肃地面对必须承担的责任，而不是把责任推卸给看不见摸不着的上帝。因此，上帝之死对人类的进步有着非凡的意义。

"恶魔化"的上帝

萨德不仅否认上帝的存在，宣称上帝之死是人类的解放，还更进一步塑造了一个"邪恶的上帝"，来对世间的恶行赋予一个正当的解释。对萨德而言，唯一可以接受的上帝就是一个邪恶的上帝。人通过满足欲望得到快乐，而人最原始的欲望被视为罪恶，这说明人性就是罪恶的。而上帝通过自己的形象来造人，那就证明上帝是邪恶的。通过这样的哲学推理过程，萨德得出了"上帝是万恶本源"这一结论。萨德把这世界上所有的悲惨和不幸，把社会上的一切残酷与不公正全部归咎到恶毒的上帝身上。萨德式的"恶魔化的上帝"其实与萨德的宇宙观中"破坏性"的自然是相符合的。他认为，"破坏"和"恶"是物质运动固有的、普遍存在的特性。人类只有展示罪行才能越来越接近整个宇宙恶的本质，才不会在这个世上受苦。在此基础上，萨德甚至提出了一个前所未有的结论："恶"是物质性的，它不是一个被创造出来的概念，而是宇宙组成的第一物质。"邪恶的分子"在世界诞生之前就已经存在，由它构造出了一个邪恶的上帝，又由邪恶的上帝创造出了这个可怕的世界。因此，"恶"是组成世界的首要元素，它是永恒的，永生不死。

渎圣所带来的、逾越限制的快感

既然上帝是邪恶的上帝，世界是邪恶的世界，人们只有"从恶"才能得到幸福，那么既有的一切宣扬善行的道德伦理和社会价值观就该被彻底地推翻，从而建立起一种新的规范。而这种新规范在萨德看来必须建立在肉体快感的基础上，并且以最变态的方式呈现。因为纵淫在原有的规范中被视为最大的禁忌，因此也是最该被颠覆和逾越的。而萨德的神学体系正是一种逾越的体系。逾越现有的伦理道德，推翻外在的规范和禁忌是萨德一生为之奋斗的目标。禁忌之于萨德，只是逾越的对象罢了，没有限制又何来逾越呢？正如萨德在《索多玛的一百二十天》里所说的那样："没有任何东西可以限制淫欲。扩大与增强欲望最好的方法就是试图予以限制。"而对限制的逾越便是快感的来源。

在萨德的文学作品里，我们可以看到，他以一种极其激烈的，甚至夸张的方式对上帝进行辱骂与丑化。也正因如此，萨德被视作启蒙时期最激进的无神论者。

> 我渴望死在无神论的怀里，
> 想替我指引方向的可憎的上帝，
> 对我而言您不过是拿来亵渎用的。
> 我期待您能存在片刻，
> 让我享受辱骂您的快感。

其实我们不难看出，萨德所辱骂的并非是"上帝"这一概念本身，而是上帝所代表的当时的社会道德规范，以及这种道德规范下对人类自由的束缚。他辱骂上帝，并不是承认上帝的存在，而是他强烈地需要一个泄愤的对象，来抒发对社会价值体系的不满。与其说萨德

早期哲学心理学大师

是一个极端的无神论者,不如说他是一个极端的自由主义鼓吹者,他反对通过一切手段(当时的社会,宗教是最主要的手段)限制甚至剥夺人的自由和权利,以达到当权者统治的目的。萨德用他的行为,用他的文字,执著地对约束着人们的伦理道德发出挑战,因此,卡缪在萨德身上看到了一种有如"普罗米修斯"般的反抗,他称萨德是个"戴着枷锁的哲学家,也是第一个绝对反抗的理论家"。

萨德式文学

色情的书写?哲学的书写?

《朱斯蒂娜,或美德的不幸》

在萨德身陷囹圄的日子里,他用他的小说传递他的思想。可是由于他的小说中有着大量对性关系和性行为的描写,并且这些描写大部分都是变态的和虐待狂式的,有些暴虐淫行的行为,连萨德本人也说"足以腐蚀魔鬼",因此,他又背上了"色情作家"的骂名。可是,对于病态性行为的描写,并不是萨德写作的目的,而是他展示自己的世界观和哲学思想的手段。拿在萨德的文学作品中占重要地位的小说《朱斯蒂娜,或美德的不幸》为例,小说讲述了一个生性坚贞、笃信宗教、具有所有美德的姑娘朱斯蒂娜,因对于美德的坚持屡遭奸污,备受磨难。故事由朱斯蒂娜本人通篇自述,而这样一个善良纯洁的女子对于性的叙述显然是带有非常鲜明的道德谴责倾向的。她对于性的描述也往往是只有梗概,没有细节,这表明了作者并不是主要以色情为写作的目的。而

萨德侯爵：思想与行为的放浪形骸

且读过萨德小说的人都会有这样一个印象：书中有大量的思想观点和哲学见解，其所占的篇幅远远超过了性场面的描写。萨德借由其笔下作恶之人的口说出自己的哲学理念。可见，表达自己的思想见解才是萨德写作第一迫切的需要。

揭示人性的病态与罪恶

萨德在小说中对病态的、扭曲的性行为一一进行展示，好像生怕有所纰漏。因为这样骇人听闻的罗列和描写，遭到了文学评论家的强烈抨击。可是，我们应该看到，这些反常的病态终究是在人性中客观存在的，不是萨德主观臆想出来的。对于哲学家、心理学家、精神分析学家而言，萨德的小说提供了一份人性病理学报告，而这份报告有着非常实际的研究价值和研究意义。萨德他敢于思考不能思考的事物，敢于想象不可想象的东西，敢于写作不应写作的主题。他直面人性中的丑恶，并把这种大多数人都试图掩盖起来的丑恶揭露出来，放诸阳光之下，让所有人都无法对此忽略和回避。

在萨德的小说集《情罪》的序言里，他这样写道：

小说有何用？伪君子们，心理变态者们，只有你们才会提出这样可笑的质疑：小说是用来为你们画像的。你们自以为是，狂傲之至，想要躲避勾画你们嘴脸的画笔，因为你们怕后果会不堪设想。小说可说是百年风习的写照，所以，对那些有心要认识人之其为人的哲人来说，它如同历史一般不可或缺。历史的笔录只呈现人的外表，小说的笔触则相反，它从人的内部抓住人。在人摘下假面具的那一时刻，小说抓住了人的真面目，这样画出来的素描要更有意义得多，也更为栩栩如生。这就是小说之用。

在萨德看来，恶是植根于人性之中的。罪恶是自然造物时便赋予我们的天性，因此他所要批判的不是人性中的罪恶，而是那些明明有着罪恶的思想和行为，却打着弘扬美德的旗号、道貌岸然的伪君子们。

萨德认为世界的本质是邪恶的，只有行恶才能符合这个世界的生存之道。那么萨德对于"恶"到底持什么态度？我们至今仍很难给予准确的评判。克洛索夫斯基认为："并不是无神论去导致或解放萨德式的邪恶，相反的，是邪恶强迫萨德对于无神论加以非理性化。他试图透过无神论去合理化他特殊的邪恶。"在他看来，萨德是崇尚恶的，他是危险的，反人性的。而也有学者认为，萨德是一个主善者，他不断地展示恶，旨在揭示恶产生的人性根源和社会根源。而产生恶的社会根源主要来自两个方面：一是社会财富分配的严重不均，富人由于骄奢淫逸产生恶；二是为了生存下去，穷人只能以恶抗恶。萨德对这样一个病态的社会进行了深刻的批判和控诉。

不管怎样，被一些人尊崇，被大多数人谩骂，关于萨德的争议一如两百年前一样继续着。圣伯夫评论说：浪漫主义的两个主导人物是拜伦和萨德，只是拜伦可以被公开地钦慕；波德莱尔指明：对自然的人的任何研究都必须从萨德开始，他显然是一朵"恶之花"；福楼拜敬慕着"伟大的萨德"，认为萨德提供了"对哲学和历史如此精辟的洞悉"。但我更倾向于阿波里内尔的看法，萨德不是魔鬼的化身，他是"最自由的精灵"。我们在萨德身上看到他对自由的向往以及追求这种自由的勇敢与执著，着实令人震惊和感动！

科学心理学诞生时期的心理学大师

赫尔巴特：先驱与逆流

心理学是一门形而上的科学。
　　　　　——赫尔巴特

　　赫尔巴特的名声在心理学界并不太大，他更多地被人们当作是教育学的鼻祖。事实上，他在心理学领域也产生了巨大的影响，他的一部巨著《科学心理学》发表于1816年，这比费希纳的《心理物理学纲要》早了34年，比冯特正式建立心理学早了63年。在他生活的那个年代里，心理学还没有被正式确立为一门学科，更不用说是一门科学了，但是在他的著作中，率先将心理学定位为一门建立在经验基础上的科学，因此，他是一位不折不扣的现代心理学先驱。然而，在他看来，心理学不是实验的，不是描述的，也不是生理学的，而是一门类似于数学的形而上学。这种背离科学层面的定位，摒弃实验方法的研究，给心理学的后世发展带来了很大的负面影响，所以又是一股违背心理学发展大潮的"逆流"。

科学心理学诞生时期的心理学大师

生平掠影

性格缺陷

1776年5月4日,赫尔巴特(J. F. Herbart,1776—1841)生于德国奥尔登堡,出生在一个温馨富裕的家庭,他的父亲是一名远近闻名的法官;他的母亲是一个出类拔萃的才女。赫尔巴特小时候原本身体很强壮,是个活泼开朗天真的孩子,但是5岁那年他被开水严重烫伤,虽然幸免一死,但是落下了羸弱的体质。从此小赫尔巴特与以前判若两人,变得自卑、怯懦,甚至有一点自闭。

由于小赫尔巴特体弱多病,而且不敢与外界交流。母亲弗劳就决定在家里自己教小赫尔巴特。弗劳的数学、语文和音乐基础深厚,还花重金请来了多名出色的家庭教师,对小赫尔巴特进行了卓有成效的早期教育。但是长期缺少与外界的交流,还是给他造成了严重的性格缺陷。

12岁那年,赫尔巴特终于走出家门,前往奥尔登堡中学学习。虽然老师们对这个才学渊博的孩子欣赏有加,但是赫尔巴特在生活上依然存在种种欠缺。他极其缺乏自理能力,缺乏与同龄人的沟通能力。他是中学里绝无仅有的需要母亲陪读的学生。

赫尔巴特18岁时升入耶拿大学攻读法律。不过他对自己的专业没有兴趣,很快就荒废了法律的学习,而被耶拿大学的哲学氛围深深吸引。他幸运地遇到了哲学大师费希特,并且很快成了他的得意门生。然而,赫尔巴特很快就变成了费希特的批判者,毅然决然地开始了自己的哲学之路。

家教风波

1797年初,赫尔巴特还未修完大学课程,就离开了大学,转而接受了一位瑞士贵族的邀请，当上了家庭教师。这一草率的选择使得赫尔巴特在几年后面临着失业与失学的双重磨难。

19世纪初正值欧洲大动荡时期，那位瑞士贵族在这次大革命中破产。一时间，赫尔巴特失业了，既没有工作，又不能返校读书。再加上他的父母正在闹离婚，他被这种死寂的气氛所烦扰，变得更加抑郁，最后，他选择了离家出走。

很幸运的是，他意外地接到了一名不来梅议员的信，邀请他前往不来梅为三位贵妇人讲学。赫尔巴特出于生计的考虑接受了他的邀请，在那里他获得了钻研哲学与教育的时间和精力。

异类学者

赫尔巴特26岁那年，他获得了博士学位。此后几年赫尔巴特在哥廷根大学得到了一份稳定的教学工作。赫尔巴特的教育巨著《普通教育学》在哥廷根发表。

直至1808年，柯尼斯堡大学邀请他接替伊曼努尔·康德担任哲学讲座的教授。赫尔巴特在那里一干就是24年，这24年是赫尔巴特学术的高峰期，1816年他发表了《心理学教科书》和《形而上学》两本巨著。

赫尔巴特一家人，右上角为赫尔巴特

然而，赫尔巴特有一种极度古怪的，与其身份不符的性格——他从来不与别人争论学术观点，即使自己是正确的，他也不会去争辩。一旦周围的人陷入争吵不休的"灵感"之中，他却沉默寡言，或抽身退出，从不参与争论。有时候人们把他的这种气质看作是学者的风度，冷静谦逊，但是如果这份沉默超过了一定的限度，就变成了一种

科学心理学诞生时期的心理学大师

怯懦，不与他人争论是因为自己缺乏自信，这也许是童年那场灾难的后遗症。这种不善于交流的性格，使得赫尔巴特丧失了许多切磋专业学术问题的机会，也影响了他进一步完善他的理论体系，阻碍了他的学说的延传与发展。虽然赫尔巴特有许多弟子，但是他的弟子之中没有一个成就很大的。因此赫尔巴特的学说便随着时间的流逝，而渐渐淡出人们的视野。

1833年，普鲁士的一系列教育政策惹恼了已年近六旬的赫尔巴特，他一怒之下离开了柯尼斯堡大学，返回哥廷根大学，继续担任哲学教授。任教9年后，突然中风，病倒在床上然后去世，享年65岁。

学术缺憾

心理学是……心理学不是……

在赫尔巴特的《心理学教科书》中，为心理学下了很多定义。简而言之，他认为心理学是一门科学，心理学是经验的，是形而上学的，是数学的；心理学不是实验的，不是描述的，不是分析的，不是生理学的。

虽然从整个历史角度上看，赫尔巴特第一个提出心理学是一门"科学"，但是他给心理学的诸多定义中，有不少都存在着错误。

赫尔巴特认为心理学是"经验的"，因为心理学的研究方法是观察，而不是实验；观察得来的经验是心理学的基础。赫尔巴特对观察法的推崇是值得肯定的，至少在这点上他可以与纯粹的经验主义心理学有明显的界限，但是他对心理实验法的极力排斥，显然是不明智的。在赫尔巴特看来，心理根本没有可以进行实验的可能，如此众多的独立心理学变量，怎么能够合理地安排到一项实验中。不过，这种片面的观点在几十年后被费希纳和冯特彻底打破，现代心理学如果脱离了实验，就永远只能停留在低级肤浅的发展层面。

赫尔巴特认为心理学是"形而上学的",之所以持这种观点,应该归咎于他是一名出色的哲学家。作为一名哲学家,他的哲学观点主要来自莱布尼兹和康德。哲学家对物理学之类的学科向来极度排斥,赫尔巴特将心理学划为形而上学的,也就使得心理学与物理科学之间有了明显的区别,因为物理学是实验的,与形而上学正好相反。早年的冯特也曾受到过赫尔巴特的错误引导,走过一段弯路,但是最终还是悟出了自己的科学观点,转而猛烈驳斥赫尔巴特的观点。

赫尔巴特认为心理学是"数学的",这是他所制造的又一个心理学与物理学的区别。物理学使用计算法与实验法,而心理学仅仅只用前者。因为心理学的任务是挖掘心灵的数学法则,而不是描绘人的心灵,所以赫尔巴特又同时认为心理学不是描述的。只作描述而不研究心理法则,是无济于事的。但是像赫尔巴特那样完全排斥心理学中描述的意义,是更不可取的。

赫尔巴特称心理学是"非分析的"。在他看来心灵是一个统一的整体,根本不能被肢解成一个个部分来加以分析。与此同时,他也反对生理学介入心理研究,作为一名古典的哲学家,赫尔巴特自然厌倦现代感十足的生理学。他觉得如果从生理学角度入手,心理学将失去生气,失去了那种谨慎的、内敛的科学气质,纯粹的心灵的完整性绝对不能被手术刀破坏。这种对生理学的排斥,使得心理学丧失了神经基础,这种被架空了的心理学中很难有大成就,好比是一座高悬的空中楼阁,缺少了必要的根基。

"观念论"与"数学法"

赫尔巴特眼中的心理学是机械的,虽然他不喜欢也不精通物理学,但是他却发明了一种应用于心理学领域的力学,所谓的"灵魂静力学与动力学"。他也因此被视为从莱布尼兹到弗洛伊德这条动力心理学发展之路上的过渡人物。由此心理力学机制演化出了一种更为贴近心理学的概念——"观念"。赫尔巴特认为每一种观念都具有相

科学心理学诞生时期的心理学大师

互影响、相互作用的力量，但是观念是永恒存在的，每一种观念的性质都是不变的，因此两种观念无论如何排斥，都不可能有质的改变。也就是说，两种观念之间的相互对抗只存在相互抑制的趋势，而永远也不会到达一种观念被完全消灭的状态。

赫尔巴特与朋友讨论问题

其实，赫尔巴特提出如此哲学化的体系，旨在将心理学更多地落实到数学领域中去，运用数学的方法来解读心理。由此诞生了一项也许是心理学史上最早的"心理数学法"，即假定两个同时存在并相互排斥的观念 a 和 b，且 a＞b。赫尔巴特希望从中得出一个 a、b 相互作用后，b 的损失量的公式。他认为 b 的损失量 d 与 b 总量的比例，等于引起 b 损失的 a 与 ab 或 a＋b 的总量的比例。从而得出公式：$d/b = a/(a+b)$，$d = ab/(a+b)$，进一步得出 b 的剩余量为：$b - d = b^2/(a+b)$，且恒不为零。

从这么一系列的公式中，更加证明了观念的永恒性，即使再强的观念也无法彻底抑制其他观念。随之演化的其他公式，也进一步证明了他心理力学的各种观点。然而这种极度机械的公式从未在心理学领域占据任何地位，这并不是因为他数学法运行上不可靠，而是因为这种方法本身太缺少经验和实验的依据了。数学法中需要精确的数据，但每个人对自己心理资料的收集往往是非常模糊的，心理研究中的处理更是无法达到数学法那样的严密与科学。更何况，这种研究方法在最先的假设时就存在着致命的缺陷，因为公式中最基础的数据是不准确的。赫尔巴特精心推算出的公式，只能给人一种看似"严谨的"错觉。

赫尔巴特：先驱与逆流

"意识阈"与"统觉团"

这又是两个对后世影响巨大的概念，同时它们也饱受争议。

赫尔巴特提出："一个概念如果要从一个完全被抑制的状态进入一个现实的状态，就必须跨过一道界线，这种界线就是意识阈。"赫尔巴特提出这个概念，是为了能够进一步阐述他的观念系统理论，通过意识阈来说明观念的强度和相互作用。当两个观念相互作用时，弱的一方会被强的一方所压抑，但不会消失，这种情况就是观念下降到了意识阈之下。

其实，这种意识阈的理论，就是早期的潜意识研究。下降到意识阈以下的被压抑而不消失的观念，就是潜意识。赫尔巴特提出意识阈理论，旨在告诉后人，心理学不仅仅要研究意识层面的现象，还要研究超出意识之外的现象，也就是"无意识的意识"。赫尔巴特的意识阈概念来源于莱布尼兹

赫尔巴特在柯尼斯堡大学开讲座时的盛况

的单子论学说，而冯特、费希纳、乃至弗洛伊德都受到了赫尔巴特意识阈理论的影响，赫尔巴特在潜意识领域的探究中起到了极其显著的先驱作用。

如果说赫尔巴特的意识阈理论有着非常深远的专业影响力，那么他的"统觉团"学说则很快就遭到了时代的淘汰。所谓"统觉"就是把分散的感觉刺激纳入意识的核心，形成一个统一的整体。在现代心理学中只能从"注意"这一概念中找到一些统觉的味道。赫尔巴

科学心理学诞生时期的心理学大师

特之所以提出统觉团的理论，是为了实现他所倡导的"科学教育学"思想。因为意识边缘的观念不能被准确察觉，只有处在意识中心的观念才能形成统觉。赫尔巴特认为，老师在上课时就应该合理利用这种现象来突出重点，让学生更快地掌握要点知识。

然而，赫尔巴特又指出，仅仅一个观念的统觉尚无法成为意识，只有同化进整个意识观念，才能够形成一个意识层面的统觉团。他认为，在现实的教育活动中，这种融合了的观念统觉团才能够达到最佳的掌握水平。然而事实上在心理学领域中，很难找出赫尔巴特所津津乐道的统觉团。现在，统觉团已经被图式、同化、认知结构之类的概念所取代，赫尔巴特所讲的统觉团只是更多地应用于教育学理论中。

教学阶段论

赫尔巴特是一位心理学先驱，更是一位影响深远的教育学家。被许多评论家视为"最具有创造力的教学理论的炮制者"。作为传统教育学派的重要代表，他也是现代教育学的一位奠基人。

赫尔巴特对后世影响最大的应属其教学阶段论，当然后世对其批判也不少。

他是历史上第一个提出教育学应以心理学为基础的观点的人，这一观点奠定了教育学与心理学之间千丝万缕的联系。根据儿童心理活动规律，赫尔巴特将课堂教学划分为明了、联想、系统和方法四个阶段，这就是著名的"形式阶段理论"，这一理论后来逐步发展成"五段教学法"。

赫尔巴特说："美德这个词，体现了教育的整个目标。"正如许多教育先驱一样，赫尔巴特认为教育的最终目标是培养一个善良有德的人。在他的教育目标中，极大地提高了德育的地位。这固然是好的，但是如果脱离了实际能力的培养，一切教育都不能发挥出它应有的价值。

赫尔巴特过分地强调以书本为中心，轻视经验在教育中的作用，忽略了学生的主观能动性，以及学生在教学过程中的需要与感受。这一欠缺成为他被后人屡屡攻击的薄弱点，与其截然相反的是杜威的以学生为中心的教育观点。这两种教育理念的对决，最终以杜威的实用主义教育观点获胜而告终。

此外，赫尔巴特在教学过程中所提出的一系列方法，主要是讲述法，而并不重视其他一系列更形象的教学手段。因此被后人批判成满堂灌输的死方法。在教学内容上，他强调内容的一致性，而并不注重教学的实用性。在赫尔巴特的眼中，教学内容应该围绕着如何提高学生智力而展开，而不是为了纯粹的知识获得。他的这种理念被很多人认作只适合于人文科学。这种观点虽然有所偏颇，赫尔巴特也并非轻视科学，但是他的观点确实在自然科学领域不能完全发挥作用。

在赫尔巴特的教育学理论中，与心理学最相关的便是他对教育过程的阐述。赫尔巴特将统觉团的理论很好地运用到了教育中，他认为教育就是一个新旧观念形成联系并系统化的过程。基于这种心理学基础，赫尔巴特将教学分为五个阶段。虽然他将各个阶段分得很细致，但是这种形式阶段说还是成了他的理论中最受争议的部分。杜威等人认为他的理论过于流于形式，忽视老师与学生本身的个性区别。在现实的教育中，如果真的如此拘泥形式，必将导致一系列生拉硬套的刻板教学，反而会导致教学效率的降低。

后世影响

心理学史上的一位过渡人物

赫尔巴特留给当今心理学工作者的印象已经非常模糊。如果问10个心理学专业的学生，赫尔巴特是谁，那么至多只有三两个人知道他的大概。赫尔巴特的影响力正不断衰弱，这不仅仅因为时间的流逝，更因为它本身的理论缺陷以及缺乏震撼力的体系。他更像是一位

科学心理学诞生时期的心理学大师

为纪念赫尔巴特而建的全身像

衔接起两段心理学发展历程的过渡人物。

赫尔巴特正越来越被心理学界所忽略，但是他的成就不能被抹杀。他是一个精力旺盛、兴趣广泛的学者。善于继承传统又不墨守成规。为人师表，却又性格内向，甚至自闭怯懦。他以自己的独特的气质，被别人称为"学者的学者"。正当康德哲学进入全盛时期时，赫尔巴特登上了历史的舞台，建立以心理学为基础的教育学是他毕生的研究目标。正是这一历史性的创举，使得他在教育学与心理学领域都留下了无法抹杀的印迹。

赫尔巴特在现代心理学正式诞生前六十几年就提出了自己的心理学观点，从根源上讲，他继承了康德和莱布尼兹的哲学心理学观点，通过整合补充提出了自己的新体系，将前人的缥缈的哲学思想不断具体化，逐步引入到心理学中，对心理学的后世发展产生了相当大的影响。基于这点，甚至有人把他取代了冯特，当作是真正的现代德国心理学之父。显然，这种观点是夸大的、不恰当的。

事实上，他更像是一个从康德、费希特、黑格尔的纯粹思辨，发展到赫尔姆霍兹、费希纳、冯特的实验主义的过渡者。他在心理学正是全速向实验方向发展的阶段，极力排斥实验方法，给心理学扣上了一顶形而上的帽子，这种做法一定程度上阻碍了心理学的发展，至少将心理学的实验研究延后了几十年。他大力推行的数学心理学法，由于太缺乏操作性，况且心理学的对象是直观的行为，而不是客观的数字，一味地将行为或者情绪转化为数字加以运算，势必将心理学的本性架空。因此，赫尔巴特这种全盘数字化的心理学理论很快就失去了

赫尔巴特：先驱与逆流

这条街上曾经住着赫尔巴特

发展的空间，成了只停留在理论上的空谈。这种数学法虽然没有在心理学历史的长河中留下自己的身影，但还是影响了一些后人，其中费希纳就很大程度上受这种数学法的影响，只不过他还融入了韦伯的生理学方法而构建了自己的心理物理法。至于赫尔巴特所谓的意识阈理论，虽然从理论上还存在诸多纰漏，但是作为历史上第一位谈到类似"无意识"观点的心理学家，他在很大程度上可以称得上是后来的精神分析学派的启蒙人。

在那个哲学心理学盛行的时代，心理学一直被哲学所笼罩，每一位心理学家都是哲学家，赫尔巴特也不例外。他的心理学理论在很大程度上来源于他在耶拿大学打下的哲学基础，在赫尔巴特的理论中，心理学依然没有逃脱哲学的束缚。只不过是他最早提出的心理学是一门科学。在他的体系中，那是一门建立在经验基础上，排除了实验方法的形而上的心理学。赫尔巴特所倡导的心理学是不可能成为一门真正科学的，他所编纂的《心理学教科书》也只是更多纸上谈兵式的幻想，他所描绘的科学心理学，其实并不完全科学。在现代实验心理学萌芽之际，他"逆流"而行，摒弃越来越得到重视的实验研究法，为后来心理学的正式创立设下了一定的障碍。

科学心理学诞生时期的心理学大师

作为一名教育家，赫尔巴特的心理学必然与教育学之间存在着千丝万缕的联系。毋庸置疑，赫尔巴特的一切心理学主张都是围绕着教育学而展开的，他对心理学的研究归根到底是为了更好地发展教育理论，因此有人把赫尔巴特的心理学称作"教育学的仆人"。他将教育学领域的研究成果无一例外地运用到了心理学中，他的一生都致力于教育学与心理学的完美融合。然而，心理学在这样的情境下是无法得到全面发展的，赫尔巴特的种种努力都只能是杯水车薪。

最具有创造力的教学理论的炮制者

赫尔巴特从大学时代便开始从教，先是做贵族的家庭教师，之后一步一步提升，最终成为两所大学著名讲座的教授，他的一生在人类教育领域做出了卓越的贡献。他率先提出要建立以心理学为基础的教育学体系，为后来教育心理学的创立奠定了一定的理论基础。

虽然赫尔巴特在教育学理论上的研究颇有建树，但是他在教育实践方面却没有取得相同的成就。由于自身略带自闭的性格缺陷，以及不善沟通的交际风格，往往使他给人一种高高在上的学者气质，这与他的教授身份极不相符，也妨碍了他在教学中获得更大的成功。他更像是一个训练有素的学者，在他成年以后的很多年中，他一直在过一种隐居式的学术生活，与外界的沟通和交流都有很大的局限。他在教育实践问题上所持的观点，既不像裴斯泰洛齐那样温柔地对待自己的教育对象，也不像卢梭那样大力宣扬直觉教育。身为大学教授，他所培养的弟子都不曾有过太大的作为。他身后的许多弟子，虽然能够将他的思想广泛传播，并使之逐步渗入欧洲教育学与心理学的每一个角落，但是他们都不足以完全掌握赫尔巴特的学识，他们中更多的只是在延续赫尔巴特的思想，而没有根据时代的要求进一步发展他的思想，这种学术观点上的后继无人，最终导致赫尔巴特的思想被时代淘汰。也许正是他早年创伤后留下的缺陷阻碍了他的教学，他更像一个深沉内敛的学者，而不是一个言传身教的老师。

赫尔巴特：先驱与逆流

在 19 世纪后半叶，赫尔巴特的教育学思想，尤其是他的"五段教学法"在美国比在德国得到更多人的重视。一大批美国教育学学者前往德国求教之后，将赫尔巴特的学说带回了美国，引起了一大批美国人对其教育理论和方法的兴趣，甚至在美国本土设立了"国家赫尔巴特协会"，出现了诸如"赫尔巴特主义"之类的团体，一时间，赫尔巴特的许多专业词汇被视为成语。美国的五段教学法是由查尔斯·迪·伽摩（Charles De Garmo）、查尔斯·麦克莫里（Charles McMurry）和弗兰克·麦克莫里（Frank McMurry）发展起来的，他们都是美国赫尔巴特学会的早期领导人。可惜的是，这些美国的赫尔巴特主义者没有根据自己的国情对赫尔巴特的理论进行适时的调整，仅仅是按部就班式地套用赫尔巴特的教学法，因此，赫尔巴特的教育理论与方法虽然在一段时间内曾风靡了北美大陆，但很快就销声匿迹了。在 20 世纪初，约翰·杜威等一批实用主义者提出了"儿童中心说"的新观点之后，赫尔巴特的学说就逐渐受到了冷落，赫尔巴特学派受到了毫不留情的批判。杜威等人以自己大无畏的学术作风，与赫尔巴特的传统教育学理论针锋相对，最终，赫尔巴特的教育思想退出了历史舞台。

费希纳：心与身的碰撞

> 他攻击物质主义的铜墙铁壁，但又因测量了感觉而受到赞美。
> ——波林

作为一位生理学和物理学家，他并不是一颗耀眼的明星，他并没有在物理学领域留下太多的话题；作为一名哲学家，他从未以"哲学家"见称于世，并且他的哲学思想是矛盾的，他既对科学有着很深的造诣同时又对形而上学有着浓厚的兴趣；作为一名心理学家，他是伟大的，但是他却从来没有意识到这种伟大，他在心理学方面的所有贡献仅仅是他所一直追求的哲学的附带品；作为一名美学家，他奠定了实验美学的科学基础。我们不得不承认，他是一个天才，名副其实的天才，他就是古斯塔夫·西奥多·费希纳（Gustav Theodor Fechner 1801—1887）。说他是天才，是因为很少有人能像他那样在这么多不同的领域有所精通,用波林的话说:"他做了七年的生理学家,十五年的物理学家,病了十二年,又当了十四年的心理物理学家,十一年的实验美学家,而在整个时期他当了四十年的哲学家。"费希纳的一生是传奇的,他给世人留下了太多的东西来评论,无论是对他好的表扬,还是对他坏的批评,每个人都不得不称赞他里程碑式的贡献。现在,笔者是带着一种敬佩的心情来找出他所存在的不足,因为再伟大的人都有他的不足之处。作为晚辈的我们如果能通过研究、思考来指出这些缺点,对心理学来说也不失为一种进步。

伟大却存在争议的"心理物理学"

费希纳认为,心与身之间的联系法则可以用物质刺激与心理感觉之间的数量关系来说明。他在《心理物理学纲要》一书中指出:就一般意义而言,身体和心灵之间存在着函数关系是无法否认的。费希纳以"韦伯定律"为基础,通过自己进一步的推算,得出两者之间的关系可以用一个方程式来表示:$S = K\log R$。这里 S 是感觉量,R 是刺激量,K 是常数,$\log$ 是对数。这是一种对数关系,因为感觉量是以算术级数增加,而刺激量则是按几何级数增加,刺激强度的增加不一定会产生感觉强度的相应增加,并且这个增加的斜率是逐渐减小的,正如对数函数中画出的样子。例如,课堂上本身很安静,没有一位同学说话,突然有一位同学说话了,他的声音可能并不大,但是却会引起大家的注意;相应的,如果课堂上本身就很吵,有一位声音相同强度的同学说话,则不会引起大家的注意。

费希纳的这一定律可以说是具有里程碑意义的,它是连接心理学与物理学的一座桥梁,但是这一定律从他一提出开始就备受争议,它的确有许多值得进一步推敲和讨论的地方。从他的《心理物理学纲要》一发表就招致了许多的批评,甚至这种批评一直持续到费希纳去世之后。詹姆士就曾经这样批评费希纳的心理物理学说:"正如有

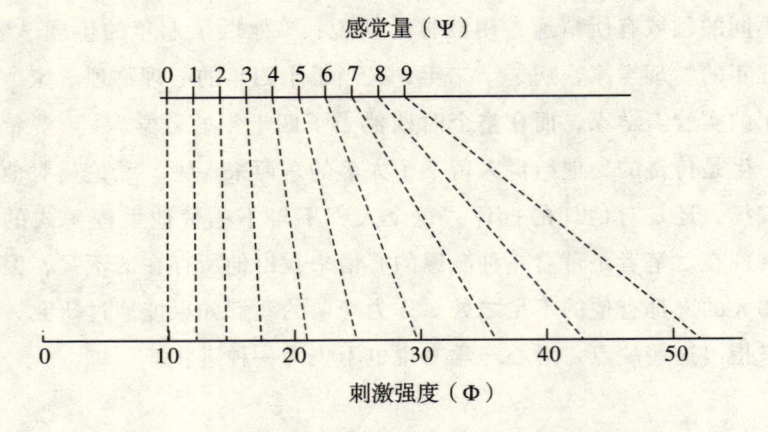

科学心理学诞生时期的心理学大师

感觉量（Ψ）

刺激强度（Φ）

韦伯定律和费希纳定律的关系

所谓洞穴的假象（idol of the den），那么费希纳的测量公式及以此公式为最后的心理物理定律的一个概念，将永久为这样一种假象。费希纳本身确为德国的一个理想的学者，既简朴，又灵敏，既为一玄秘者，又为一实验家，既谦逊，又勇敢，既忠于事实，又忠于理论。但是像他那种老人，若永远用他有耐性的幻想支配我们的科学，更强迫将来的青年，置那些较有出息的问题于不论之列，而专注于他的枯燥著作及他人之更枯燥的批评，那就更无聊可怕了。若有人要读可怕的文学便可求而得之；它虽有一种'训练的价值'；但我即使在附注中加以举例，也非所愿。最可笑的是，批评费希纳的学者，力加攻击，务使他体无完肤，其后，却又常回头来说他成就了那些学说，使心理学变成一个精密的科学，这就是他不朽的荣誉。"

　　费希纳定律有一定的局限性，如果要使用费希纳定律，必须要有两个补充的假定：第一，感觉能够被测量；第二，对于一切的感觉都有一个零点。但这两个假设是否能成立一直以来都有着无休止的争论。一些感觉到底能不能被量化地测量呢？当刺激减到感觉的零点以下时，便无法再用数学的方法来计算感觉了。经过长期艰难的研究，费希纳引用了"最小可觉差"，用 jnd 表示，因为费希纳认为感觉虽然无法直接测量，但是我们可以知道一个感觉何时存在，或者这个感觉比那个感觉大还是小，或者一样，并且刺激本身是可以测量出来的，刺激究竟多大的时候刚好可以引起感觉，于是费希纳很巧妙地用 jnd 来作为感觉的单位。

费希纳在进行公式推导的时候也产生了一些争议。我们先来看看费希纳定律的推导过程：①韦伯律：$\frac{\delta R}{R}$ 常数 → ②基本公式：$\delta S = c\frac{\delta R}{R}$ → ③$S = c\log eR + C$ → ④$S = c\log e\frac{R}{r}$ → ⑤测量公式：$S = k\log\frac{R}{r}$ → ⑥费希纳定律：$S = k\log R$。

问题就出在了第①步和第②步。费希纳无法假定一切的 jnd 都相等，因为不同的感觉会有不同的度量，不可能一概而论地认为都是一样的。再说韦伯定律本身就是有局限性的，它会随我们采用的刺激单位究竟是何种量表而定，任何便于测量的低质刺激都易于造成错误。这一点是和费希纳的第二个假设相对应的。从现代的研究来看，假定 jnd 强度都是等值的，往往与阈上强度差异的直接判断的比较有分歧。

还有人认为，费希纳窃取了"刺激是可测量的"这一论点。只有刺激是可以测量，并且有一个统一的度量的时候，才能说这一 δS 等于另一 δS。

以上这两个批评应该说原来都是很有力的，但是也可以用两种方法予以答复：

第一种方法，德尔柏夫的"觉距"（sense-distance）可答复这个批评的一部分。德尔柏夫指出，我们对于感觉之间的距离的大小，可立即或直接加以判断。例如在 A、B、C 三种感觉之中，我们可以说 AB 的距离大于、等于或小于 BC 的距离。因此我们可立即完成一种心理测量，而不必窃取论点。现在假定心理上 AB＝BC，又假定我们求得引起 B 的刺激为引起 A 和 C 的刺激的几何均数，那么，我们便证明那"基本公式"适用于一大刺激 S，例如 AB。假使同样的法则，

科学心理学诞生时期的心理学大师

就判定相等的大距离及许多 jnd 而言，也都可以信赖，那么我们便可假定，一切 jnd 应该都相等。

第二种方法，对于所有 jnd 不皆相等的意义还可以坦率地承认：单位的相等，只应是一种假定。既然都是 jnd，那么这个 jnd 必定等于另一个 jnd。因此解释这个问题可单纯地用逻辑来解决，虽说 jnd 相等，实际上有什么意义，尚未可因这个解决而解决。所有一切单位都属于如此，甚至德尔柏夫的觉距也未必在这个方面更加令人满意。但是很明显，费希纳定律说的是两个不相同的实体之间的关系。S 必定不是 R 的某些其他东西。因此，刺激之外已另有一些东西被我们测量了。

对费希纳的定律还有一种批评，叫做"量的反驳"（quantity objection）。不像上面的批评那样不容易懂，但这种批评是显而易见的。我们自身也都有这样的感悟。我们去感觉一样东西，不会像费希纳所说的那样都有大小之分，例如声音，女性的音高要高于男性。如果按照费希纳的理论，我们在感觉男声的时候不可能觉得它是女声的一部分。詹姆士就曾经尖锐地指出："粉红色的感觉不是深红色的感觉的一部分；电灯光的感觉似也不包含蜡烛光于其内。"

对于这一批评，费希纳是无法做出合理解释的，因为此前他就说过感觉是无法测量的，只有刺激才是可以直接测量的，感觉只能根据刺激及其感受性而被间接地测量，所以很容易让人产生歧义，认为费希纳所说的感觉其实为刺激，认为感觉没有可测量性。笔者认为，后来的格式塔心理学正是对费希纳定律强有力的反驳。我们的确不可能像费希纳所说的那样完全量化地感受我们周围的世界，很多时候我们所感受到的是一个整体，而并不是被分解成根据刺激变化而变化的一块块的"量"。

费希纳定律还有一个致命的缺点，就是它忽视了人的情绪、动机、欲望、生活经历等因素的影响，并没有考虑真实情境下的感知。例如，我们会有这样的经验，对于一些很难听的噪声，只要稍微有点

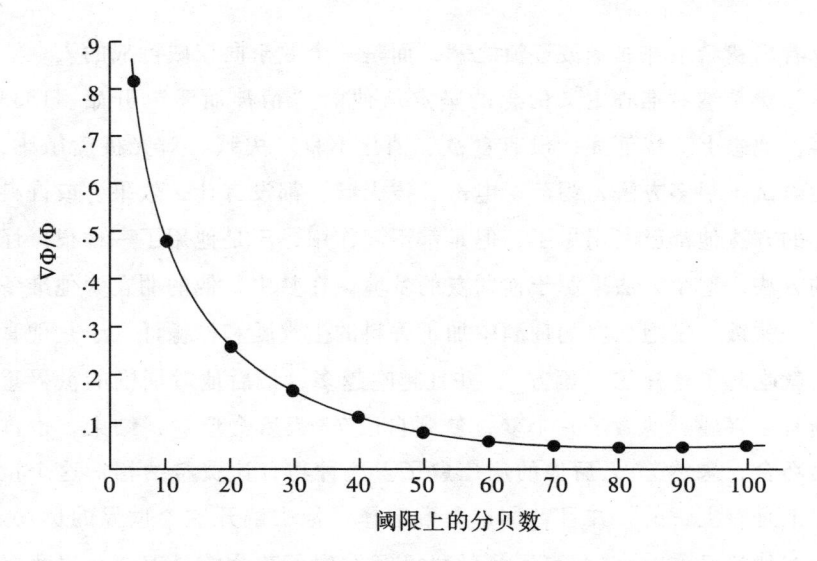

4000Hz 纯音强度和 $\Delta\Phi/\Phi$ 的关系（采自 Riesz，1928）

大我们就会觉得很吵，这一点跟同样响度的音乐所产生的感受是不一样的，并且不能将被试的反应偏好和辨别力区分开来。但正是这一缺点为后来的"信号检测论"提供了启示。

矛盾的一生

费希纳似乎一直活在矛盾的观念中。一方面他从事着科学的事业，医学系毕业，在莱比锡大学教授物理，另一方面他却追求着形而上学，可以说是"爱科学也爱形而上学"。正是这种矛盾的观念，使得心理物理学得以诞生，同时也制约着他理论的发展。

费希纳对形而上学的维护早在他医科毕业之前，就出现了。他用"米塞斯博士"的笔名写讽刺文章，嘲讽医学和科学，但是他在以后的25年中一直从事着科学方面的研究和实践。他有一篇文章叫做《月亮是由碘酊做成的证明》，用来攻击当时医学界使用碘酊作为万灵药的风气。这一点可以看出费希纳在思想上矛盾的一面，但这也可

科学心理学诞生时期的心理学大师

以看出费希纳并非随波逐流之辈，而是一个敢于向权威挑战的人。

费希纳对唯心主义信念的坚定从他的"精神崩溃"开始。1833年，他患上了忧郁症，没有食欲、消化不良、失眠、对光极度敏感，他尝试了很多方法：泻药、电击、拔火罐，都没有什么效果。或许科学的方法他都已经用尽了，但是都不起作用，于是他用了一种很奇怪的方法，这个方法来源于他朋友的梦境。在梦中，他的朋友为他准备了一顿饭，是泡在白葡萄酒中加了香料的生火腿和柠檬汁。于是他真的就吃起了这样的"偏方"，并且越吃越多，最后他对周围的世界重新有了兴趣。他做了一个梦，梦到自己77天后会痊愈，结果，也许是巧合，果然77天后他的病痊愈了。这种巧合让费希纳相信这个世界上是有上帝的，并且宣称，上帝选择了他去解开这个世界的奥秘。正如他自己说的："我毫不怀疑我已经发现了花朵的灵魂，并以我极奇怪的、受到魔力影响的情绪想到：这是躲藏在这个世界的隔板之后的花园。整个地球和它的球体本身只是这个花园周围的一道篱笆，是为了挡住仍然在外面等待着的人们。"

这场病如同一催化剂，催化了费希纳的"泛灵"思想，从此以后他对灵魂有了更加浓厚的兴趣。正是由于费希纳的这种泛灵论，他在科学唯物主义盛行的时期，提出了"植物心灵"的生活，这在当时的风气下一定是大受打击的，但是费希纳却并没有为此而销声匿迹。他的泛灵论思想在1851年的著作《天堂与下世》得到了充分的展示。在费希纳看来，意识弥漫于宇宙之内，灵魂是不死不灭的，而且万物皆有意识，唯物主义便不能排斥灵魂了。这一点其实也是费希纳之前提出的"光明说"思想，认为可以把宇宙堪称有生命的，宇宙是一个由各个部分连接成的有机体，生活着并在生活中享受欢乐。每一颗恒星和行星，每一块石头，每一团土块，都有它的组织结构，而组织结构意味着生命，生命就意味着灵魂，每一个事物都浸透着自我意识和对周围事物的反应。

费希纳对于心身关系的观点是同一论和泛灵论的，他把宇宙看成整体同一并且相信一切事物都是有灵魂的。这种唯心的思想无论在当时还是现在都是有失偏颇的，费希纳的唯心思想实在太过偏激，致使他忽视了人的情绪、动机、欲望、生活经历等因素的影响，并没有考虑真实情境下的感知。这一点也制约了其心理物理学的科学性和普遍适用性。

费希纳给我们的启示

正是费希纳的这种矛盾着的思想才使得心理物理学产生了，它为以后的心理学打开了一扇门，让心理学无论从原理还是方法学方面都变得更加科学。费希纳的理论、哲学思想虽然有很多备受争议的地方，但是我们不得不承认他的伟大之处。如果没有费希纳，我们今天的心理学也许就缺少了几分严谨，仍然走在定性而不是定量的研究道路上。作为一名心理学的后起之秀，笔者觉得如下一些启示是值得我们深思的。

费希纳在44年学术生涯中，可以说没有一年没有做出过贡献。从他多产的一生和他的哲学思想中，我们可以看出费希纳是一个善于思考的人。在面对思想上的矛盾的时候，他选择了一条综合的道路来解决自身的困惑。虽然文献上说，费希纳是在10月22日那天"灵光闪现"发现了心理物理学，但是这一定是基于费希纳长期的思考得来的。我们在学习中也经常遇到一些困惑、矛盾，我们有时候会选择逃避，而不是尝试着自己去解决，或许就是这样的一个逃避想法就会使得我们在心理学方面出现退步。纵观心理学历史上的众多心理学家，我们都可以发现他们共同的特点，那就是勤奋、爱思考。

费希纳的心理物理学从一开始就备受争议，甚至许多费希纳的弟子也对他有着尖锐的批评，但是正是这些批评，才引起了心理学界对于心理物理法的广泛关注，使得心理物理法得以修正。例如，费希纳的研究缺少对人的情绪等人为因素的关注，这一点为以后的信号检测

科学心理学诞生时期的心理学大师

论开辟了一条道路；费希纳的哲学思想虽然有失偏颇，但是却对弗洛伊德产生了深刻的影响……心理学是一个十分需要宽容和言论自由的领域，心理学是年轻的，因此就更加需要多种不同的声音，只有这样心理学才能逐步发展。我们不能总是迷信权威，而应该敢于提出自己的意见，说出自己的见解，这对于我们自己来说也是一种学习、一种进步。

从费希纳的生平中，我们可以看出他拥有着坚实的生理学、物理学基础，这也是他后来发现心理物理学的必备条件。如果心理学能和其他自然学科一样有着科学的方法，就必然要以生理学、物理学等一系列自然学科为基础，因此我们要学好生理学和物理学，拥有这些学科的素养。在做心理学实验的时候，要严谨地思考；在面对实验结果的时候，要用科学的量化的方法，这样才能坚持心理学的科学方向。

从费希纳的知识广博我们可以看出，心理学的研究者除了需要专业知识之外还需要有广泛的涉猎。心理学是一门应用性很强的学科，与其他学科的结合性很强，例如现在十分热门的认知心理学，便有着计算机科学的理论基础；曾经获得过诺贝尔经济学奖的卡内曼，便是将心理学中的决策理论与经济学联系了起来。我们更加需要广泛的涉猎，积累我们的知识，为以后的深入研究做好准备。

今天，虽然我们在这里探讨费希纳的过失，但笔者仍然是怀着敬佩的心情介绍他的理论和思想的。正如海德格尔所言："思想伟大的人，犯的错误肯定也大。"无论对他的争议如何之大，都掩盖不了他的功绩。对于费希纳这样传奇而伟大又不失谦虚的大师，任何的讽刺、任何的贬低都是不恰当的。因为，可以毫不夸张地说，没有费希纳就没有我们现在发展这样迅速的心理学。他如同一位探险家，在哲学的领域艰难地摸索着，却误打误撞地来到了心理学领域，靠着自己的智慧为心理学开辟了一条科学的道路。

冯特：心理学界的泰坦*

> 他想充当知识界的拿破仑，可惜他绝不会有一个滑铁卢。因为他没有一个中心观点，一旦这个观点受挫，整个体系都会倒塌。
>
> ——威廉·詹姆斯

人生的选择与转折

"谁被誉为心理学之父？"你会给出肯定的回答——冯特；"你眼中最具有影响力的心理学家是谁？"你的答案几乎不会是——冯特。

冯特（W. M. Wundt，1832—1920）就是这么一个矛盾的人物，

---

* 泰坦（Titans），是希腊神话中曾统治世界的古老的神族，这个神（家）族是天穹之神乌拉诺斯和大地女神该亚的子女，他们曾统治世界，但被宙斯家族推翻并取代。

科学心理学诞生时期的心理学大师

尽管他拥有崇高的声望和学科地位，但却被人们渐渐遗忘。对于他的理论体系，不同的学者会给出迥然不同的评价。有人认为冯特的心理学体系过于狭窄和陈旧，也有人认为他是一位眼光远大、具有深刻思想的心理学家。在他那个时代，评论家们很难在他的理论系统的任何部分找到至关重要的问题。因为他不是在新版本中做了更改，就是转向了另一个话题。威廉·詹姆斯虽然赞扬冯特的实验工作，但也抱怨说，冯特的作品和观点的庞杂，使他的思想不能为人们所用。从时代背景的角度上说，造成他难以理解的原因，也可能是他身上拥有着太多19世纪德国学者的品质：无所不知、顽固、专横，而且自以为一贯正确。尤其在第一次世界大战期间，他在政治问题上的观点使他的理论受到众多国家的排斥。他指责是英国发动了这场战争，并为德国入侵比利时辩护，将其说成是自卫行为。有心理学史家认为，这些言行是自私和错误的。

在冯特的事业发展中，几次重要的选择具有转折性的意义。1856年，24岁的冯特做出了人生一个重要的选择，进入柏林大学跟随约翰尼斯·缪勒（史称"生理学之父"）进行了一年生理学的学习和研究，从而踏入了生理心理学的事业。次年，他就担任了海德堡大学生理学讲师，之后又顺利地成为赫尔姆霍茨实验室的助手。他为赫尔姆霍茨所做的工作进一步加强了他对生理心理学的兴趣，但两人并未成为挚友。经过孜孜不倦的努力，冯特于1862年和1863年分别发表了《对感官知觉理论的贡献》和《关于人类与动物心理的演讲录》。这两本著作代表了冯特革新实验心理学的构想和创建实验心理学的行动纲领，也让他在学术领域得到了众人的瞩目。可是当赫尔姆霍茨离开海德堡大学时，具有继位希望的冯特只得到了自助教授的职位，工资也只有赫尔姆霍茨的四分之一。不过他比以前更加刻苦地工作，终于借助《生理心理学纲要》的发表得到了新的契机——成为了苏黎世大学的哲学教授。1875年，冯特做出了事业发展中的第二个重要选择，接受了莱比锡大学提供的科学哲学教授的职位。从医学学生到生理学研究者再到哲学教授，这些重要的事业转折不仅仅意味着冯特兴趣的转移，还包含着他对于学术地位和声望的强烈追求。

19世纪中叶，生理学得到迅速的发展，在科学领域具有很大的声望，为研究者的成功提供了无限的机会。而此时要想在哲学领域有所突破则相当困难，冯特正是在生理学蓬勃发展时期进入这个领域的。但从1860年起，生理学的发展减缓，研究竞争加剧。而哲学界却迎来了一个新的发展阶段，因此对于一个雄心勃勃的学者来说，19世纪70年代的哲学界变得富有吸引力。冯特正是在此时接受了莱比锡大学哲学教授的职位，并为科学心理工作者创造出一种新的角色。心理学的研究内容不仅来自于高层领域的生理学，还涉及重要的哲学问题，这种联合创新的研究思路为心理学获得了独立的科学地位，也为冯特本人赢得了崇高的声誉。

其实，冯特对实验心理学的哲学理解，早在1858—1862年期间就已明确表现出来。当他展望心理学有着极大的进展的可能性时，他是试图以他所构想的"实验心理学"来取代传统哲学，因此他才能够合乎逻辑地进一步论证。在他的早期理论中，他认为心理能够通过实验的方法而被带入自然科学的范围，可是到了后来他却把心理和"意识"画上等号。这种转变也许是多方面原因造成的，但是我们要注意一点，在当时德国大学体制中，哲学是占支配地位的。冯特必须在这种框架中，为心理学找到一个安全稳定的新位子。所以冯特对实验心理学的哲学理解，不是他的某一特定历史时期的偶然特征，而是贯穿于他全部学术生涯的一个理论信念。从这些转变中我们会发现，冯特非常善于把握社会中演变的智慧力量，认识到这些力量的趋势，并着手使之得到成果。

深入全面地理解冯特的心理学理论，是一个很艰难的任务。不过我们可以尝试从冯特理论的演变中，得到一个清晰的线索。

科学心理学诞生时期的心理学大师

学术发展的三级跳

冯特的人生选择不仅为他的事业发展带来了不同的境遇，其影响还体现在学术思想的转变中。而冯特学术理论发展的每一次转变都是毁誉参半，尤其是下面的三个理论备受争议。这里只探讨理论和方法的缺陷与不足，希望在反思中我们能有所收获和启示。

"直接经验"

对于哲学的基本问题——精神和物质世界的关系问题，冯特的观点是："在自然科学和心理学内，我们所研究的经验现象只是以不同的观点来考察同一个经验的现象。在自然科学内，我们把经验看成是客观现象的相互联系，由于抽去了知觉的主体，它也就被看成了间接的经验，而在心理学内，我们则把经验看作直接的和非派生的。"

冯特的"直接经验"是指一种主观和客观未分、表象和对象尚未对立而浑然一体的东西。他认为认识是外界刺激和思维作用二者协调活动的产物。单独外界刺激或单独思维作用都不能产生认识。这种含有客观性的表象就是直接经验。思维和存在、表象和事物，不是不同的两种实在，而是浑然一体的东西。主观和客观的分开是由于我们在反省的时候抽象作用的结果。直接经验是把感觉、观念、表象、情感、欲望都混在一起的浑一体，把这浑一体加以科学的分析，才能产生主客观的区别。冯特认为"直接经验"是认识的根源，但他把"直接经验"既作为思维的主体，又作为思维的客体。

由于心理学是对直接经验的科学研究，因此只需要把心理理解为"某一特定时刻经验的总和"。至于研究方法，冯特采用了经过他改造了的内省法。因为传统的自我观察法是不受控制的和杂乱无章的，那么试图得到某个人心理中的观念便是徒劳的。在冯特看来，生理学的实验过程能对意识的研究加入控制和程序因素，这样一来客观的生理学实验就能分解主观的经验。这种新的自我观察需要经过专门的训练，来弥补传统的内省的弱点。但是大量的实践证明，冯特的自我观察法并不是可靠的，因为各个被试者的实验数据之间并不一致。这种使用主观方法的实验设计，并不能对研究的现象做出准确的因果解释。

冯特认为心理学正是采取直接经验的观点，对经验本身进行直接如实地研究和描述。正如国内学者所评价的那样，这种看法"是对旧的哲学心理学历来把灵魂作为自己研究对象的一种否定，也是冯特把心理学从旧哲学思辨中摆脱出来并加入各门科学行列的理论前提，从而推动了心理学的独立"。

身心平行论

身心关系被认为是人类理智所碰到的困难问题之一，在冯特的理论体系中，也占据着重要的地位。冯特创立实验心理学，在思想上受到了洛克的影响。洛克认为物体有两种性质：形象、运动、静止、数目等性质是他所

冯特和他的学生在教学课堂上

说的物体的"第一性质"，颜色、声音、味道等是他所说的物体的"第二性质"。第一性质和物体是不能分开的，不论它的体积大小，都能被感觉到，而第二性质不是物体本身所具有的东西，而是一种能力，是从心中产生的各种感觉的那种能力。一种性质是从物质产生的，另一种性质则是从"心中"产生的。在此基础上，冯特提出了一个基本的心理学假设——心身平行论。这是立足于经验之上的平行论，他把经验区分为直接经验和间接经验，一个是生理的和物理的，另一个是心理的，两者平行存在，其间不发生相互作用。冯特的平行

科学心理学诞生时期的心理学大师

论还包括生理和心理两类因果系列的平行。他认为人的心理不依赖身体，不依赖大脑。也就是说，人的心理不是大脑生理过程产生的结果，心理过程有自身的规律性，不依赖生理过程，两者是独立的平行的因果系列。

冯特的心身平行论在某种程度上捍卫了心理学的独立存在权。一方面，冯特立足于经验基础的心身平行论，在一定意义上把心理学作为一门经验科学从而与哲学划清了界限；另一方面，冯特的心身两种因果系列的平行论，在一定意义上区分了心理过程与生理过程，从而使心理学成为一门独立于生理学的学科。虽然冯特一边在说："有无数的经验已无疑表明一方面大脑的生理机能与另一方面心理活动之间的联系，而且用实验和观察的方法去研究这种联系，肯定是值得承担的任务。"但另一边又说："大脑过程没有为我们指出关于我们精神生活如何产生的踪影。"因此心理学家不能满足于"心理机能依赖于身体过程的无根据假说"。这就清楚地表明冯特认为身心之间的联系只能是平行的对应关系而不是什么依存关系。身心的这种关系主要是由于两者在性质上为不同的因果系列所造成的，两者根本不能加以比较。这两个系列是独立的，不能相互影响也不能相互转化的，但两者可以是相应的和相互协调一致的。这样一来，冯特把心理仅限于心理，即心理在脑之外，在客观现实之外。其实，物质对于意识的作用在唯物论者和科学家看来绝对不是多余的假说，而且是必要的基础。冯特坚决反对心理因果系列依赖于生理因果系列。其论据为"自然的变化过程组成一个由物理学的普遍定律所支配的、不可改变的元素运动的密封圈"。这明显表明：自然现象被密封在一个圈子里，心理现象被密封在另一个圈子里。这实际上是把自然现象与心理现象看成是两种独立并存的本源。他甚至假设"并非物理刺激产生感觉，而感觉产生于某些基本的心理过程，这些过程处于意识阈限之下并把我们的心理活动和外部世界中某些基本心理过程的一般复合联系起来"。那么，冯特所谓的经验心理学也无非是先验的灵魂对自己进行体验的心理学了。

另外，从心理学研究方法的角度来看，冯特虽然引进了自然科学的实验方法，但始终不能对"内省法"忘情。这看似矛盾的行为，在身心平行论的思想中能得到很好的解释。头脑与思想是相互平行的，各自处理自己的任务，不会涉及谁产生了谁的问题。心理活动如果离开大脑，就成为无物质的运动。心理活动是大脑的活动，没有大脑的活动也无所谓人的心理的活动。显然，冯特的"身心平行论"是与唯物论直接对立的。

"统觉"

冯特虽然把人的心理分析为感觉和情感等元素，但他并没有忽视心理组织的整体性、创造性和动态性。他认为心理组织除一种被动消极的低水平的"联想"外，还有一个积极主动的"统觉"，即意识活动把经验要素有目的、有选择地纳入清晰的意识而被主体所把握的过程。冯特认为在集中注意和受意志的支配的条件下，统觉具有"创造性综合"的功能，即各种心理元素通过统觉的创造性综合而组成与原来成分不同的具有新特点的心理复合体。冯特关于统觉理论的阐述，主要是在1892年以后。冯特在身心平行论的基础上，开始承认有一种超越自然规律的创造性的精神，它就体现在统觉中。

在冯特看来，统觉虽非要素，也非要素的集合，但有其"现象学"的意义。凡在意识范围之内的过程都存在于意识域之内，但只有少数的过程被引入意识的焦点之上。焦点内的过程才能引起统觉，焦点的范围就是注意的范围。统觉是主动的，是意识流内的一个恒流，这体现在统觉把要素联合产生了新特性的过程中。正如冯特所说："每一个心理复合物的特征绝不是这些要素特征的简单相加。"另外冯特认为，联想使心理要素的衔接是非逻辑的，而统觉使心理要素的衔接是逻辑的。这也就是说，统觉综合的一切活动都是"有意义的"，都受"目的"的支配——正是在这个意义上，我们说冯特的

科学心理学诞生时期的心理学大师

统觉具有"现象学"的意义。由于统觉的组合力量，高级心理活动就成为把经验材料有目的地组织起来的过程。从而统觉不仅担负着把要素积极地综合为整体的重任，而且还被用来解释更为高级的心理分析活动和判断活动。统觉是所有高级思维形式的基础，也是意志的随意活动。通过这种随意活动，我们控制自己的心灵，并赋予它以综合的统一性。

其实，冯特对"统觉"的理解是有变化的。最初他把统觉理解为与模糊的直觉相区别的鲜明而清晰的观念，是意识域的中心。后来，统觉成为可以决定感觉的东西，进而又成为可以决定思维的东西。最后，它作为"意志"的主要表现而体现出来，统觉变成可以解释一切的万能原则（统觉能解释一切，而它本身却不需要解释）。这样一来，从简单的到复杂的活动，都是人们有意志的活动：关联是有意志的关联，比较是有意志的比较，综合是有意志的综合，分析是有意志的分析，都受"意志"的支配。难怪他把自己的理论从总体上命名为"意志主义"呢！

错误的归宿

冯特的墓碑

冯特把自然科学的实验方法引进到心理学，又在生理学的巨大发展中考虑心理学的问题。心理学被作为自然科学来对待本来是无可厚非的，但冯特最终没有把心理学看作是自然科学，而是把它看作与自然科学对立的"精神科学"。1863年发表的《关于人类与动物心理的演讲录》，可以看出冯特当初是把心理学看作生理学的一部分，认为心理学是自然科学。但到了1901年，冯特在《哲学导论》中提出了详密的科学分类，心理学却被定位为精神科学。精神科学研究的对象与自然科学完全不同，那么自然科学的研究方法便不再适用，从而"内省法"占据了优势地位。心理学的学科分类问题极其重要，这会影响心理学的基本内容和学科发展，影响心理学向自然科学的各学科求援。在现在学科相互渗透的情况下，心理学的研究思路和方法都会受到限制。另外，冯特本人具有明显的排他倾向。当艾滨浩斯（1893）把实验法用于记忆的研究时，他拒绝了这个新的研究方法；当屈尔佩（1893）用实验法研究思维时，他又排斥这位新来者；当儿童心理学刚一出现，他再次提出反对意见，认为这些研究的条件得不到足够的控制，其结果不能被心理学家认可。他偏执、排他的行为遗漏或禁止了许多重要的心理学研究领域。

我国学者高申春在《冯特心理学遗产的历史重估》（2002年）中指出，冯特心理学体系是通过给传统哲学心理学思想穿上一套近代自然科学外衣而使之转变为"科学"的。因此它的"科学"主要是方法论的科学，而不是理论的科学。冯特的心理学企图，是想在现代哲学背景下，以自然科学的实证方法为依托，以它的"科学"形式为理想，建立一个以近代哲学精神为基础的理论体系。而那时哲学正处于自身的危机中，并且尚未探明发展的道路，冯特心理学体系因其科学化的形式令人耳目一新，迅速得到认可并广泛流行起来。但是，当哲学终于探明它的理论危机的实质并因而得以确立它的现代旨趣之后，这个体系便成了空中楼阁，成了稻草人，它不需要被攻击便会自然而急速地走向消亡。总之，"实验心理学正是作为哲学与自然科学相妥协的产物而诞生的，所以冯特心理学体系对哲学而言，它对当时哲学理论危机的'回应'是无效的；对心理学而言，它为心理学提供了一个错误的出发点。"

这些历史事实表明，当冯特回避把心理学看作是自然科学的时候，就为实验心理学挖掘坟墓了。只要与自然科学有片刻的分手，实验心理学就会回归到哲学的附属地位，不能成为独立的科学。

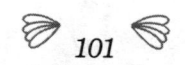

铁钦纳：从创立者到终结者

> 铁钦纳逝世以后，构造主义的时代就结束了。它之所以维持如此长的时间，全是因为铁钦纳这个威风凛凛的人。
>
> ——杜·舒尔兹

1867年1月11日，爱德华·布雷德福·铁钦纳（Edward Bradford Titchener，1867—1927）出生于英国的奇切斯特。家庭并不富裕的他凭借出众的才华先后就读于莫尔文学院和牛津大学。在牛津大学，他对冯特的实验心理学发生了兴趣，这为他今后的学术发展奠定了方向。从牛津大学毕业后，他便来到莱比锡大学拜冯特为师。1892年，铁钦纳来到了美国的康奈尔大学并在那里度过了之后的人生，为美国的心理学发展带来了不可小觑的动力。铁钦纳创立了构造主义心理学体系，但他的性格和作风使他无法融入美国的心理学界，加之其

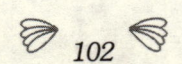

理论的种种缺陷，最终使他也成为了构造主义的终结者。铁钦纳去世以后，构造主义便不复存在了。

铁钦纳学术缺陷剖析
——构造主义理论体系的失误

站不住脚的"内省法"

在铁钦纳的时代，心理学界对内省法的批评已然司空见惯。但是，心理学家却把最尖锐的批评的矛头指向了铁钦纳构造主义心理学的内省法。

铁钦纳在对内省的定义上就站不住脚。他是这样定义内省的："观察者遵循的路线随被观察者的意识的性质、实验目的和实验者的指示语在细节上有所不同。因此，内省是一个一般的术语，包含着极其众多的具体方法程序。"在这个所谓的"定义"中，铁钦纳既没有给出明确的概念性陈述，也没有表明具体的操作步骤。如此含糊其辞的定义，也就注定无法逃脱其他心理学工作者的质疑和批评。

为了让内省者对相同刺激的描述保持相对统一，铁钦纳还对内省加了种种限制。他试图创立一种专门的"内省语言"，规定内省者只能用这种特定的没有意义的语言来描述自己的感受，而不能用那些人们在日常生活中所用的有特定意义的词。例如，内省者看到一个苹果，如果他报告说看到一个"苹果"，那就错了；他必须用诸如"我看到了一个圆形的、红色的东西"这样的语言——即用铁钦纳规定的不包含意义词的专门的"内省语言"——来描述自己看到的这个"苹果"。但不幸的是，铁钦纳创立"内省语言"的想法最终却没有实现。因为事实证明，无论实验的条件控制得多么严格，即使是受过严格训练的内省者也往往不能用较为一致的语言来描述自己的感受。试想，对同一个对象，铁钦纳都无法让内省者的陈述保持相对一致，

科学心理学诞生时期的心理学大师

那么又该如何保证内省者的言论的可靠性？

不仅仅对于客观事物的描述不能统一"口供"，许多学者指出，在铁钦纳的内省实验中，内省者对自己的主观体验也难以保证能够如实描述。在他的内省实验中，内省者是在接受刺激后陈述自己的主观经验的。这样看来，内省的陈述就变成了一种回忆的任务。这时，就有必要对内省者回忆的准确性加以考虑了。如果说通过努力地回想，个体可能对某一客观事物进行较为准确、完整的回忆，那么要对某些情感体验进行回忆就难得多了。例如对于愤怒这一主观体验，内省者回忆之时可能已经平静下来，内心已不再有当时的强烈反应，这个时候他对自己当时体验的描述就可能存在很大偏差。尽管以铁钦纳为首的构造主义者对内省者进行了严格的训练力求避免这种偏差，但实验结果仍不尽如人意，他们无法确保内省者能够将原始的心理意象保持到进行言语报告的时候。

遗憾的是，铁钦纳并没有把种种批评放在眼里，也没有人能让他认识到他的内省法的诸多缺陷。他仍然执迷不悟地信奉着内省法，甚至宣称内省法是实验心理学的最重要的方法，对内省法做着过于极端的强调。

严重的元素主义倾向

不可否认，铁钦纳的元素主义倾向是他的研究化学出身的老师冯特所赐，但是，他的元素主义倾向却比冯特更加严重和极端。冯特和铁钦纳都主张将意识分解成心理元素加以研究。铁钦纳将心理元素分为三种——感觉、表象和感情状态，又将心理元素的属性分为五种——性质、强度、清晰性、持久性和广延性。另外，他还对每种心理元素做出了更加具体、深入的分析，仅仅是感觉元素就细分成四万多种心理元素。他的这种做法比冯特的两种元素、两种属性的划分要复杂得多。

不仅如此，在冯特看来，对心理元素整体层面的研究也是不容忽

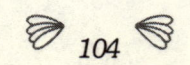

视的。而铁钦纳却只关心心理元素本身以及它们之间的机械联结，忽略了它们的有机整合。这样一来，铁钦纳仅从元素的水平研究人的心理，成为了一个较为极端的元素主义者。不幸的是，他的这种严重的元素主义倾向连累了冯特，让冯特也受到了很多误解和批评，特别是来自格式塔心理学家的批评。

元素主义倾向使铁钦纳只关注心理的构造，而对其整体的意义和功能却漠不关心，无法将心理学的研究引入宏观的方向。他的研究工作的主要目的就是分析心理的构造。他很少研究心理的整体与功能。他将心理学的研究对象局限在意识的内容和结构上，反对研究意识的功能。在今天看来，这种想法显然过于片面，但当时的铁钦纳却糊涂地坚持着。

受元素主义倾向的影响，铁钦纳认为心理学应该是一门纯科学，而反对将其看成一门应用科学。他在1915年出版的《入门者的心理学》中写道："科学处理的不是价值，而是事实。在科学里不存在好或坏、有病的或健康的、有用的或无用的……"因此，虽然铁钦纳对于变态心理学、儿童发展心理学、社会心理学、动物比较心理学、临床心理学等方向的研究动态非常关注，而且也曾对它们做了实验研究，但仍然声称它们不配称作实验心理学，即他所认为的心理学。

神经过程与心理过程分离的观点——"心身平行论"

在身心关系这个心理学史上始终争论不休的问题上，铁钦纳坚定地认为神经生理过程与心理过程是分离的，坚持"心身平行论"。他否认神经过程是产生心理过程的原因，心理过程是神经过程的产物，认为两者的关系只是简单的"对应"关系。

但是，铁钦纳又说："……所谓解释一种事物也只不过是说明它发生的情境。这些情境就名之为事物出现的条件。让我们把这一道理应用于心理学。某种发端于身体器官尔后终止于大脑皮质内部的骚动，就是心理过程出现的情境。这也就是说，身体过程是心理过程的

科学心理学诞生时期的心理学大师

条件;身体过程的说明就给我们提供心理过程的科学解释。我们也能够仅就心理过程本身来处理心理过程,不过为了使我们的心理学完备,我们应当给我们的心理说明增加一种生理的解释,那也就是增加一种关于它的身体条件的说明。这就是心理学家为什么应该了解生理学的理由。无论在什么地方,只要有一种心理过程发生,那就必定有一种身体过程充作它的条件。但这并不是说脑产生心理过程,而是说心理过程与身体过程并行——实际上,身体过程乃是心理过程的条件。"

由此可以看出,在神经过程与心理过程的关系上,铁钦纳一方面否认前者是后者发生的原因,但另一方面又认为前者是后者的条件。这样,他就把事物发生的原因和条件对立起来。这种自相矛盾的做法最终也成为了否定他的身心平行论的证据。

由此不难看出,构造主义心理学以并不成熟、精确的内省法为主要的研究方法,并在心理学的研究对象与任务上作了种种限制,不重视理论在实际生活中的应用。这便决定了铁钦纳理论体系自身的不堪一击。

铁钦纳行为缺陷剖析

篡改冯特理论之"嫌"

凡是稍微仔细看过铁钦纳与冯特两人照片的人都会发现,铁钦纳的胡子与冯特的简直一模一样。其实,岂止是胡子,师从冯特不到两年的他在很多方面都有意无意地模仿他的老师。从生活上的贵族风格到讲课的形式,在铁钦纳的身上都可以找到冯特的影子。

本来,学生模仿老师是天经地义的。铁钦纳的许多理论都是从冯特的理论上发展起来的。他来到美国康奈尔大学后,将冯特心理学中的精神也带给了美国的心理学界。但是,铁钦纳在学术上却始终声称自己的理论就是冯特的理论。而事实上,他在许多方面对冯特的理论

铁钦纳：从创立者到终结者

铁钦纳一直留着与冯特一样的胡子

作了很大的修改。

上面谈及铁钦纳极端的元素主义时提到，冯特虽然也赞成将意识分解成心理元素加以分析，但他仍强调元素的整体意义和作用，这与铁钦纳只注重元素不注重整体的观点有本质上的不同。但是，冯特还是因此被铁钦纳连累，受到了格式塔学派心理学家的批评。

冯特的理论涉及的范围比铁钦纳的要广许多。铁钦纳的体系仅仅是构造主义，而构造主义在冯特的理论体系中只是与"内容心理学"相近的很有限的一部分理论。

另外，即使是在心理学的任务、研究对象、研究方法等他们看法相似的问题上，铁钦纳与冯特的观点也不完全相同。例如，铁钦纳有内省主义倾向，将内省法视为心理学研究最重要的方法，但这并不全是冯特的观点。

令人费解的是，尽管铁钦纳对冯特的理论作了如此之大的改动并加入了许多自己的观点，他仍坚持说自己的理论就是冯特的理论。这不免给我们留下了在一定程度上"篡改"冯特理论的印象。

科学心理学诞生时期的心理学大师

独断专行的独裁主义风格

1892 年，铁钦纳受聘来到美国康奈尔大学教授心理学，并在那里度过了人生最光辉的岁月。在康奈尔大学当教授期间，出身并不高贵的铁钦纳始终保持着从冯特那里继承来的贵族风格。每次上课时，他都穿着牛津大学的学者袍，从一扇专门为他开的门中走入教室。上课前，他要看着他的助手把上课所需要的一切准备妥当。另外，他还要求所有资历较浅的教员坐在教室的前排听他所有的课。

1893 到 1900 年这段时间，铁钦纳致力于实验室研究。这期间，他在自己建立的实验室里做了大量研究，并发表了 60 多篇文章。随着名望的提升，越来越多的人慕名来到康奈尔大学，跟从他做研究工作。逐渐地，铁钦纳不再亲自参与实验研究，而是把自己感兴趣的课

在康奈尔大学任教时，铁钦纳每次上课时都穿着牛津大学学者袍，保持着贵族风格

题安排给学生来做。这导致他的学生在选择课题上完全要听从他的分配，没有了自主性。在杜·舒尔兹等著的《现代心理学史》中提到，铁钦纳在康奈尔的 35 年中指导了 50 多位心理学博士研究生，这些学生的博士论文大都带有他的思想印记。不仅如此，铁钦纳还将学生的研究成果纳入到自己的理论体系中。这样，通过安排、指导学生的研究工作，铁钦纳逐步建立了自己的系统理论，即他所称的构造主义体系，并推动之发展到了顶峰。他在后来把自己的构造主义体系称为"唯一的名副其实的科学心理学"。

铁钦纳不仅严格控制着学生课题选择上的自由，而且对于学生离开康奈尔大学后的去向也很是关心，甚至对有些学生采取了独裁的干涉。铁钦纳有个博士生叫做卡尔·达伦巴克（Karl Dallenbach），他

铁钦纳：从创立者到终结者

在毕业后原本打算从事医学工作，但铁钦纳擅自为他在俄勒冈大学找到了当教师的工作，执意要他去俄勒冈大学。达伦巴克曾说道："我不得不去俄勒冈，因为铁钦纳不想让他对我的训练和栽培浪费掉。"

铁钦纳喜欢抽烟，并怂恿他的学生也抽烟。达伦巴克曾回忆起铁钦纳说过的一段话："一个男人若不会抽烟就不要指望成为心理学家。"于是，虽然很不情愿，铁钦纳的许多学生都开始抽烟，至少在他的面前时也学着他的样子叼一根雪茄。

他还喜欢高谈阔论，在谈话时气势咄咄逼人。有一次他在和学生讨论研究计划的时候嘴里叼着的雪茄烧到了他的胡子，但他那架势使得学生不敢去打断他。最后，学生克拉·弗里德恩忍不住提醒了他。可是那时火已经把他的衬衫和内衣烧坏了。

很多学生不喜欢被铁钦纳严重干涉的生活，其中有些学生为了抗议开始反叛他，但是由于当时铁钦纳势力的强大，反叛他的学生大都没有什么好结果。他的一个叫做 E. G. 波林的学生回忆道："他的一些能力较强的学生会抱怨铁钦纳的干涉和控制，最后开始反叛铁钦纳，但是很快会发现自己落到了圈子之外，被逐出了那个团体，感到痛苦，回头已是不可能了。"

由于一向的专权独断，铁钦纳不能接受不合他心意的事情。历史记载中，铁钦纳在1892年起就一直任美国心理学会的"特权会员(charter member)"。但事实上，他在当选"特权会员"后不久就退出了美国心理学会。原因在于他要求学会开除一名他认为在作品中出现过抄袭的会员，但学会没有按他的意思照做。在铁钦纳因此事辞退后，他的一个朋友一直帮他交会费。因此，美国心理学会将铁钦纳的名字一直保留了下去。

与女性学者的恩恩怨怨

铁钦纳与女性学者之间一直存在着很微妙的关系。没有人知道他对女性的态度究竟是怎样的。

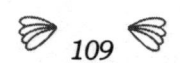

科学心理学诞生时期的心理学大师

他始终坚决地反对女性参加他的"实验主义者协会"的会议，尽管有很多女学者、女学生一再向他请求。为了听到他的会议中到底在讨论什么问题，有些女学生甚至要藏在会议室的桌子下面偷听。至于铁钦纳拒绝女性参加会议的缘由，他的学生波林曾解释说，铁钦纳希望的是在一个"充满烟味儿、没有妇女的房间作的可以被打断、可以持不同意见和能被批评的口头报告"。铁钦纳说："妇女太纯洁了，不能吸烟。"

在反对铁钦纳的这一强制性规定的女性学者中，最有代表性的是德国哥廷根大学的克里斯汀·莱德克林（Christine Ladd-Franklin，1847—1930）。在铁钦纳拒绝她在1912年的实验主义者协会会议上宣读报告后，她曾写信给铁钦纳："我得知在这种年月，你仍然排除女性参加实验心理学的会议感到非常震惊。这种观念是多么的陈旧！"

但是，尽管受到许多来自各方面的斥责，铁钦纳仍然没有动摇。他曾对朋友说过："由于不让女性参加这个会议，我一直被莱德-弗兰克林的斥责所烦扰。她威胁要当面和发表文章质问我。或许，她能成功地破坏我们的聚会，逼我们不得不像兔子那样转到地下某个昏天黑地的地方来举行我们的会议。"

当然，除了在不允许女性参加会议这件事上，铁钦纳在学习、研究等方面都很支持女性学者。他一改当时的学校很少招收女性学者、女性教师的传统，接受了很多女博士生作为自己的学生，还聘用了一些女性学者作为教师和教授。为此，他还得罪过系主任。铁钦纳的第一个博士生就是一个女博士，而且是心理学领域第一个获得博士学位的女性。

尽管铁钦纳一直排除女性参加他的实验主义者协会的会议，但是他鼓励和支持女性在心理学中的发展。在康奈尔，他接受女性读他的博士研究生，而此时，哈佛和哥伦比亚大学是拒绝接纳女性研究生的。在铁钦纳所授予的56名博士中，有三分之一是女性。在授予女性博士学位方面，铁钦纳比那个时代的任何一个男性心理学家都多。

铁钦纳同样支持雇用女性教师。在这一点上，连他的同事都认为他太激进了。有一次，他不顾系主任的反对，坚持聘用了一位女教授。

在心理学中，第一个获得博士学位的女性是玛格丽特·弗洛伊·沃什伯恩（Margaret Floy Washburn）。她也是铁钦纳的第一个博士研究生。她曾经回忆道："他并不太知道怎样与我相处。"沃什伯恩毕业以后，在比较心理学方面写了一本重要的书，即《动物心灵》（1980）。她成为第一个被推选进美国科学院的女性心理学家。她也当选过美国心理学会主席（1921）。

我们简要地提及沃什伯恩的成功，以强调铁钦纳对心理学领域中女性的不断支持。尽管铁钦纳没有允许女性参加他的实验主义者协会的会议，但是他的确对女性敞开了大门，而这扇门在大多数男性心理学家那里，一直是紧闭的。（实验主义者协会直到1929年，即铁钦纳逝世两年之后，才废除了拒绝女性参加会议的政策。）

不难发现，生活上独断专行的性格与作风不仅影响了他的学术思想，而且使他难以融入美国心理学界。他的许多理论过于极端，在学术观点上固执己见。改变了老师冯特的许多理论，却仍声称他的理论就是冯特的理论。而他对学生的独裁与专制态度以及与女性学者的前嫌也使许多人离他而去，以至于除了他便没有人再能够如此坚定地沿着构造主义的道路走下去。

铁钦纳的失误给我们的启示

历史上没有哪一个理论体系是绝对完美的，每一个仍然存在的理论都要经过反复地验证、修改，以便能够继续合理地存在下去。而对于构造主义，纵然它有百般漏洞，却在铁钦纳倔强的"庇护"下逃避着旁人的批评和攻击。然而，尽管铁钦纳凭借着他的威望和威风凛凛的人品，在众多批评与论战中支持着他那摇摇欲坠的构造主义理论体系，但这仍无法使构造主义逃脱被历史淘汰的命运。毕竟，历史上

科学心理学诞生时期的心理学大师

只有一个铁钦纳。

对于我们今天，这是用一个"主义"的覆灭所换来的教训。铁钦纳的学术研究为他人格的枷锁所缚。在独断专行的性格的影响下，他的许多理论或过于极端，或过于片面。而他的强制专断却让他听不进任何批评。最终，构造主义只能沿着一条完全属于他的意愿的路走下去，甚至失去了被修改和完善的机会，最终一去不返。而在今天的学术界，仍然存在着某些独断专行的"科学家"，仍会有人咬定一个理论、一个范式，抑或是一个没有科学依据的说法不放，而无视它的缺陷。实际上，发现并正视一个理论的缺陷，恰恰是这个理论发展和完善不可或缺的条件。而那些利用自己在学术界的一点点名望、一点点地位盲目地庇护某个理论，将所有建议与批评拒之于千里之外的做法，只会让这种理论腐朽下去。

铁钦纳早期的声望和成就为他赢得了在学术界的权力，但也正是他对这权力的"溺爱"，反而断送了构造主义。这也提醒了在今天的学术界中不论以何种途径掌握了大权的人们，不要将你的权力轻易地甚至肆无忌惮地用到学术研究上去。在探索真理的路途中，每个人的起点都是相同的，没有人生来就更接近真理，也更不会因为地位高就离真理更近。毕竟，科学面前，人人平等。

功能主义学派心理学大师

达尔文：进化中的一声叹息

在遥远的将来，我会看到许多更加重要的研究领域就此打开。心理学将会拥有全新的基础，这个基础对于我们逐步获得每种心理能力都是必需的。

——达尔文

达尔文（Charles Robert Darwin，1809—1882）所提出的生物进化理论具有划时代的历史意义，使人们从带有浓厚的宗教色彩的神创论——世界是由上帝创造的——中解脱出来，也奠定了一套系统的进化论体系，即达尔文主义的理论基础。然而，正是由于达尔文的进化理论实在过于深入人心，直接导致了人们对它的盲目崇拜。即使在150年后的今天，人们还是会把"自然选择，适者生存"当作生物进化所必须遵循的必然法则，研究者们也仍然将自然选择说（也就是达尔文生物进化论中的核心观点），放在重要的位置来考虑问题。不

功能主义学派心理学大师

仅如此，在人的心理发展过程中，达尔文很关注遗传和本能的功能，着眼于生物对自然环境的心理适应的功能，强调一切本能的起源离不开自然选择的说明。可是，"人无完人，金无足赤"，难道达尔文的理论就毫无一点儿瑕疵吗？这显然是不可能的。用日本学者浅间一男的话说："你是不是还会墨守成规地对进化论死死不放？这就好像从狭窄的视野眺望太阳一样，必然固执地认为'难道不是太阳在绕着地球转吗？'"

人类和一切动物的始祖相同？

达尔文在其代表性著作《物种起源》（1859）中提出他生物进化论中的一个重要观点：地球上的所有物种都来自于同一个始祖。具体来说，人类和一切动物的祖先相同。最初的人类是由猿进化而来的，猿和所有的其他动物最早是由植物进化而来的，植物则产生于有机分子，有机分子则又产生于无机分子。总起来说，所有的物种便都是由同一个生命的形式进化而来的。

猿进化为人类的过程图

在达尔文的时代，遗传学还远远没有达到分子水平，更别提DNA等遗传物质了。达尔文通过在世界各地对不同生物和化石进行细致入微的观察研究，发现不同物种有其性状上的相似性，以此为相

达尔文：进化中的一声叹息

同始祖说的基础。当时，人们已经发掘的古生物化石数量很有限，还不足以能够完全支持达尔文的理论。更重要的一点是，从不同物种具有其性状上的相似性来推测人和猿起源于相同的始祖，未免有些牵强。"相似"和"相同"不能简单地混为一谈。虽然有研究表明，人与猿在基因的构成上非常相似，两者的差异也只有百分之一左右，但是，如此微小的差异也会造成"失之毫厘，谬以千里"的进化结果，就如同黑猩猩永远也不可能拥有和人同等的智力。塞莱拉基因组公司的一个研究小组在英国《科学》杂志上报告说，将老鼠的染色体与人的染色体进行最初的对比表明，二者有着高度的相似性。美国全国癌症研究所遗传基因学专家尼尔·科普兰说，"对我来说，我所发现的最有趣的东西是，人和老鼠在基因、基因内容和 DNA 序列方面非常相似。我们早就知道人和老鼠的基因相似，但是很难说相似到何种程度。"另一方面，不同种族的人类个体之间的基因序列也不可能是完全一致的。因此，不能简单地把基因构成上的相似性作为生物之间具有相同始祖的直接证据。

基于"人猿同祖"的假设，达尔文重点比较了人和动物的心理能力，提出人和动物在心理上的连续性。他在《人类的由来及性选择》(1871) 一书中概括说，人的许多高级心理过程可在动物中寻得参照。在比人类低等的动物中也存在一定的心理能力的萌芽，例如感知觉、记忆、注意、模仿，等等。然而，达尔文认为人和动物在心理上的差异是非本质性的，两者只存在程度上的差别。

是竞争，还是共存？

"自然选择，适者生存"毋庸置疑地成为进化论中的金科玉律。不仅在 150 年前的过去绽放出熠熠的光辉，而且在当代仍然经久不衰。英国经济学家马尔萨斯（Thomas Robert Malthus）的著作《人口论》(1789) 深深地影响了达尔文自然选择观点的形成。马尔萨斯认

功能主义学派心理学大师

为，食物的生产和供应趋于算术级数的增长，而人口则呈几何级数增长。人口过剩是不可避免的问题。他从生物学的角度观察人类社会，指出当人口过剩时，必然会有一场生存的竞争来淘汰一些人。只有那些最强壮的最能适应环境的人才能活下去。由此，达尔文衍生出自己关于生存竞争的理论：一切生物都要为生存而竞争，而生存竞争必然要受到大自然的选择。

在自然界中，生存竞争的问题无疑客观存在。不同的物种之间，为了争夺赖以生存的有限物质资源而不断地产生冲突；同一物种内部，为了获得更多的配偶，繁衍更优秀或强壮的后代，生物个体之间的争斗也愈演愈烈。达尔文认为，这种生存竞争是生物进化的必要条件。通过生存竞争，物种有利的变异将被保存，不利的变异将被淘汰，结果是形成新种或新的亚种。难道生存竞争已经站在金字塔的顶端，无可匹敌了？诚然，生物通过竞争可以淘汰一部分个体，保持该物种在自然界中相对稳定的数量，使种群得以顺利地繁衍和发展。但是，"优胜劣汰"的竞争不能必然导致物种本身的进步。因为在竞争的过程中，相对于低等的生物，较高等的生物并不一定占有绝对优势的猎食地位。比如，有些哺乳动物的天敌是爬行动物——老鼠和蛇；有些兽类的天敌是鸟类——兔子和鹰。进一步来说，正是由于"优胜劣汰"不完全适用于对生物从低级到高级的进化过程，自然界才会演化出丰富多彩的现状——不论高等生物还是低等生物都一起共存的世界。

从发展的角度来看，进化需要的是各个物种相互共存，而不仅仅是竞争，以求得自然界中的平衡。如果甲物种以乙物种为猎食目标，那么甲物种肯定有计划地捕食猎物，而不是完全毁灭性的猎食。因为，一旦乙物种濒临灭绝，就意味着甲物种同时失去了食物来源，自己也无法继续生存，更别提进化了。自然界中的不同物种之间相互共存的进化方式，即"共同进化"，是一种超越达尔文竞争式进化的进化方式。共同进化不仅带来在特定自然环境下物种的最优组合，还为

达尔文：进化中的一声叹息

物种与自然环境维持较恒定的适应性创造了良好的条件。这既可表现在不同物种之间，也可表现在同一物种的内部。共同进化的重中之重在于：一些生物物种的进化与另一些物种的进化是相生相克的，既互相制约，又是相互受益的；它们之间通过竞争夺取资源，求得自身的生存发展，又通过共生节约资源，求得相互之间的持续稳定。共同进化不仅对于自然界的各种生物物种十分重要，而且还适用于人类社会的发展。当今的世界，人与人之间的生存竞争特别是就业的竞争已演变为一个不容忽视的社会问题。假若按照达尔文的竞争理论，社会中的弱势群体注定逃脱不了被淘汰的命运，那么总有一天会成为整个社会的不安定因素，促使社会进入不良的恶性循环。其实，日趋激烈的竞争所导致的尖锐矛盾可以通过人与人之间的协同合作有效地缓和。在某职业领域里，两家实力不相伯仲的公司为了争夺特定区域的市场占有率展开激烈的竞争。假若两公司能联手合作，便有希望占有绝对的优势地位成为该行业的龙头老大，同时也可避免在恶性的竞争中招致的意外损失。1999年美国教育委员会的领导人语重心长地对学生说："我们若像动物那样处于生存竞争中，就会产生一种无助与无目的的意识，就会导致人们的痛苦、谋杀和自杀这样的事情。"这些都表明达尔文的竞争进化理论已无法满足21世纪社会发展的需要，而共同进化、协同合作方能为人类创造一个和谐美好的未来。

选择与适应

达尔文假设自然界存在着一种"自然选择"的法则，生物进化的基础是自然环境对生物个体的选择作用。这种选择作用是通过留优去劣的"筛选"过程而实现的，具体表现为生物对于自然环境的适应度。适应于自然环境的物种被保留下来，不能适应的物种被淘汰，生物就这样在自然环境的"选择"作用下不断地进化，从而发展出各自对环境高度适应的形态与结构。

功能主义学派心理学大师

在自然界中，一切生物进化大致沿袭着一条规律：由低级至高级，由简单至复杂，由单细胞至多细胞，由海洋至陆地。从水生动物进化到陆生动物的过程中，自然环境是如何发挥其选择作用的呢？进一步来说，有些生物仍旧留在海洋里生存，而另一些生物则登陆于陆地，产生如此显著性的差异的原因只是单纯的自然选择吗？从爬行类进化到鸟类，致使鸟类长出翅膀的选择标准又是什么？这种物种本质上的进化规律很难仅仅用自然选择说的观点阐述清楚。因为自然选择说的核心是生物对于自然环境的适应度，生物个体产生的形态与结构上的变化，若有利于其在自然环境中生存，生物个体的适应度增大，存活下来的概率升高；反之，如果产生的变化不利于生物个体在该环境中的生存，生物个体适应度减小，存活下来的概率就降低，从而自然环境起到了一个对生物个体进行"选择"的作用，那些适应度高的个体就被"选择"而存活下来，这并不是一套有目的性的进化规律。因此，自然选择说无法根据不同的进化特点归纳出具有针对性地选择标准，因而也就不能解释生物由低级至高级的进化。

达尔文提出的自然选择论中，被自然环境所选择的是生物个体。当代生物进化理论则认为，自然选择的对象不是生物个体，而是生物的种群。种群是生活在同一地点的同种生物的一群个体，种群既是生物繁殖的基本单位，也是生物进化的单位，具有基因交流的能力。很明显的是，种群是由无数生物个体所组成，但又区别于生物个体。自然选择的真正作用是使生物种群的基因概率产生定向的变化，即在于生物个体的有无繁衍能力及其能力大小，而不在于生物个体的生与死。生物个体在自然选择中保留下来不一定对种群发展有利，比如一头身强体壮的雄性海豹，它在种群个体间的猎食和繁衍竞争中皆居于有利地位，但它若不具有生殖能力，即使在自然选择中被保留了下来，对海豹的种族繁衍也是不利的；反之，生物个体在选择中被淘汰不一定对种群发展不利，例如，有些昆虫（蜘蛛和螳螂）以自己的身体作为养料来哺育下一代，从而达到保证种族繁衍和发展的目的。

达尔文：进化中的一声叹息

因此，自然选择的价值不在于对个体生与死的"筛选"，而是在于调节种群基因库中基因频率的变化状况。

达尔文的自然选择说认为，自然选择只是单纯地留优去劣的"筛选"过程。然而，自然选择是生物同自然环境的相互作用。自然界中的生物千差万别，自然环境瞬息万变。自然界进化出的各种各样的生物，也不可能是一种模式选择的结果。正如日本学者浅间一男指出的："如果自然选择始终都适用，那么，只要给予充分的时间，优胜劣汰的结果应该是目前地球上仅仅只有万物之灵的人。……但自然界中的现状是：下至低等的细胞生物上至高等动物人类的并存。这有力地证明了生物并不像遗传学家所想象的那样，根据有利、不利、优劣等原则进行有效的自然选择。"

差异和功能

冯特的《生理心理学原理》（1873）与达尔文《人类的由来及性选择》（1871）处于同一时期，费希纳的《心理物理学纲要》比达尔文的《物种起源》还要晚一年。由此看来，达尔文的理论体系的形成时间与科学心理学的诞生时间不相上下。

从1831年到1836年，达尔文乘坐"贝格尔号"经历了长达5年的旅行生活。在此期间，他观察和收集了广泛的动植物物种的珍贵资料，并发现在同一物种内部存在明显的差异。达尔文将其归因为自然或者偶然的遗传因素。在激烈的生存竞争中获胜的物种，具有对特定环境的适应力和一定的生存优势。该物种倾向于将以上的有利条件遗传给他们的后代。由于这种自然的差异是通过遗传而来的，便会在后代中凸显出来，使其具有比先辈们更优势的适应力。那究竟是什么引起了这种自然或偶然的差异？达尔文也未能解释清楚。因为在物种中观察到的偶发的差异与被选择的后代中遗传下来的差异，在通常的情况下，是一对不可调和的矛盾，更无法用达尔文的遗传机制给予一个

功能主义学派心理学大师

令人满意的说明。差异是进化中的一个重要成分。如果后代和他们的先辈们完全相同，那么根本不可能发生进化。

达尔文有一个表弟——高尔顿（Francis Galton），也热衷于人的心理的研究，特别是个体差异的研究，被誉为"差异心理学之父"。达尔文在《人类和动物的表情》（1872）一书中论证了人和动物心理的连续性以及心理是遗传的等假设。此观点深深地影响了高尔顿的差异理论，使其走上了通往个体差异的遗传决定论之路。为了更系统地从遗传的角度了解个体差异，高尔顿采用了家谱系调查法研究名门望族和艺术家的家谱。由此，他把天才和特殊能力归因于遗传的因素。接着，他研究了80对双生子的心理特征，企图借此来论证人的心理是完全遗传的。高尔顿的遗传决定论过于片面，从联想主义片面地否定遗传的作用走到了另一个极端，完全忽视外部环境的功能。退一步来说，遗传对人的心理的发展有着不容忽视的作用。然而，遗传的因素并不能决定人的心理特征和能力的优劣，它只能作为人的心理发展的垫脚石。人的心理特征和能力之所以会产生巨大的个体差异，应当归因于遗传与环境共同作用的结果，也就是先天与后天的交互作用。

进化论对心理学的另一个影响是转变了心理学的研究对象和目标。美国的心理学家受到达尔文的观点的启发，开始考虑意识功能的重要性问题。詹姆士和杜威（John Dewey）便是其中的代表人物。詹姆士从达尔文的生存竞争衍生出意识的功能：满足人的生存需要。他指出："意识和其他的一切功能一样，似乎也由于具备一种功能才进化而来——若说它没有功能，那是令人难以置信的。"詹姆士的看法带有浓厚的实用主义色彩，他曾经认为只要可以给人带来精神上的安慰，便是真正的信仰。这种观点对神秘主义打开了方便之门。另一方面，杜威的心理学理论也逃不开实用主义的框架。他主张把动作的功能视为一种"适应的活动"，具体表现为协调的能力。他所谓的协调能力只是个体对外部环境的被动适应，而不涉及个体运用自己的主动性来改造外部环境。这种观点显然有失偏颇，其过分地强调了适应的价值，忽视了个体本身的主动性，容易对个体的健康成长产生不利的影响。

人生打击

健康透支

达尔文的一切成就都与他在"贝格尔号"上的环球旅行关系密切。从某种意义上来说，这次旅行是他生命中的一个重要转折点。在环球旅行的五年中，无情的风浪、病魔的摧残使达尔文刚刚听罢28岁生日的颂歌就病倒了，很早就患上了可怕的心脏病。随着学术研究的日益繁重，达尔文的健康每况愈下，全身备受疾病的折磨。他经常感到胃疼、恶心、呕吐、心悸，更严重的是皮肤发炎、口腔溃疡、失眠与头痛，致使他每天通常只能工作两三个小时。家人们常常感叹他"从来没有过上一天普通人的健康生活"。才华横溢的达尔文的人生旅程，绝大部分是在与日益加重的病魔作痛苦搏斗中、在艰苦的学术研究中日复一日地熬过的。以至于在风华正茂的35岁时，他竟然无奈地给妻子爱玛留下了一封充满了对学术研究深深依恋之情的遗嘱式信函，为自己呕心沥血建立的进化论安排了后事。曾经有为数不少的医生给达尔文看过病，其中还包括他的名医父亲和当时英国最著名的医生，都

晚年隐居的生活

未能发现他的身体有器质性疾病，更别提与之相应的有效的治疗办法了。由于医生都没有诊断出病因，人们自然就猜想达尔文可能是患有心理方面的疾病。在达尔文的一封信中曾经提到，许多朋友怀疑他得了疑病症。英国心理学家、精神分析临床医生鲍尔比对达尔文的经历

功能主义学派心理学大师

非常感兴趣。他着重分析了达尔文由于母亲早逝所产生的心理影响。根据鲍尔比的依附理论，"有足够的证据表明，当一个人在他的童年时代，不管出于何种原因，通常被家庭阻止了诸如紧张、悲伤、愤怒等情感的表达，以及妨碍了对产生这些问题的情景的认知，他后来的生活就容易产生相当多的这类情感问题。问题包括难于表达类似的情感，难以分辨产生问题的情况以至情景继续发生，难以分辨是哪种情绪在困扰着他"。鲍尔比认为达尔文的经历是其中的一个典型案例，他把困扰和折磨了达尔文40年的疾病的真正原因归结为心理上的疾病。然而，不朽的伟人达尔文究竟得的是什么奇怪的病，已成了历史上的一大悬案，尽管后人们众说纷纭，却仍然没有得到满意的结论。

悲剧婚姻

达尔文曾对他的妻子爱玛有过这样的感慨："她是我最大的幸福。在我一生中，我从来没有听她说过我不愿她说的一个字……她赢得了周围每一个人的钟爱和称赞。"人们也一致认为达尔文是"幸运的"，他的幸运不只在于他有一个欢乐幸福的童年，还在于他身边终生伴随着一位聪明、贤惠、漂亮而伟大的爱妻。既然如此，为什么伉俪情深的婚姻会演变成为一场悲剧呢？其实很简单，就是近亲婚配造成的恶果。达尔文和表妹爱玛孕育了十个子女，长女安妮10岁时患猩红热而死；次女玛丽出生后立即死亡，六子小查理2岁时死亡。在许多传记里都有达尔文长女安妮的照片，醒目地挂在其故居二楼起居室的墙上。这个神色略有点忧郁的小女孩在10岁时患病，惨然夭折，给钟爱她的父亲造成了巨大的精神打击。在达尔文存活下来的七个子女中，其中有三个孩

达尔文与儿子威廉

达尔文：进化中的一声叹息

子——长子威廉，四子伦纳德，三女亨利埃塔均无生育的能力。即使是健康状况较好的子女长大以后，也患有不同程度的心理疾病，比如次子乔治有神经质，爱谈论他人的病痛；三子费朗西斯患有精神忧郁症。为了警告世人，达尔文也把此教训写进了他的论文中，希望世人不要重蹈覆辙。子女的不幸无疑为达尔文本来幸福的婚姻蒙上了一层悲剧的色彩，也为后人留下了无限的扼腕叹息，更为人类敲响了近亲结婚的警钟。

高尔顿：天才的悲哀

> 对现代心理学来说，没有多少人产生过像他那样大的影响。
> ——雷蒙德·番切尔

在距离伦敦44英里的黑斯尔米尔（Haslemere）镇上一个名为克拉维尔顿（Claverdon）的墓地里，静静埋葬着我们故事的主角。他的墓碑上，只有简单的几行字：

纪念弗朗西斯·高尔顿爵士

生于1822年2月16日

死于1911年1月17日

当年，为了躲避伦敦的寒冷，他来到黑斯尔米尔居住，后来却染上急性支气管炎，在家中寂寞地死去，享年89岁。虽然这位天才式的伟大人物对科学有着执著的追求，在众多领域都有创新性的贡献，

高尔顿：天才的悲哀

然而正像他那寂寞而无人照料的墓地一样，他本人也被后人忽视甚至遗忘。在此，我们无意打扰他的宁静，只是试图从他的人生经历、他的理论及应用过程中发现一些我们不该遗忘的东西。如果说对高尔顿的遗忘是这位天才的悲哀的话，那对这些值得借鉴的东西的遗忘，就是整个人类社会的悲哀。

弗朗西斯·高尔顿爵士（Sir Francis Galton F. R. S.），一个沉迷于计算和测量，将"只要能数，就数吧"奉为座右铭的人，在科学史上，很少有人像他那样固执、知识渊博而又备受争议。这位"维多利亚女王时代最博学的人"，兴趣广泛，在各个领域都做出了令世人瞩目的贡献，而且每一项都不是浅尝辄止的。他是一个拥有超凡天赋的科学家、真正的博学者，一位成功的发明家，一位赢得奖项的地理学家，一位权威的游记作家和气象学家。他研究罪犯的标志，致力于鉴别指纹的实用方法，并第一次采用孪生子研究来区分遗传和环境的影响。同时，他还在数据量化和统计方法上有所建树，如相关和回归，这为心理学和其他科学提供了有效的研究工具。此外他对心理测验和个体差异的兴趣都为心理学的发展注入了新鲜的元素。

美国著名心理学家乔治·米勒（George Miller）在评价高尔顿相关分析的发现时写道：

> 协变关系是一个核心概念，对基因学和心理学如此，对其他所有科学探索也同样重要。科学家寻求的是各种现象的原因；他所发现的一切都是先决条件和必然条件之间的相关关系……高尔顿的洞察力一直且继续处在现代社会及行为科学广大的延伸地带的中心，无论是工程师还是自然科学工作者，都将从中受益无穷。

高尔顿绝对是个天才，他传奇式的经历和科学活动令人眼花缭乱。但是人非圣贤，越是伟大的人，他所犯的错误也可能越是致命性的。譬如，他的某些遗传理论就被后人诟病，他也因此被贬低为"种族主义者和法西斯的精神领袖的鼻祖"。

并不完美的人生

天才的童年和暗淡的学业成绩

高尔顿于1822年2月16日出生于英国伯明翰一个显赫的银行家家庭，是家中7个孩子中最小的一个。他的父亲和祖父都十分热爱自然，而他的外祖父正是达尔文的祖父。高尔顿对科学的广泛兴趣和热爱可以说是和家庭的影响分不开的。

高尔顿小时候被大自己12岁的体弱多病的姐姐阿黛娜教育，而正如他的家人所希望的，高尔顿表现出超乎寻常的智力水平：两岁半开始阅读，五岁就能阅读几乎任何英语文本，懂得一些拉丁文和法文，还能解决最基本的数学问题。有人推断高尔顿的智商接近200。

但是我们的天才在学校里的表现却不那么令人满意，他甚至被调到拉丁文水平较低的班级里，而学业方面也只有数学可以期待。16岁时，他获得一次学习医学的机会，但这次经历对他而言也不过是一场噩梦而已。

因为弗朗西斯家族里并没有人拿到过大学学位，所以父亲对小儿子的期望非常高，希望他能考上大学以光宗耀祖。18岁时，他被剑桥大学录取了，然而大学期间，他在学业上的表现却非常令人失望，很快，他就从这场严酷的学院竞争中退出，同时遭受着身心方面的折磨——时常头晕眼花甚至有强迫性神经官能症的症状，他觉得"头脑中好像有台机器在转"，无法控制自己的思想，"有时连书都看不下去，甚至看到有字的纸都会烦"。这些使高尔顿最终结束了他那令人失望和毫无建树的学院生涯。

后来，他遇到了一位颅相学家，说他的大脑并不适宜于学术水平的竞争，并建议他在别的方面发展。高尔顿听从了他的意见，并开始了他在非洲的探险。

高尔顿在其理论中一再强调遗传的力量，却没有意识到环境对于人的成长和发展的巨大作用，尽管他的成功与他有名的理论——遗传天赋有关，而实际上家庭和学校经历对高尔顿的影响也非常大，这也可以说是一种讽刺吧。

地狱般的医学院经历与高尔顿冷漠性格的形成

高尔顿的外祖父是一个著名的医师，受其影响，高尔顿对医学产生了巨大兴趣。16岁的他终于得到父亲的同意进入伯明翰总医院学习医学。在刚开始学习时，高尔顿就经历了感冒、发烧、头痛和感染的折磨，病人哭喊和经受的痛苦也让他的精神上承受了异常的不安和恐惧，但后来他渐渐麻木，适应了这种场面。他在自传里写道："手术台上的病人的哭声是……恐怖，但仅仅是开始时。之后，那些哭声似乎和手术分离了，全部注意力也固定在手术上了。"医学院的经历让他逐渐变得冷漠自私和固执己见，有人评价说：他固执地坚持自己的意见和目标，他的思想是数学和统计式的……这可能与高尔顿对测量的热衷有很大关系。

之后，他在待人接物方面也变得不那么令人愉快，他对异性和与自己地位不相称的人的态度，也相当冷漠而强硬。小说家乔治·艾略特和社会改革家B. P. 韦布等都是当时社会上非常受人尊敬的女性，但高尔顿在和她们交流时，他只是表现得像绅士一般礼貌性地倾听，却缺乏主动交流和反馈的意愿。甚至在他那本涉及250多位有过接触的人（出名的和不出名的）的自传里面，他根本就没有提到过这些卓有才华的女性。

高尔顿在非洲探险时得到一位叫查尔斯·安德森的助理的大力协助，在高尔顿离开非洲后，安德森又在那里替高尔顿完成了大量工作，而后来当安德森因经济拮据而向高尔顿借钱出版游记时，却遭到拒绝和一番冷嘲热讽。

在非洲探险过程中，高尔顿甚至表现出一定的种族主义倾向，在

功能主义学派心理学大师

自己的游记里他把当地的人们贬低为狒狒、猪和狗。这里有一个有趣的例子,当他与国王南戈罗相遇时,这个部落统治者对高尔顿产生了兴趣,并派了自己浑身涂满黄油和红色赭石的侄女来充当客人的当夜妻子,结果却被穿着洁白亚麻布西装的高尔顿毫不客气地赶走,为此差点引起了一场冲突事件。高尔顿为人的冷漠和高傲,与其表兄——同样在医学院里待过两年的达尔文的谦和亲切截然相反。

高尔顿的主要理论研究

遗传资质——高尔顿理论大厦的基石

中年高尔顿

高尔顿所进行的心理学研究很大程度上关注于人类进化和遗传的问题。1859年,达尔文《物种起源》的发表使高尔顿受到巨大的震撼,他推想人类物种的进化很可能也是通过由大脑向子孙传递先天的心理优势而发生的。结合他在剑桥时所观察到的——那些赢得荣誉和高分的人,其父辈、兄长都是成功人士,高尔顿着手检查和统计了在某学科上获得高分的人及其家庭背景,如其所料,高分获得似乎传承般地在某些家庭的子女身上发生。

他于1869年出版的《遗传的天才》,几乎可以说是他论心理遗传的最有影响力的著作。在之后的十多年里,《人类才能及其发展的研究》(1883)、《自然的遗传》(1889)相继出版,也显示了他对人类心理能力的测量以及遗传本质方面的研究和关注。高尔顿的研究在很大程度上支持了达尔文的进化论观点,并对当时神学信条进行挑战,他要推翻宗教的武断,并代以进化的信仰。

高尔顿：天才的悲哀

在《遗传天赋》一书的研究中，他着手分析了 1768—1868 年间英国的将军、首相、文学家、科学家的家谱，发现这些名人大多出身望族，而与其关系越近的亲戚，出名的可能性也越大。高尔顿对他的研究的结论非常满意，它不仅验证了他先前的假设，也对他小时候的成功及学业上的失败作了解释——"人类天生的能力来自遗传，与整个有机世界的自然特性遵守同一法则"。

然而，他的研究严重忽略了杰出人物成长环境的重要性，《遗传天赋》受到了众多批评，高尔顿却从中受到鼓舞，他决定设法区分遗传和环境在杰出成就中的影响。他发明设计了一套长得"惊人"的自陈问卷，要求英国皇家学会的 200 名会员，完成有关民族、宗教、社会和政治背景、性格特征的调查。然而调查结果却使高尔顿大失所望，虽然大部分人相信他们对科学的兴趣是天生的，但是他们对教育的作用却颇为重视。因此，高尔顿不得不承认环境因素，特别是教育对人发展的影响，它可以加强或阻碍科学资质的发展。但即便如此，他仍然坚持遗传资质是科学成就中最基本的因素。

随着研究方法的进步，后来人们发现，高尔顿的问卷和数据分析同样存在严重的错误。首先，因为问卷的性质是自陈量表，其中很多问题，尤其是有关受试者成功因素的问题，只是一些主观的看法，因此结果分析的准确性很难把握。其次，它缺乏横向研究，没有把尚未成名的科学家和非科学家们的答案与那些成名科学家进行比较。另外，他当时还没有发明出有效的数学方法来衡量各个因素间的关系，因此在判定其相关显著与否的问题上还存在着很大的不确定性。

个体差异的研究

正是由于对遗传的关注，在研究人的时候，高尔顿总是注重遗传带给后代的品质缺陷，并以个体差异作为研究的重心。为了能够方便地大范围取样和测量，必须要有便捷、准确的测量方法，而当时的心理物理法显然不能满足这个要求。天才的高尔顿发明的心理测验很好

功能主义学派心理学大师

地解决了这个问题，除了人体测量的研究，他还把心理表象和观念的联想引入到自陈问卷中来，从而构成了最早的心理测验体系。

从1884年到1890年这7年中，高尔顿在伦敦的南肯辛顿博物馆开办了一项服务，只要付少量的费用，就可以测量人的各项能力特征。同时，他还发明了一些仪器来精确测量，如"高尔顿哨"、光度计、分度钟摆，等等，其中很多都被后人的研究采纳。

那次测验共获得了9337人的资料，他对这些人的能力进行统计，却在人类个体差异方面得到一个错误的结论——女人在各种能力上都比不上男人！其实，这种偏见在他之前的研究中早已存在，比如在《人类才能及其发展的探索》中，高尔顿探索了约30个课题，而其中的一些却缺乏科学性，如在讨论"性格"时，高尔顿在没有任何证据的情况下妄下断言："在妇女的性格中，有一个十分明显的特征，那就是，反复无常、扭捏作态，不像男子那样直截了当。"

无论如何，高尔顿对个体差异的研究，引起了人们对个体差别的关注，并且使高尔顿成为个体差异"新心理学"的创立者。另外，他还是第一个使用心理测验的人。但正如人体的测量研究所显示的，他的心理测验主要测量生理指标，并且对后来的智力测验产生了某些不利的影响，这些将在下文继续讨论。

优生学理论——初衷并无可厚非

步入老年的高尔顿

对个别差异的研究让高尔顿相信，人与人之间的资质是不同的。在确定进化的观点和遗传的本质后，他就一直探寻如何通过选择繁殖来改进人类的出路，致力于让更多的优良基因能够遗传给下一代，最终，他提出了一项社会政策，即"优生学"。自此一直到1911年逝世，他都认为，如果鼓励并奖励优秀人种的繁殖,社会就一定能得到改善,他甚至希望政府也参与进来。他认为传播和推广优生学能使天才认识到为了人类的利益而应承担生儿育女的责任,同时,他也对穷人在工业化的英国不成比例的生育感到担忧,督促慈善机构把救助目标从他们身上转移到"合乎需要的人"身上。而为了防止"受精神病、弱智、习惯性犯罪和赤贫严重折磨的人的血统的自由蔓延",他敦促采取"严厉的强制措施",这种措施可能包括婚姻限制甚至绝育。

高尔顿理论的应用

优生学的消极和积极影响

高尔顿的优生学计划的出发点是为了改造整个人类素质,但优生学的应用却产生了许多可怕的后果,高尔顿的名声也因此蒙上了污点。例如,在高尔顿去世的前4年,印第安纳州议会通过了第一部州绝育法,目的是为了"防止罪犯、白痴、低能儿和强奸犯的生殖"。其他很多州很快加以仿效。共有大约6万名美国人被判定在优生学上不合条件而被法庭下令绝育。优生学的观点在纳粹分子手中得到了最可怕的应用。纳粹鼓励纯种"雅利安人"大量繁殖,并认为犹太人、吉卜赛人等是劣质人种,应该遭到根除,它所引发的严重后果是毋庸置疑的。

纳粹的"实验"结束了人们对优生学运动的热忱。遗传学家们把优生学视为伪科学,既由于它夸大了遗传决定智力和个性的程度,也由于它轻信了基因可能相互作用以决定人的特性的方式。

高尔顿的优生学思想至今未成为心理学的任何一部分,但是他对优生学的热忱和研究过程却引导了他在研究方法上的突破,并且其中很多对后人的研究提供了参考。

除了上文提到的家族研究和自陈问卷,高尔顿对心理遗传的固

功能主义学派心理学大师

执和对研究个体差异的坚持，使他有了一个又一个的创新。心理表象的测定，使他获得了差异性与亲属间相关性的报告；观念联想的研究，及词汇联想测试的发明——它被冯特加以改造，还被荣格用来研究个体间性格差异；为了探索天性和教养对能力和性格的影响，他对双生子进行追踪调查，而这已成为心理学研究中经常用到的方法。

在统计学方面，为了给心理的遗传本质提供证据，年届60的高尔顿仍对"人体测量实验室"所收集的数据进行分析，发现每一项测量的结果都符合一个钟形的概率曲线，而在对遗传天才的研究中也发现了这种"回归中庸"的现象，终于他发现了"回归线"这一分析工具。并指导自己的学生卡尔·皮尔逊提出了计算相关系数的公式（"皮尔逊积差相关系数"），这个公式目前仍在使用；而高尔顿对相关分析的发现，其重要性也是怎么强调都不过分的。

当然，高尔顿的这些创新也并非都得到正确的应用。例如，他对双胞胎的研究报告，在很大程度上由逸闻趣事构成，而他却据此武断地宣布了"天性极大地优于教养"的结论。而在"回归中庸"理论的应用中，人们常常会犯"高尔顿谬误"——例如，如果人的身高代代都向中等平庸回归，那人类的身高必将趋于平均——一种貌似正确、实则大谬的推论（究其原因，是因为人们过分地按照统计的方法追求平均，却忽视了机会的变异和不确定性，这又另当别论）。

虽然高尔顿对遗传的偏执受到过批评，也造成过严重的后果，却激发他做出更多的探索，成就更多的创新。除了方法和统计学上对后世的巨大影响，他的努力也使进化和遗传理论得到重视，就目前而言，在我们心理学研究的各个学科里，遗传因素总是作为重要因素用于解释和研究。

人体测量＝智力测验？

正如上文所提到过的，心理测验的简便性为大样本的个体差异的

高尔顿：天才的悲哀

研究提供了可能，但是高尔顿却犯了概念性的错误，他认为用两种品质就可以鉴定人的聪明程度：一是精力，即工作能力；二是敏感力，按照他的说法，越是聪明的人对周围刺激的敏感性越高。听起来这似乎颇具科学性，但这种早期探索却受到了科学与偏见的双重影响，而这种影响迄今仍旧存在。

他借助南肯辛顿博物馆的人体测量室得到了很多统计数据，但遗憾的是他所测量的东西似乎并没有过多地和智力挂上钩，连听力、臂长、体重、肺活量这些都被包括在内，对此斯腾伯格调侃道，如果听觉测验也可以用来测定智力的话，那家里养的猫也要比我们聪明许多了。

但在当时，人们仍然很看重它，人体测量最热情的倡导者当属詹姆斯·麦吉斯·卡特尔（James Mckeen Cattell）了。他是冯特的学生，却怀疑并不是所有的人都能通过冯特的方法进行内省。等他来到伦敦见到高尔顿，虽然两人相差40岁，却大有相见恨晚之感，他在"人体测量实验室"里工作了两年，并把高尔顿的思想引入到自己的测验里并带回美国。卡特尔后来发明了"心理测验"这个术语来描述这种方法，并借此掀起了心理测量运动。

然而，到了1901年，当卡特尔终于收集到足够的数据，他的学生克拉克·威斯勒（Clark Wissler）对这些数据进行了高尔顿—皮尔逊相关分析，却发现测验得分既不与被试学业成绩相关，测验间的相关性也极低，这足以使人们质疑这种测量方法的有效性。

正如美国哲学家桑塔亚那所言："未从历史中汲取教训的人注定会重复错误。"后来，仍有许多人在重蹈高尔顿和卡特尔的覆辙，他们编制了摒弃已久的测验，如用简单反应和直线长度判别时间来测量智力。

高尔顿利用人体测量进行心理测验的活动很快告一段落，但后来智力测验的发展终使个体差异的研究成为美国心理学中影响最大的一个领域。

功能主义学派心理学大师

天才的悲哀

总的来看，我们不难发现高尔顿所做研究的实用性倾向。不论是他的心理测验，为此发明的仪器、统计方法，还是对人类学的测量（指纹、相片等），甚至他所推崇的优生学大都在人类能力学科的发展和应用上有重大影响，他总是注意到科学的实际用途并致力于它的应用。高尔顿的理论与美国后来流行的功能主义的许多观点保持一致，并在那里得到了最大程度上的应用。

但是，尽管他在方法学上的许多发明在现代心理学研究中影响深远，但高尔顿的名字并未与今天所使用的任何测试方法联系在一起，除了心理学史以外，如果人们还提到他的话，也并不把他看作心理测验的创始人，而是视作优生学的创始人。哪怕是当时英国本土心理学家，他们也没有非常推崇这位天才，人们只追随德国的传统，纷纷到德国去学习或接受培训，并将冯特的程序和理论带回英国。

虽然说高尔顿是个体差异"新心理学"的创立者，但他并没有创立过实际性的学派，门下的弟子也很少，即使后人采纳了高尔顿的某些思想和方法学上的创新，他们也并不以高尔顿学派自居。

虽说仍有少数人支持着高尔顿的理论和首创，但其影响都不是很大。例如，皮尔逊想使高尔顿成为"英国的冯特"——在美国心理学发展的影响方面，高尔顿的研究比冯特的研究影响更大，但终未成功。心理学史家波林解释说，心理学只是高尔顿的多种兴趣之一，他的精力分散于多个方面，导致他在心理学上的著作不多，而且他只是半个心理学家，论时间且仅有 15 年，至于冯特，则以心理学为专业达 60 年之久。毕竟，德国的新心理学是大学的产物，是"纯"科学，而高尔顿思想和方法学上的创新，充其量不过是一位天才的业余学者摆弄出来的产品。如果冯特可以被称为"纯粹的"心理学家的话，高尔顿则只可能被划为"应用的"心理学家。

高尔顿：天才的悲哀

既然我们已经选择了德国的传统，对于这种划归也无谓做太多争议，重要的是，我们要在重视高尔顿曾经做过什么的同时，更加重视他曾经做错过什么，给了我们怎样的启示。虽然我们的天才在人格上并不完美，所坚持的理论也有所偏颇，后人对其理论的应用也并非完全正确，我们还是可以努力去发掘出其中值得借鉴的东西，并从中吸取经验教训。科学和社会的进步也该由此而来吧……

比纳：学路漫漫寂寞行

> 我最爱做的事情无非是找一处地方，能让我在纸上写写画画，这便如同母鸡生蛋一样自然。
>
> ——比纳

说阿尔弗雷德·比纳（Alfred Binet，1857—1911）改变了 20 世纪人们的生活并不为过。1905 年的一纸量表，第一次成功地测量了看不见摸不着的智力，更是点燃了人们将自己心理加以量化分析的热情。心理测量在如今的社会占据着举足轻重的地位：孩子入学时需要进行智力测量，找工作时要通过各种能力测验，还有社会组织用各种态度量表调查人们对某种社会事物或者现象的态度。而这一切的开创者，就是那个戴着眼镜、神情严肃的法国人——阿尔弗雷德·比纳。

比纳：学路漫漫寂寞行

1857年7月8日，比纳出生于法国小城尼斯。他的父亲和祖父都是医生，母亲则是一名艺术家。父亲希望比纳子承父业，成为一名医生。也许为了让孩子尽早熟悉这个行当，也许仅仅是为了锻炼比纳的胆量，父亲把小比纳带到了停尸间，强迫小比纳去触摸尸体的心房！虽然比纳克服了自己的恐惧，遵从了父亲的意愿，可是由于父亲过激的行为而造成的心理阴影却不是能够轻易消除的——比纳对医学产生了强烈的恐惧和厌恶，他拒绝进医学院的阶梯教室，更别提将医生作为职业了。

比纳很小的时候，父母就离异了，他由母亲单独抚养长大。和母亲搬到了巴黎后，比纳进入了著名的圣路易斯公学求学。虽然得到一笔奖学金，但总体而言比纳不是一个出类拔萃的学生。毕业后，比纳进入了法学院，成为一名律师，然而，律师并非他理想的工作。他认为，"律师是那些没有找到工作的人的职业"。

事实上，比纳在学校之外找到了他愿意为之奉献终生的职业。他埋头于国家图书馆浩如烟海的书籍中，阅读了各个著名思想家的著作，并深受英国的联想主义特别是 J. S. 穆勒的影响。比纳的早期学术研究，主要试图证明联想主义乃心理学的基本原理。他认为心理现象如知觉、推理等均能以联想主义来解释。然而，由于没有接受正规的心理学教育，年轻的比纳大概并不知道科学心理学，特别是实验心理学的基本原理；他缺乏严密的逻辑思维训练，似乎也未建立起批判性思维能力。可能比纳甚至还不知道正式的论文写作规范，因为在1880年他的第一篇文章中，比纳将旁人的观点写入文章但是却没加引号！单有一腔热情却缺乏科学思维，不久就让年轻的比纳付出了沉重的代价。

在萨尔佩特里的日子

1883年，经同学约琴夫·巴宾斯基的介绍，比纳进入了著名的

功能主义学派心理学大师

萨尔佩特里医院工作。在法国，进入精神病领域开始心理学的研究是一项传统。然而，比纳的开头却并不顺利。他在这个医院犯了一个巨大的错误，差一点葬送了他的心理学学术生涯。

在讲述比纳在萨尔佩特里医院的故事之前，首先有必要了解一下心理学史上著名的"南锡学派"和"巴黎学派"关于癔症的本质之争。争论的一方是著名的神经病学家沙可，萨尔佩特里医院的院长。他认为催眠现象具有不正常的生理基础，也就是说，催眠现象都是病理性的。沙可还提出了催眠常呈三种状态：昏迷状态、萎靡状态、梦游状态。南锡派极力反对此说。在他们看来，凡被催眠者不必尽具这三种状态，而具有这三种状态时，也完全是由暗示造成的；他们还认为，90%以上的人都可接受催眠，可见催眠现象是非病理性的。此时的比纳，自然而然地卷入了这场争论，而且心甘情愿地成为沙可的拥护者。

进入医院后，比纳充满激情地投入到工作中。以沙可的理论为基础，他和弗雷进行了数个实验。并且报告了一个令人震惊的结果：在一块磁铁的影响下，催眠状态下的（歇斯底里）被试能将运动在身体两侧之间进行转移，比如将举右臂转换成举左臂，而被试却毫不知情！紧接着，他们将这个发现推广到了情绪研究领域，报告磁铁也能影响被试的情绪，将仇恨转换为爱，将快乐转换为绝望。虽然这样的实验结果早在"梅斯梅尔时代"就受到人们的质疑，但是，比纳和弗雷并未停下来审视自己的实验。相反，他们沉浸在发现催眠领域新现象的喜悦中。

比纳的发现自是在学术界引起了不小的风波，终于有人按捺不住。德尔波伊夫先生从学生时代便对"动物催眠"感兴趣，当看到比纳和弗雷的报告后，他急切地想目睹一下他们是如何获得这个结果的。1885年10月，德尔波伊夫来到了萨尔佩特里。与期望中的控制严密的实验操作相反，德尔波伊夫看到了一个漏洞百出的实验过程。在1889年的一篇文章里，德尔波伊夫写道："显然，比纳和弗雷忽略

比纳：学路漫漫寂寞行

了最基本的实验规则：比如，不在被试面前讨论实验。然而他们却大声宣布期望获得的实验结果；被试和主试都应该不知道电磁铁何时启动，但是他们却满足于从口袋里掏出一块马蹄铁（进行实验）……"

德尔波伊夫先生对比纳和弗雷的实验结果产生了深深的怀疑。离开萨尔佩特里后，他按照比纳和弗雷的方法做了实验，但都没有得到同巴黎学派一样的结果。在1886年8月所发表的文章中，他毫不留情地批评了萨尔佩特里研究者所使用的错误方法。而且他认为三种状态的划分既不必要也不明确，在严密的控制条件下，也得不到所谓的"转移"结果。

比纳无法坐视别人对他的"全新发现"提出异议。同年11月，比纳就发了两篇文章给《哲学评论》杂志的编辑。不久伯恩海姆（Bernheim）也加入到比纳和德尔波伊夫的论战之中。

论战开始时，比纳态度强硬，对德尔波伊夫和伯恩海姆都进行了尖锐的批评。他指出，德尔波伊夫的失误之一是"被试只是普通的梦游患者，没有丝毫的昏睡和僵直症（catalepsy）的迹象"。至于伯恩海姆，"……他没能复制和萨尔佩特里一样的实验情景：因为没有和萨尔佩特里一样高超的催眠技巧，他只能使用梦游症患者。而且，伯恩海姆怎能用寥寥的数个实验就去批驳由萨尔佩特里千百次实验得出的结果呢？"

这些理由有些强词夺理，正如心理学史家沃尔夫所说，字里行间透露着比纳的紧张、教条、顽固及尖刻。但是，德尔波伊夫和伯恩海姆的回击让比纳渐渐松了口。在《动物磁场》一书中（1887），比纳承认催眠三个阶段的划分"……也许只是部分的真理"。然而对于磁铁转移现象，比纳还是坚信不疑：转移不是无意识暗示的作用，因为他们小心翼翼地避免使用"无意识的语言和动作"。

1886年，德尔波伊夫对比纳进行了重重的一击。他写道："萨尔佩特里的实验结果只是他们第一个被试的个体特征。实验者无意识地使用了暗示，将这些特征转换成了习惯。实验者注定要从其他被试身

功能主义学派心理学大师

上得到一样的结果，然而这些被试只是模仿（第一个被试）而来的，因此，这位专家（指沙可）和他的学生们便相互影响，犯着同样的错误。"德尔波伊夫继续问道，为什么南锡学派和他们自己的被试都只是普通的梦游患者，为什么只有巴黎学派自己获得了深远的催眠呢？

比纳无法回答这些问题。但是，真正致命性的打击也许是下面这个事实：德尔波伊夫发现，不需磁铁，通过有意识的暗示，在非歇斯底里被试身上也达到了同样的效果。

事实胜于雄辩，比纳最终输了。

1892 年，在《人格多样性》一书中，比纳公开承认了自己的失败。没有丝毫的隐瞒，他写道："……以前的研究都只是一个错误……其中最主要的一个错误就是暗示，也就是实验者通过他的语言、姿势甚至沉默而给被试带来的影响。"

书里的坦然容易让人错以为比纳能对萨尔佩特里事件泰然处之。事实并非如此，对于比纳来说，抛弃自己曾经坚信不疑的理论，否定自己曾经引以为傲的成果，承认粗陋的实验方法导致了错误的结果，是比肉体折磨更加痛苦的灵魂煎熬。1890 年，他逃避似的离开了萨尔佩特里医院，割断了和沙可等人的联系，再也没有回到催眠研究领域。

让我们来探究一下造成这段不幸事件的原因，这对每一个心理学初学者来说都很有意义。比纳的失误首先在于毫不怀疑地接受了沙可的理论。沙可的显赫名声、在催眠界权威的地位以及做出的卓越成果，使得比纳根本不敢对其有丝毫怀疑，全盘接受并将其奉为真理。简言之，那时比纳所缺少的，是批判性的思维，是敢于对权威批判的勇气。其次便是对实验方法的掌握。从德尔波伊夫的描述中可以看出，比纳在实验中对无关变量的控制十分不当，最终导致了"实验者效应"。比纳和弗雷通过暗示得到了自己想要的结果，更加强了他们对自己实验的信心，让他们在错误的道路上越走越远。

比纳：学路漫漫寂寞行

离开萨尔佩特里的比纳就像一个迷路的孩子，迷茫着，彷徨着。但是，1891年，比纳和亨利·波尼斯——梭尔邦大学心理学实验室主任，相逢在一个火车站的月台上。比纳向波尼斯申请实验室的一个职位，波尼斯愉快地答应了。于是，带着沉痛的教训和对学术一如既往的热情，比纳开始了他第二次的学术生涯。

智力与智力量表

比纳对智力的兴趣来源于他对个体心理学的研究。离开催眠领域后，比纳花了整整5年的时间（1890—1895）来寻找方向。他对心理学的方法和内容进行了研究和反思，得出的结论是，普通心理学因为忽视了个体差异的存在而变得不可靠。如果心理学想进步，就必须对个体差异进行研究。而智力是个体最为基本和关键的心理过程，因此还有什么比从智力着手开始个体差异的研究更好的呢？

比纳关于智力的看法与高尔顿大相径庭。他抛弃了高尔顿用感觉和运动能力来测量智力的做法，而从高级心理过程来考察智力。比纳认为："智力中有一个基本的成分，判断力（或良好的感觉）、实践、首创精神和适应环境的能力。如果没有了判断力，一个人就可能变得愚笨，而有了好的判断力，他就不会如此。和判断力相比，其余的智力成分没有那么重要。"

这种观点较之高尔顿更有意义。但是，比纳从未对智力下过明确的定义——事实上，他是尽量避免这么做。在他研究智力的早期，他曾这样定义智力："所谓的智力包括两个东西。知觉这个世界，然后在记忆里处理、调节这些知觉。"但是，比纳关于智力的定义越来越模糊，最后，他干脆不下定义。比纳宣称："我们必须满足于拥有模糊的概念，因为它们比错误的概念的价值高得多；和生理学上的假设相比，我们也会毫不犹豫地选择它们，因为越是显得准确的，实际上越是具有假设性。""智力的定义太过复杂，如果想下定义，我们就

功能主义学派心理学大师

会不可避免地去详细描述一个先验的观点……因此，我们不应该给出一个概括的智力理论，而应该对那些特殊的却知之甚少的事实进行研究。"因此，越到后来，比纳对智力的理论讨论便越少，而事实的搜集却越来越多。按照比纳的说法，他在避免做一个先验的武断性的结论。然而，这样做的后果是，比纳虽然成功地获得了丰富的数据资料，却不能令人满意地揭示现象后面的机制。比如，比纳指出那些在智力活动中起着主要作用的过程，将其命名为判断力、适应性、方向性和批判力，但是却没有解释这些过程是如何工作的，它们又是如何一同产生认知功能的。而且，过于抽象的描述限制了比纳理论能够达到的统一性程度。

不过这并不妨碍比纳对智力量表的编制。根据自己对智力的理解，1905年，比纳和西蒙一同编制了智力量表，用于区分正常儿童与智力缺陷儿童，又于1911年发表了修订版。这份量表对后世的影响难于估量，无论是内容还是编制方法，传统的智力量表都深受"比纳—西蒙量表"的影响。

比纳—西蒙量表的目标是区分正常儿童和智力缺陷儿童，这就意味着，这份量表所测的智力也许只是"学业智力"。实际上，现在广泛使用的智力量表，如斯坦福—比纳量表，韦克斯勒量表，等等，更多地适用于学业能力的预测。斯腾伯格在《成功智力》一书中，对比纳式的智力量表（也可以称作传统智力量表）提出了严厉批评。

在斯腾伯格看来，传统量表中的很多题目对现实生活都没有意义。比如，这些量表都有词汇题，要求被试指出单词的含义。比纳认为，言语定义能测试被试词汇、某些一般的概念以及把简单的观念用语言来表达的能力。但是斯腾伯格却指出，这样的智力测验更像是成就测验——词汇的获得就是一种成就。而且，我们为什么要死记硬背抽象的单词定义呢？这无助于我们学会如何在生活中使用单词。相反，我们可以在情境中，在阅读和听别人说话时，来学习和运用单词。还有阅读理解测验，所得的答案不过是评卷人想听到的答案。例如，人们为什么去买车？除了测验答案中所提供的理由，其实还有很多原因。因此斯腾伯格说理解题所测量的"不过是对真实生活理解的拙劣模仿"。

在测验编制方面，比纳使用了一种基于经验的方法，这也是如今很多测验的编制方法。即专家首先对某一场景进行考察，设计一些问题，根据对这些问题的回答，可以把最可能成功的人与最不可能成功的人区分开来。正如比纳自己所说，智力量表的功能在于区分：

"这个量表不能够测量智力……相反，却是把许多不同的智力分成等级，加以分类……因此，再研究两个不同的对象以后，我们就能够知道是否一个人的智力水平比另一个人高，高多少……"

这样的问卷是有效的，似乎也是合理的，因为年龄大的儿童总是比年龄小的儿童聪明，正如年龄大的儿童总比年龄小的儿童长得高，体重也较重一样。同时，编制者也不必去回答智力是什么这个恼人的问题。但是，没有一个明确的理论，人们不可能知道测出来的智力究竟是什么。正如斯腾伯格所说，这样的量表所包含的内容也不比身高体重之类的东西好到哪里去。

被遗忘的比纳

对于大部分人来说，比纳的名字只与比纳—西蒙量表联系在一起。但实际上，比纳发表过超过200篇与智力量表无关的各种书籍、文章和综述。他在儿童发展领域做了大量的研究，这些研究的方法和结果都与皮亚杰有着惊人的相似。比纳认为，认知发展是一个建构的过程，其目标是适应外部世界；孩子们会将新的经验同化到已有的思维模式中去。在学校教育上，比纳认为，最有效的教育指导应该是从具体到抽象的，并要稍微超出学生的理解和推理能力。另外，好的教育指导要强调孩子自己去发现学习。

就算以现在的眼光来看，这些思想和研究成果也十分有价值和启

功能主义学派心理学大师

"另一个比纳"

发性。但奇怪的是，如今的心理学书里都绝少提到比纳的这些研究。人们似乎已经遗忘了这些杰出的发现。这究竟是为什么呢？发展心理学家西格勒（R. S. Siegler）从比纳的性格和当时的学术潮流出发，指出以下两方面共同造就了一个被世人遗忘的比纳。

比纳害羞，不善交际，在与陌生人相处时总是带着一点点拘谨。这样的性格让他尽量回避去参加学术研讨会——要比纳当着众多陌生人的面宣讲自己的研究成果是多么困难的一件事！再者，他十分严肃地对待自己的事业，因此对于那些他认为浪费自己研究时间的无聊之人或是非常缺乏耐心，这其中也包括各种学术会议。但是，参加学术研讨会是一个推广自己研究的快捷方式，在很短的时间内就能使一大批研究者了解你的思想和研究成果。这同市场营销一样，没有强有力的推销策略，再优秀的成果也不为人所知。比纳最亲密的合作者西蒙认为，与比纳同时代的研究者，即使是与比纳的研究领域相关的那些人，也大多没有听说过阿尔弗雷德·比纳这个名字。

而且，比纳没有接受任何正式的有关心理学专业的训练，这使得他不易和老一辈的研究者建立亲密的关系，而一个德高望重的研究者不仅能让比纳的研究得到更多的关注，更能帮助比纳得到较高的学术职位。比纳曾三次申请过教授资格都没有成功。没有一个德高望重的导师也许是失败的原因之一。

没有成为教授并没有阻碍比纳的学术追求，但确实为比纳招收学生造成了困难。因为比纳不能为学生提供更高的学位，很多学生都不愿意和比纳一起做研究工作。更糟糕的是，比纳在法国实验心理学界中的地位不高，而当时法国实验心理学在世界上的地位也不高。这双

比纳：学路漫漫寂寞行

重的尴尬使得比纳不能像其他的研究者，如美国的推孟（L. M. Terman）一样，培养优秀的继承人，将他的思想和研究成果继承和推广。

除了比纳本身的原因外，西格勒也指出，整个欧洲的学术环境也限制了比纳思想的传播。比纳的研究并不属于当时欧洲大陆流行的两大潮流——结构主义和行为主义的任何一方。比纳的思想比冯特或华生更接近于当代的认知观念，但在当时，这绝对是一个"异端"，要想被接受就更为困难了。也可以说，比纳的研究具有超前性。比如，他试图把教育和发展心理学联系起来。比纳相信，理解孩子们在不同年龄的天性（nature）有助于进行更有效的教育指导。虽然后来的发展心理学家赞同比纳的尝试，但是很少有人从事这方面的研究工作。直到最近，一些发展心理学家才真正开始这方面的研究。但也仅仅才起步。

最后，比纳最大的软肋在于，他从未像皮亚杰一样构建自己宏伟的理论框架。他陈述着自己在发展、认知、人格和教育各个领域的研究发现，却没有提供一个理论或机制来解释这些发现意味着什么，它们的重要性在哪里。前文提到过，比纳小心翼翼地避免做出"先验的断言"（priori assertion），更加注重事实数据的收集。然而，心理学的研究从来不缺乏经验数据，但如果不去探求数据背后的机制，这些数据单单只是一些对心理现象的描述，对我们理解和预测人类行为毫无帮助。而且，没有一个理论框架将研究结果统一起来，这些研究发现便似一盘散沙，散落在比纳所著的数以百计的书籍中。不幸的是，比纳不是苏格拉底，没有后继者为他整合理论，传承思想。因此，比纳的发现便逐渐消失在浩瀚的心理学经验数据的海洋中，渐渐地被世人遗忘。

毫无疑问，比纳是一个优秀的研究者，但他的贡献却没有得到应有的重视。这虽不能归结为比纳的"失误"，却的确是他学术生涯的一大遗憾，也是心理学发展史上的遗憾。

功能主义学派心理学大师

　　历史留给世人的是一个因智力量表而风光无限的比纳，但我们所看到的，却是一抹在学术道路上寂寞而又坚持的背影。比纳的学术道路并非一帆风顺，早年误入歧途，中年在学术上又不得志，直到他去世时，也没有在法国得到应有的地位。但是，对心理学的那份热情和严谨的治学精神，支持着比纳在默默地探索着、钻研着。即使他在学术上有过失误，即使他的大部分理论已经被人们遗忘，这都不能抹杀他的伟大，不能动摇他在后世心理学发展中的启迪者地位。

詹姆斯：在矛盾的漩涡中挣扎

威廉·詹姆斯对心理学的影响虽然很大，却时有时无；虽然流传甚广，但从未处于主流地位。

——墨顿·亨特

威廉·詹姆斯（William James，1842—1910）被认为是美国功能心理学的奠基人，但他却没有受过任何正统的心理学方面的教育。他在给兄弟亨利·詹姆斯的信中写道："心理学是一种难以应付的小科学。"在他完成花费了12年时间写成的《心理学原理》后不到两年，他又写道："听到人们骄傲地谈论'新心理学'，看到人们在编写'心理学史'，真是件奇怪的事情，因为这个词所涵盖的真实元素和力量在这里根本就不存在，一点清晰的影子都找不着。只有一串纯粹的事实；一些闲言碎语和不同意见的争执；仅是在描述水平上的小小

功能主义学派心理学大师

分类和综合；一种强烈的偏见，说我们有不同的思想状态，说我们的大脑控制着这些状态；可是，根本就没有任何规律可言，不像物理学能够给我们列出一些定律那样找出规律来，没有一条命题可以拿出来用以从因到果地推断一个结果出来。这不是科学，它只是一门科学的希望。"

詹姆斯在学术方面研究的范围涉及心理学、哲学和宗教，然而他却更喜欢别人称他为哲学家，甚至在许多场合否认自己是心理学家。他虽教出了不少未来的心理学家如桑代克等，遗憾的是他们却未能继承他的思想并将其发扬光大。

詹姆斯的一生，始终挣扎在矛盾的漩涡中。他有时怀疑自己在心理学领域研究的能力；有时自信满满地提出一个论点，但不一会儿又站在对立的立场侃侃而谈；他对心理学的态度不明确，有时甚至让人哭笑不得，不置可否。但是"无心插柳柳成荫"，就是这样一个思想矛盾的人，在心理学上却做出了巨大的贡献，给后人留下了许多丰富的思想遗产。

早年的探索与困惑

徘徊不定的专业选择

詹姆斯出生在纽约的一个条件优越的家庭，从小就受到良好的教育。他的父亲为了培养孩子成才，用心良苦，认为欧洲的教学条件比美国好，经常让自己的孩子去欧洲接受教育，想让他们成为博学之人。但是詹姆斯却有着转移不定的兴趣爱好，这预示了他在大学中犹豫不定的专业选择和对未来研究领域的捉摸不定。他11岁时对绘画产生了兴趣，并立志今后要成为一名画家，父亲虽然不愿意，但还是让他上了培训班，只是学了一段时间后，詹姆斯觉得自己没有这方面的才能终于作罢。

詹姆斯：在矛盾的漩涡中挣扎

1860年，他进入哈佛大学学习化学，可是他并没有专一地学习。那时恰逢南北战争爆发，想成为一名军人的想法一直在他脑海中萦绕，但由于父亲的劝说：没有任何政府或事业值得詹姆斯牺牲生命。他最终放弃了做军人的想法，又将兴趣转向生理学，但不久又转入哈佛医学院学习。

其间他还参加了亚马逊探险队伍，考察亚马逊河流域，搜集动物标本，期望自己能在博物学中得到发展。但是他很快发现，自己无法忍受严谨的搜集和分类工作。他在给家里的信中写道："我来到这里是个错误，现在我相信，我更适合思辨的，而不是激烈的生活。"回到学校后，由于他觉得没有其他的学科更能吸引他了，他便继续在医学院学习，直到获得医学博士学位。他对专业选择的不专一、没有定性可见一斑。他兴趣广泛又容易厌倦，不适合长期地学习一门学科，或许这是他矛盾的性格使然。

詹姆斯年纪轻轻就体弱多病，他在哈佛学习阶段，健康状态和自信心每况愈下。从亚马逊探险回来后，他的身体状况更加糟糕，经常生病，背痛加重，视觉障碍，失眠，消化不良，还时常抱怨自己的心情压抑，觉得患了抑郁症。他只好去德国洗温泉浴，在温泉的缓解下，他的健康状况有所好转，凭借这个空闲的时间，他去柏林大学听生理学的讲座，阅读了许多德国的哲学和心理学著作，并能够在像赫尔姆霍兹等一些著名的生理学家手下当助手，这使得他对当时的心理学思想非常了解。让他感觉到：或许心理学成为一门科学的时候到了。

迷茫于决定论和"自由意志"

然而，他忧郁的心情却并没有得到缓解。他内心的冲突和矛盾在1870年达到了高潮。他内心充满恐惧，有时甚至想自杀，他的抑郁绝大多数来自于德国决定论给他带来的困惑：人的一生从他一生下来便注定好了，人们无论怎样做都改变不了早已预定好的人生。这使詹姆斯觉得他以前所学的知识、所做的思考一点价值都没有，他没有任

功能主义学派心理学大师

年轻时期的詹姆斯

何能力与"命运"搏斗抗争。在这次危机中他隐居了好几个月,出于对生活的绝望,他打算建构一种生活哲学,之后阅读了大量的哲学书。转机出现了,他无意中阅读了一本法国哲学家查尔斯·雷诺维耶的论"自由意志"的文章,使他觉得如醍醐灌顶,重新找回了生活的希望。他相信自由意志的存在,通过自由意志,可以获得选择自己的言行、控制自己生活的主动权的能力。这样他相信自由意志还可以治愈他的抑郁症。在某种程度上他获得了成功,他又开始重新面对生活,并积极地寻求生活的希望。1872年,他接受了哈佛大学生理学讲师的职位。他评论说:"承担某种有责任的工作对于一个人的精神是件崇高的事情。"从此,自由意志成了他的信仰,对他以后在各领域的学术研究发展起到了决定性的作用。

职业选择上的犹豫不决

詹姆斯在哈佛教学的日子里,对于教授哪门学科又捉摸不定了。他在短暂地教授了两三年的生理学后,于1875—1876年的工作期间,开设了美国所有大学中第一门生理心理学课程,并将其称为"生理学和心理学的关系"。这是他第一次将心理学这个概念引进美国的大学,并将其列入课程的教学,让美国学生能够对心理学的知识有充分的理解。

詹姆斯在1876年成为美国的第一位心理学教授,但是接着他的兴趣又转向了哲学,并在1884年当上了哈佛大学的哲学教授。可是他并没有就此专心研究哲学,在四年以后他又转成了心理学教授。

詹姆斯：在矛盾的漩涡中挣扎

詹姆斯深受进化论的影响。进化论认为心灵与进化有关，如果心灵能够引导成功的行动，则它便是适应性的。他把心理看作是生物进化赋予人对环境适应的一种功能，并与外部世界同步发展和相互作用。这为他之后成为功能主义的奠基人打下了基础。詹姆斯的卓越在于他没有上过任何正统的心理学课程，也没有拜过当时有名的心理学家为师。他听的第一场有关心理学的讲座，是他讲给他自己听的。

喜欢思考甚于做实验

为了使心理学更有利于教学，詹姆斯向学校申请建了第一个小型的心理学实验室，用于教学演示。他的心理学实验室比冯特建立的实验室要早几年。在心理学史上，有许多关于他俩建造的实验室的争论：究竟谁可以称得上最早的心理学实验室的建立者？结果还是把这个头衔给予了冯特，不仅因为冯特的实验室设备精细，功能齐全，更重要的原因是在詹姆斯本身。他在哈佛学习期间就显示出来的对化学和生物科学的反应，预示了他对心理学领域中实验方法的厌恶。他不喜欢做实验，更不相信实验室工作的价值，他说："比起做实验，我更喜欢思考。"于是他聘请德国的闵斯特伯格来协助管理实验室，在给闵斯特伯格的信中写道："我天生讨厌实验工作。"而他在《心理学原理》中也提到："实验室工作的结果与所付出的艰苦努力不成比例。"

他坚持将内省法作为心理学研究的基本方法之一。他认为内省是抓住一刹那间的生命过程和把自然背景中发生的转瞬即逝的事件固定下来并报告出来。他认为只有依赖于自我观察才能说明意识的状态。但这就与他的意识流出现了矛盾，因为他的意识流概念认为每个人都不可能重复两次一样的感知觉。那用内省法研究意识又有什么用？似乎詹姆斯本人也意识到这个问题，认为他的"意识流"不宜于做内省分析。这是他在研究方法上的一个矛盾之处。

功能主义学派心理学大师

面临人生的转折

詹姆斯在 1878 年中经历了两件值得纪念的大事。他娶了艾丽丝·吉本斯，婚后生活的初期比较愉悦，他的健康状况也因此好了起来；他与出版商签订了出版《心理学原理》的合同，于是一部伟大的心理学教科书开始酝酿。

詹姆斯与妻子艾丽丝·吉本斯

一位不成熟的父亲

孩子的出生令他感到惶恐不安。他感觉没有精力工作，抱怨他的妻子只关注新生儿，却没有关心他。他的心理年龄还不太成熟，还未做好当父亲的准备。当第二个孩子出生后，他在国外度过了一年，漫无目的地从一个城市游逛到另一个城市。他在威尼斯时给妻子的信中透露：他同一个意大利女性坠入爱河。并向他的妻子保证："你会习惯于我的这些激情，并且对这些激情产生好感。"艾丽丝为此很操心并且感到心烦意乱。她还说詹姆斯有同一切熟人和家里的仆人调情的倾向。当詹姆斯告诉她，他曾经吻过一个女仆时，她变得怒不可遏。然而奇怪的是，詹姆斯经常以他具有亲吻他人的欲望为借口，为所欲为，并且理所当然地认为他的多情应该令他的妻子感到高兴，至少可以证明自己是有魅力的，妻子的眼光独特。詹姆斯的这种行为，只能说他没有尽

詹姆斯与女儿玛格丽特

詹姆斯：在矛盾的漩涡中挣扎

好一个做丈夫和做父亲的应有责任和义务，从而带给了他妻子无尽的担忧和痛苦。

包罗万象的《心理学原理》

詹姆斯虽然没有在家庭的生活中承担一定的责任，但他在心理学上的贡献是功不可没的。原本他打算只花两年的时间完成《心理学原理》，没想到这一写就是12年。这本书花费了他许多的心血，一共是两卷，共1400多页。其中很多的内容都是詹姆斯从自己演讲的稿子中整理出来的，也有许多来自他对当时心理学的研究成果的整合，但他在全书中仅仅提供了大量的材料供读者阅读。詹姆斯的文学功底相当深厚，行文非常流畅，但是冯特却评论说"这不是心理学，这仅仅是文学。"更让许多读者愕然的是，他自己对《心理学原理》的评价竟然是："令人作呕的、膨胀的、臃肿的、泛泛的一堆资料，它不过是证明了两件事情：第一，没有什么科学心理学这样一种东西；第二，詹姆斯是一个无能的人。"

过分夸大的心理学范围

《心理学原理》涉及的心理学范围之广，在当时是没有一本有关心理学的书可以媲美的。詹姆斯在《心理学原理》中将心理学作为"研究心理生活的科学"，主张心理学为自然科学，而非伪科学和纯科学。心理学研究的是"心理生活的现象及条件，包括人的躯体尤其是人脑"。他把生理条件和心理现象都包括在心理学的研究对象之中，用了整整一章的篇幅来论述心理学的各种论题，主要涉及：习惯、自动理论、心理学的方法、注意、知觉、联想、时间的知觉、记忆、感觉、推理、本能、情绪，等等。他的这些研究范围一直延续到今，可以看到现在许多的普通心理学教科书都是建立在此基础上的。詹姆斯能有如此的远见，可以囊括许多心理学研究的范围，实在伟大。

1884年詹姆斯加盟美国的"心灵研究学会"，并起了很大的作

功能主义学派心理学大师

用：他积极参与审查心灵感应、同死者交往的证据，并亲自了解许多心灵现象（亦称"超自然现象"）。他几乎将一生的精力投入于此。他相信心灵感应，或者心灵与心灵之间不需要依赖感官媒介来交往的真实性。虽然他不能对"我们是否能同死者交往"这种问题给出明确的答案，但是他坚持这种问题的合理性和重要性。他为了扩大心理学研究的范围，还提倡研究"心灵现象"、"下意识作用"和"宗教经验"，并将心灵现象和宗教神秘主义引入《心理学原理》。他在许多重要的场合公开表示自己对千里眼、招魂术、同去世的人沟通以及其他一些神秘事件的兴趣。当时包括铁钦纳在内的许多美国心理学家批评他，因为作为实验心理学家他们正努力把这些现象排除在心理学的范围外，然而詹姆斯却对一些"唯灵论的"或超自然的现象表示了极端的热情。

詹姆斯的《心理学原理》虽然涉及的心理学主题很多，但是各个章节却没有构成一个统一体，他也没有构建出任何正式的体系。这可能与他的哲学范式有关，他之前就说过，对于思考和实验他更喜欢前者。对于心理学的范围他自己都没有一个准确的定义，或者更确切地说对于科学他都没有一个准确的定义，那么他是从什么角度去评价别人的不足的？——他只是找准了铁钦纳的元素说而激烈地给予批评并反击，却没有考虑从他的整个理论出发来综合评价。

"意识"究竟存在吗？

詹姆斯很重视大脑的功能。他把心理或意识看作与客观现实无关而仅由身体内部的变化，特别是脑的活动所引起的结果。

所以他将著作的重心都放在意识的研究上。但是他却没有认识到意识与行为之间也有着密切的联系，他仅致力于研究意识，未免太以偏概全了。在意识的研究中，他只注重意识的功能而非它的内容。他认为意识的主要功能是选择，"它总是对客体的一个部分比另一个部分更有兴趣，每当它思考时，它总是欢迎和排斥，或者说选择"。意

詹姆斯：在矛盾的漩涡中挣扎

识的首要目的是通过适应环境以求生存。心理是有目的的，它积极投身于实际的经验世界。这样，意识就有生存的价值。虽然詹姆斯对意识的见解头头是道，但令人哭笑不得的是他在多年后的一次演讲上，发表了一篇名为"意识存在吗"的文章，竟然明确地答道："不存在。"他在有关意识状态的长篇大论中，却没有提到人类社会和社会实践等因素对人的意识状态的作用，从而把人的意识在很大程度上生物学化了。

詹姆斯的"意识流"学说，是针对铁钦纳构造主义的"元素说"提出批评的学说。构造主义认为，人的心理意识现象是简单的"心理元素"构成的"心理复合体"。它致力于心理意识现象"构造"的研究；分析心理意识现象的"元素"，设想心理元素结合的方式。而意识流学说认为，人从来不可能有两次完全相同的感觉、观念和心理状态，意识不可能有两次重复的。但是心理学的实验却要求重复和再现，那心理学对意识进行实验室研究岂不是毫无用处的？至于人们对于客观世界的认识，如果根据他的意识流理论，那么客观世界就不能为人们所认识；即使认识，每次也都会有差异。他认为意识是"个人性的"，没有人人都拥有的共同的客观世界，这也就在一定程度上否认了心理的客观来源。

情绪理论掀起的波澜

詹姆斯最有名的是情绪理论。情绪可以分为两种，一种为粗糙的情绪（忧愁、愤怒、恐惧、喜爱），另一种为较精细的情绪（道德感、美感和理智感）。"情绪并不是别的东西，而只是一种身体状态的感知，而且它具有一种纯粹属于身体的原因。"他一再强调身体的经验，特别是脑的经验。他认为情绪的产生是由于身体的变化产生的：例如，你在森林中看到老虎在追你，你便要逃跑，逃跑引起了心跳的加剧、出汗，这一系列的身体变化就引起了"害怕"的情绪。他的理论排除了环境事件和认知过程对情绪的影响，仅从生理角度来解释情绪的产生。照他的说法，如果去除一系列的生理变化，情绪就会消失。他的理论虽然不准确，但是引起了后世热烈的大规模讨论，推动了许多有关情绪的研究，被认为是现代情绪理论的出发点，并且预示了20世纪行为主义的诞生。

泛化的本能—习惯论

詹姆斯的习惯理论认为，习惯是神经系统的功能，是后天获得的，是一种类似本能的行为模式。"重复"的动作会增加神经物质的可塑性，这点被皮亚杰采纳，他在詹姆斯的基础上发展出"动作格式"在相似情境下得到重复且能迁移的理论。但是美中不足的是，詹姆斯只谈到习惯的正面意义，却没有很好地指出不良习惯的负面作用和可塑性。

詹姆斯将本能定义为：一种行为官能，之前不需要任何学习，能以某种方式产生特定的结果。它可以受到经验的修正，或被其他本能抢占先机。詹姆斯按照人的成长过程罗列出许多本能，但是他将过多的人类行为列入本能的范围，多达30多种，如：儿童的模仿、竞争、好奇……成年人的谦虚、抚养子女、爱、呕吐……由于他的本能范围过大，当时就有许多心理学家批评说，如果人类真拥有这么多的本能或先天特性，那将是一件非常荒唐的事情。

实用主义——指导詹姆斯一生的思想

《心理学原理》以经验开头，强调人的非理性的方面。他还在其诸多有关心理学的理论中透露出实用主义。詹姆斯的实用主义是建立在"彻底经验主义"的基础上。他认为："世界万事万物都由一种叫做'纯粹经验'的'素材'构成。纯粹经验是'当前瞬间场'，即出现了什么它就是由什么做成的，它是由空间、强度、扁平、棕色、沉重或其他东西做成的。"并且人们是按照自己的兴趣对许多的纯粹

詹姆斯：在矛盾的漩涡中挣扎

经验进行选择，以此来构成他们的生活世界。若不对纯粹经验进行选择，就会成为十足的"混沌经验"。他的这种主张类似于贝克莱的"存在就是被感知"，因而新意不足。他的纯粹经验中最大的一个问题，就是他排除了客观的物质世界，没有将其作为重点考虑。他将世界融入"经验混沌"中，人们最大的问题在于如何组织他们的经验。这样他也相应地排除了哲学的基本问题——物质与意识的关系。

当时，美国的资产阶级在利用科学技术发展生产的同时也需要约束人民。这个时代背景为詹姆斯的实用主义的运用和发展提供了舒适的温床。

实用主义遵循的基本原则是，一种观念或任何知识的正确性必须由它的效果来检验。例如，人们在生活上遇到困难，会向上帝祈祷，如果将来困难得以解决，不论是由于主观或客观的原因，这都归功于祷告，认为是上帝帮忙解决了困难，于是，实用主义就不能否认上帝的存在。这对他将带有神秘主义色彩的"心灵学"（psychical research）引入心理学的研究范围，起着一定的作用。实用主义太过绝对化，这就有了神秘主义的倾向。詹姆斯认为只要信仰使个人得到精神上的安慰，那就是真实的。这种态度使他积极从事心灵学的研究。

詹姆斯的真理观认为，凡是有用的、使人满足的、与别的信念相一致的观念就是"真理"，而不管它们是否是科学的、形而上学的、或是宗教的。简单而言就是"有用就是真理"。这就摒弃了真理的客观内容和客观标准。他把真理当成工具，将经验和有利的意图联系起来。很明显，他的真理观没有很好地符合可证伪性标准。

实用主义是美国唯一的哲学，在20世纪初的美国广泛流传。对美国及欧洲的思想文化起着深刻的影响。1926年4月，意大利法西斯头目墨索里尼在与记者谈话时竟然说："詹姆斯教导我：一个行动应当由它的结果来判断，而不是由它的学说的基础来判断。我从詹姆斯那儿学到了对行动的信心，对生活和奋斗的强烈意志。法西斯主义的大部分的成功都靠这些。"可见实用主义让人的误解有多深！被那

功能主义学派心理学大师

些居心叵测的人当成了犯罪行动的挡箭牌。欧洲批评者评价它是一种根据成功和情绪感染力来判断真理的哲学，并且实用主义也遭到了马克思主义哲学的批评。但却不可否认实用主义发展了以后的应用心理学，使美国许多心理学工作者积极投入到应用心理学的研究领域。

夸夸其谈的詹姆斯

詹姆斯才华横溢，兴趣广泛。他将一生的精力投入做学问，但是却很厌恶将自己的思想系统化，也根本没有建立什么实际的学派。他的著作不断对往后的心理学和哲学产生深远的影响，引起诸多的争论。詹姆斯上课幽默，妙语连珠，常常引得学生们捧腹大笑。有一次，甚至有学生边笑边提议："老师，您能不能正经点？"他对学生们很友好、关怀有加，且非常爱才，他把桑代克接到自己家里住，将自己的地下室借给他当动物实验室，让自己的孩子当桑代克的助手。但是他对欧洲的心理学大师们，非但没有盲目的崇拜，实际上还都采取了批评的态度，尤其反对以冯特、铁钦纳为首的构造心理学，可以说这是通过否定别人的缺点来树立自己的优势。尽管他有着绅士的风范和教养，但有时候也会十分恶毒，他对一位写诗的朋友写道："科学（专指德国的心理学）现在可以确认的惟一灵魂，就是一只砍掉了头的青蛙，这只青蛙的抽搐和扭动表达出比你们这些怯懦的诗人所能梦想到的更深刻的真理。"但他只是在私人信件里说这些，在他著作里的评论却始终是谦逊有礼的，哪怕是在批评别人的时候，这在一定程度上反映了他的世故圆滑。

1890年以后，詹姆斯在心态上发生了很大的转变。认为心理学只是将自己封闭在实验室内，注重统计数据的分析，却没有展开真实人生经验的调查；并且认为对于心理学他该说的话都已说完，该研究的主题也已经研究完成，继而将兴趣转向哲学的研究，之后又在宗教的研究方向上独树一帜。可惜的是詹姆斯的远见还不够，没有预料到

詹姆斯：在矛盾的漩涡中挣扎

心理学之后在美国又有了质的飞跃，不断推陈出新，而且存在着许多有待研究的领域。如果詹姆斯当年能够专注地研究心理学，将其在深度与精度上进行加工，那么功能主义会有更长足的发展。在许多重大的场合进行演讲时，詹姆斯喜欢他人称自己为哲学家，并且否认自己是心理学家，因为他否认在当时的美国存在任何"新的心理学"，认为自己没有创立新兴的心理学派。

詹姆斯为美国心理学功能学派的建立奠定了基础，但是在功能主义心理学兴起后不久，就因为构造主义的消失而失去了反对对象，于是自行消失。佩里曾评价詹姆斯是一个"探索家"，而不是一个"地图制造者"。但是实际上功能主义思想中强调的适应和应用研究趋向却一直留存下来，这也是詹姆斯一开始就强调的。现在美国心理学界极为重视应用心理学研究，这也是功能主义学派的影响所致。

桑代克：亡羊补牢

> 我要说三个字，这是很少能够从讲坛上听到的，那就是：我错了。
>
> ——桑代克

害羞小伙儿的传奇

爱德华·李·桑代克（Edward Lee Thorndike, 1874—1949）1874 年 8 月 31 日出生于美国麻省，父亲本来是律师，后来却当上了牧师。在他 1891 年踏上康涅狄格州米德尔顿的韦斯理扬大学（Wesleyan University）主修英文之前，他们搬过 8 次家。尽管这种经历使

桑代克：亡羊补牢

他变得坚强和独立，但是作为一个孩子，他变得害羞、孤独。然而，他却有着与众不同的学习天赋，高中的成绩一直处在前一二名。可以说只有在学习中他才能找到乐趣。

他曾经在自传中写道，在上大学三年级以前，他不记得"听说过或见过心理学这个词"。但后来却能够取得辉煌的成就，可以说是命运使然，也可以说成是误打误撞。当时他必须选一门必修课。在读了威廉·詹姆斯的《心理学原理》之后，他对当时的功能主义心理学产生了兴趣。于是他决定去哈佛继续研究生学习，计划钻研英语、哲学和心理学。可是，在听了詹姆斯的两次课之后，他就和其他许多人一样，完全被心理学这门课迷住了。尽管对詹姆斯非常尊敬，他却在做硕士论文时，选择了一个非常没有詹姆斯特色的课题："鸡的直觉及智力行为。"也许是因为他是一个害羞的人———一位害羞的人会觉得与动物交往比跟人打交道容易些吧。后来，他说，当初的动机"主要是为了满足获取学分和毕业文凭的需要……当时显然没有对动物有特别的兴趣"。尽管当时詹姆斯不再搞实验心理学了，但他还是同意了这个选题，并把他家地下室里的一块地方提供给桑代克做动物试验。这个地下室也许就是他一切成就的起源吧！

1898年，桑代克由于一些私人的原因未能在哈佛完成学业。由于有个青年女子没有回应他的强烈的爱情（后来桑代克还是与这位女士终成眷属），再加上他原来的性格使然，他深受打击而一度有些意志消沉。他认为只有离开那块伤心的地方，才能有新的开始。后来他在哥伦比亚大学的卡特尔申请到了奖学金。这次转学，在更多意义上，应该算是"为了驱遣青年人的沮丧和情感上的深受挫折而进行的一次搬家"。可怜的是，那时只有他的简单行李和两只受过最好训练的小鸡陪同他一起面对未知的将来。

或许是否极泰来。桑代克在哥伦比亚大学为了完成博士学位论文（好像感觉上又是被迫的），他只得继续进行动物学习的研究。1898年，他完成了著名的迷箱实验（puzzled boxes），完成了长篇论文

功能主义学派心理学大师

《动物的智慧：动物联想过程的实验研究》，并因此获得博士学位。

1899年桑代克任哥伦比亚大学师范学院心理学讲师，1901年和他终身的挚友伍德沃斯联合发表关于学习迁移的论文。1903年《教育心理学》出版，并升任教授。他在哥伦比亚大学师范学院度过了自己成果颇丰的40年。1940年退休。他的研究课题十分广泛，包括遗传问题、学习过程、个体差异、智力测验、教育测量、儿童研究、成人学习、课程计划及编制、教育管理等。在上述领域中，他以实验研究为依据，提出了不少独创的新见解。在美国，他被认为是教育心理学的奠基人。在他的学术生涯中，共出了507部（篇）著作、专题论文和期刊文章，包括《动物智慧》（1911）、《教育心理学》（三卷本，1903/1913—1914）、《智力测验》（1927）、《人类的学习》（1931）、《需要、兴趣和态度的心理学》（1935）、《人类与社会秩序》（1940）等。这些创纪录的成就，后来的心理学家可能除了皮亚杰之外，没有人能与之比肩。心理学史家查普林甚至认为，桑代克的开拓性成就应该列入心理学史上"最杰出的"一类。

这一富有传奇色彩的生命，于1949年8月9日即离他75岁生日只差几个星期的时候，沉静地结束了。

颇受争议的理论

桑代克的研究方向和领域极其广泛。或许是因为涉足的领域和取得的成就太多了，所以在许多方面，桑代克的理论自一提出开始，便颇受争议。

关于学习理论中的两大定律

前面已经说过，决定桑代克在心理学上的历史地位的是他的博士论文《动物的智慧：动物联想过程的实验研究》。通过他的迷箱实验，他也提出了他最负盛名的学习理论。为了能够解释迷箱的实验结

桑代克：亡羊补牢

桑代克所用的"迷箱"

果，桑代克提出了主要由练习律和效果律构成的心理学第一个重要的学习理论。"练习律"是指学习需要重复，也就是日常所谓的"业精于勤"、"熟能生巧"。它又可分为两个方面：使用律和失用律。简单地解释就是，我们因行动而学会，因不行动而遗忘。但是，这个定律其实并不是普遍有效的。桑代克自己也在20世纪30年代以后的论著中多次表示，"练习"本身并不是一种很有效的方式。因为许多实验表明，练习并不会无条件地增强刺激—反应联结的力量。比如，他蒙住被试的眼睛让他们画一条3英寸长的线条，并且允许他们尝试上千次。如果按照练习律，被试的准确性应该一次比一次提高一些。但结果表明，被试从第一次到最后一次的尝试，都没有任何的进步。很明显，练习律是不全面的。当他发现仅有练习是不能巩固某一联结，而随着时间的推移也不会削弱这一联结时，他便彻底地放弃了练习律。

桑代克的"效果律"可通俗地表达为"愉快—痛苦原则"。一个反应，如果伴随着愉快，就得到加强；如果伴随着不愉快，就会减弱。用桑代克的话来说，就是后继的"令人满意的事态"能够增强联结，而后继的"恼人的事态"则会削弱联结。如果用现代的术语来描述桑代克早期的效果律，那就是强化巩固行为，而惩罚则削弱行为。桑代克的效果律历来就是极具争议的。有一种观点认为，"满意"、"恼人"等字眼是主观性的术语，不足以描述行为。但更多的争论是集中在效果律是否真的有效果这一本质问题上。而产生争论的原因在于，许多后来的实验（甚至桑代克自己一些后续的验证性实验）都不能得到符合效果律的结果。

后来桑代克自己也认为，"令人满意的事态"的确能够强化某一联结，但"恼人的事态"并不削弱某一联结。也就是说，强化对矫正行为是有效的，而惩罚则是无效的。最后，桑代克在接受了关于效果律的客观性问题的批评后，放弃了效果律的"一半"。

桑代克学习的"准备律"是："当任何传导单位准备传导时，给予传导就引起满意；当任何传导单位不准备传导时，勉强要它传导就引起烦恼。"准备律是指学习开始时的预备之势。桑代克讲的"准备"不是指学习前的知识准备或成熟方面的准备（虽然后来的研究表明这也是必需的），而是指学习者在开始学习时动机的准备。虽然可以说桑代克的效果律和准备律是达尔文进化论在心理学上的进一步延伸，但是从本质上来说，桑代克的效果律和准备律为传统哲学上的享乐主义提供了心理学的基础。尤其是效果律，它为享乐主义提供了新的解释：人们并不像心灵主义者所认为的那样是为了选择愉快；人们之所以做出引起愉快情绪的反应，是因为以往的愉快加强了这些特定的刺激—反应的联结。

格式塔心理学家的批判

桑代克认为学习是一种渐进的、盲目的、尝试错误的过程。随着错误的反应逐渐减少，正确反应逐渐增多，终于形成固定的情景反应，即情景与反应之间形成联结。这就是他的"尝试—错误说"。由此桑代克得出结论：动物的学习并不含有演绎推理的思维，并不含有任何观念的作用。动物的学习方式是尝试—错误式的学习。我们可以把桑代克的尝试—错误式的学习理解为一种"行为的"尝试—错误。动物在一次又一次地行为尝试中筛选正确的行为，最终获得成功。他

桑代克：亡羊补牢

的这种行为的尝试—错误后来受到了以苛勒为代表的格式塔心理学家的强烈批判。格式塔心理学家强调"认知的"尝试—错误，以取代行为的尝试—错误。

在1913年至1917年间，苛勒在特纳里夫岛上就学习问题作了大量的研究。他的黑猩猩顿悟学习试验已经成为问题解决研究中的经典。在试验中，苛勒注意到在问题得到解决之前，动物的确是进行行为的尝试，但是并不是尝试不同的行为来筛选出合适的正确行为，而实际上动物似乎在权衡情境——也就是检验各种"假设"。到了某一特定的时刻，动物获得了对解决办法的顿悟，并根据这一顿悟采取行动。在另一个关于迂回的实验中，动物在屡次尝试直接去获得目标物失败以后，并没有继续尝试其他的方法，而是在一段观察和思考之后，直接采取了迂回走出房间这一解决办法。从中可以看出，认知的尝试—错误的确是发生了。认知的尝试—错误所表现出来的行为并不是指桑代克的猫的那种"盲目的、胡乱的冲撞"，而是一种类似于"行为假说"的程序。动物在试验这些假说，若不成功就抛弃它们。

当然，如苛勒自己指出的，顿悟的另一个重要条件是实验情境的性质。动物必须能够看出问题一切有关部分之间的关系才会出现顿悟。苛勒批评桑代克的实验所根据的理由是，迷箱中的猫常常面临着不可能对全部"解脱"机理进行改观的问题。苛勒认为问题的各个成分或部分必须能被动物知觉到，否则动物就不能形成"完型"。

有关学习的迁移

桑代克与伍德沃斯共同提出了"共同要素说"。共同要素说的主要思想可以概括为：只有当两种学习情境存在共同的成分时，一种学习才能够影响另一种学习。这种共同成分是指两种情境具有共同的因素，也就是共同的刺激，易于产生同样的反应。"迁移"就是将先前学习任务中获得的特定行为应用于新的任务之中。由于桑代克使用强化和反馈的刺激—反应联结来解释学习的机制，那么在他眼中迁移的实质内容就是特定刺激与特定反应的联结。这种迁移概念是一种机械的迁移观点。

最早对这种机械迁移观点提出反对的是贾德。他的著名的"水下击靶"实验证明了前后学习中存在共同成分并不能保证迁移的发生。他把十一二岁的小学高年级学生分成A、B两组练习水中打靶。对A组被试先教他们光在水中的折射原理尔后进行练习，B组则只进行练习、尝试，而不教原理。当他们达到相同的训练成绩后，增加水中目标的深度，结果继续打靶时，从A、B组的前后对比却发现，同样是水下击靶，具有相同的成分，但是学过原理的A组的练习成绩会比未学过原理的B组好。显然，任务前后具有共同的要素并不能保证发生迁移。此后格式塔心理学家们的实验进一步削弱了共同要素在迁移中的作用。在韦特海默和坎通纳要求儿童用两块短积木和一块长积木搭一座桥的模型的实验中，他们发现，被试获得的并不是"短积木只能用来搭桥墩，而长积木只能搭桥面"这样一个特殊的反应，而是搭桥的原理"两座桥墩需要一样长"！而正是这种类型的一般原理迁移到了随后的任务之中。

此外，由于桑代克过分地强调共同要素在迁移中的作用，而忽视了主观因素的作用，所以他的迁移理论并不能揭示人类高级认知领域的迁移现象，也降低了其理论的价值。

有关心理测量

桑代克经常被人引用的一句名言是："如果一事物存在，它总是以某种量存在；如果它以某种量存在，那它就能被测量。"桑代克设计了很多测量项目。例如，在成就测验方面，他编制了书法量表和阅读能力测验量表等；在能力倾向测验方面，他提出了职业训练的理论，列举模拟、样本、类比和经验这四种职业测量；在人格测验方面，他编制了兴趣测量量表。总之，桑代克成了当代美国测验运动的先驱和领袖。在桑代克的领导下，心理测量工作以哥伦比亚大学为中心获得了繁荣蓬勃的发展。桑代克强调任何存在的事物都可以测量，是为了通过对一种教育所产生的结果进行量化分析，来判断该教育方法是有力还是无效；如果有效，其效果在哪一方面，程度又如何。但同时这也意味着，社会科学可以像自然科学一样运用测量方法，从而鼓舞了大批教育工作者和心理学家对教育和心理现象进行量的研究。但正如弗玛所说，教育方面仍有不少东西是无法用数量来衡量的，比如儿童的音乐欣赏能力等。因此，并不能简单地说，凡事物皆能被测量。另外，尽管桑代克十分推崇科学方法，并且也确实采用了不少较精细的处理数据和实验操作的方法，但由于带有时代的某种偏见，在一定程度上损害了他的结论的科学性。例如，他对智力测验成绩的解释显然是带有偏见的。他认为黑人智力低下是遗传造成的，而不是不良环境和教育的产物。例如美国20世纪60年代开始推行的"补偿教育"无疑是对桑代克理论的一种否定。

说到心理测量方面，就不能不提到奈特·邓拉普。从哲学上说，邓拉普自称是一个怀疑论者。他对心理学的贡献主要表现在他对W.麦独孤和桑代克的批评上。邓拉普在教育心理学领域对桑代克的团体智力测验提出了质疑。他与桑代克是好朋友，但是当他听说桑代克在演讲时声称"团体智力测验没有实践效应"时，便不顾别人劝阻，立即投入研究，以便证明其实践效应的存在。最终他也的确成功地反驳了桑代克的这个论点。

难以评定的功过

无可否认的是，桑代克对心理学的发展确实是起了巨大作用的！尤其是在教育心理学方面，他被誉为"教育心理学之父"。托尔曼在论及桑代克对教育心理学的影响时指出："动物学习的心理学——更不必说儿童学习心理学，过去和现在首要的问题是，同意还是不同意桑代克的观点，或者是对他的理论稍作修改的问题。格式塔心理学

功能主义学派心理学大师

勤奋工作的桑代克

家、条件反射心理学家、符号式格式塔心理学家——我们所有的美国心理学家，似乎都或明或暗地将他的理论作为我们研究的起点。"

桑代克所处的时代正是功能主义心理学从哲学功能心理学向生物学的功能心理学过渡的时期。由于达尔文进化论的影响，智慧起源的问题代替了原来认识论上的意识经验起源问题，从而成为研究的主要方向。具体来说，这个问题使心理学的研究方向从对意识元素的内省分析，转变为对反射弧概念的重新解释和行为的客观研究。桑代克首创动物学习实验，研究人类和动物的心理连续性问题，恰好与研究智慧起源的问题相一致。他毫无疑问成了这一研究领域的先驱者。就连巴甫洛夫在1934年的一次讲座中也承认："桑代克是首先研究尝试与错误的人"，"在动物行为的客观研究道路上走出第一步的，按时间先后来说是桑代克"。桑代克从发生心理学方面为功能主义心理学开辟了一条新的研究渠道，但是他的二元论和本能决定论者的理论倾向，决定了他将人的心理和动物的心理等同起来。虽然他在培养具有熟练技术和中级文化科学人才方面有所成就，但是却使心理学走上了生物学化的道路。这是他接受进化论的一个未曾料到的理论后果，甚至是他误解和滥用进化论的一个表现。实质上，就人类而言，进化论只适用于对人的自然历史进程的理解，而并不完全适合于对人的社会历史进程的理解。人类的自然历史进程通常包含两层含义：一是指当人类处于前人类的动物状态时的演化史；二是指人类进入文明状态之后的历史的自然方面。桑代克没有能够区分人类历史进程的这两个方面，从而过分地强调人与动物的连续性。这样做的后果就是人类被降到了动物的水平，心理学也被还原为生物学的一个部门。然而人的心理是一个独特而不可简单还原的领域。可以说桑代克的这种生物还原论思想，最终导致了行为主义试图寻求那种跨物种的普遍学习规律的理论幻觉。

桑代克的联结主义单纯强调刺激—反应之间的联结，否认意识的作用，从而为行为主义否认意识的存在提供了前提。虽然华生在某些方面反对桑代克，但是毋庸置疑的是，华生的思想与桑代克几乎是一脉相承的，只是华生更加激进。那么在一定意义上说，后来闹得沸沸扬扬的行为主义心理学的源头，便可以追溯到桑代克了！

也许是因为詹姆斯的伟大和华生的激情，夹在他们俩中间的桑代克的名声，远远没有他们两人那么为人们所熟知和津津乐道。但是这丝毫不能削弱他对心理学所做出的贡献，他在开创教育心理学的同时，也为后来行为主义心理学的发生奠定了坚实的基础。可能是处于过渡时期的原因，他的早期理论的确存在许多问题，引起了百家争鸣。但是他那种敢于推翻自己、勇于承认错误和勤于做出改进的精神，现在看来尤其值得我们发扬光大。就连詹姆斯也夸奖他"比任何其他人都具有科学工作者所必不可少的品质——能够不受已有知识的局限和个人的偏爱来看待事物"。另一方面，每一种理论都有其存在的价值。即使是已经被抛弃不用的，也曾经在一段时间内具有强大的生命力和解释力，只不过是后来被更好的理论取代了。因此，我们要更加客观地去看待事物，尤其是那没有具体形式、难以名状，而又丰富多彩、变化多端的人类心理！

行为主义学派心理学大师

日本文学研究資料叢書

华生：矫枉过正的行为主义者

> 在人类反应这个相对简单的目录中，找不出哪一种对应于现代心理学家和生物学家所说的"本能"。于是，对我们来说，没有本能——在心理学中我们不再需要这个术语。现在我们已经习惯称之为"本能"的一切主要是训练的结果——属于人类的习得行为。
>
> ——华生

华生（John Broadus Watson，1878—1958）在美国心理学界是一位传奇人物。他在众人的批评声中建立了行为主义，凭借着自己张扬的个性、过人的智慧、独特的见解和雄辩的口才为行为主义在心理学的历史上取得了一片立足之地，进而带领着众人开创了行为心理学的新纪元。一时间，他声名鹊起，然而他的辉煌却又如昙花一现，在闪烁过耀眼的光芒后又迅速从心理学界消失。

行为主义学派心理学大师

华生如弄潮儿般冲破困难站上浪尖，成为众人注目的焦点，却又在瞬间从浪尖跌落，淹没在了波涛汹涌之间；他又像天空划过的流星，照亮了半边天空，又在眨眼间燃尽，却将那一瞬的美丽留在人们的心中。大失大得、大喜大悲、大荣大辱、大起大落，拥有如此反差鲜明的戏剧性一生的大师，或许在心理学界也很难再有第二个了。

华生的行为主义在美国有过近半个世纪的辉煌，而华生过于偏激的思想和叛逆的个性却最终未能使之长寿。正如俗话所说：人无完人。现在就让我们探寻一下华生走过的路程，循着他的足迹体味一下他那无比耀眼的光辉之下的辛酸与苦闷，回味一下他所留下的争议话题吧。

一路走来

1878年1月9日，在美国南卡罗来纳州一个叫格林威尔的小镇附近，华生出生在一个贫穷的小农场中。母亲爱玛勤劳美丽，笃信宗教，而与之截然相反，父亲皮克斯却十分放荡、懒惰，他的兴趣除了酗酒、骂人和寻花问柳外几乎别无其他。父母的两种全然不同的性格和教养方式使华生从小就生活在矛盾之中，并造就了他叛逆的性格，而且相比较来说，皮克斯的放荡不羁对他的影响或许更大些。13岁时的华生已经是一个活脱脱的小皮克斯了，有着与父亲一般英俊潇洒的外貌，却也继承了他粗暴冲动的性格，甚至连父亲说粗话、喝烈性威士忌等一些恶习也一并传给了华生。然而皮克斯1891年的突然离家出走却给了华生巨大的打击，让他一度变得很消沉，在学校的表现也开始越来越差——他嘲笑老师、挑衅学生、打架斗殴、拒不服从任何人，甚至还有过两次因暴力行为而被捕的经历。

15岁时，华生猛然醒悟，通过努力进了伏尔曼大学求学。在那里，华生接受了内省心理学的训练，首次接触了冯特、詹姆斯等杰出的心理学家。然而在大学期间，因缺少父爱以及家境贫困而产生的自卑仍时时困扰着华生，甚至同学们还因此给他起了些难听的绰号，使他备受困扰。最后一学年，由于晚交论文，华生选修的公民学课程被判不及格，并因此不得不延迟了一个学年才获得了硕士学位，当时他年仅21岁。

毕业后华生做了一年的小学老师以维持生计并照顾生病的母亲。1900年7月3日，伴随着母亲的不幸离世，华生踏上了追逐梦想的旅程。伏尔曼大学的校长应他的请求给芝加哥大学和普林斯顿大学写了推荐信，但由于没有达到普林斯顿大学对学生提出的必须懂希腊语和拉丁语的要求，华生被拒之门外，幸而最终通过努力顺利进入芝加哥大学攻读博士，于1903年毕业，并成为当时芝加哥大学最年轻的博士。

毕业后华生在芝加哥大学任教，并几经反转，于1908年出任霍布金斯大学心理学教授。同年，华生在耶鲁大学的演讲中第一次提出了行为主义的观点，结果反响却是意料之外的冷淡。而到1911年，华生领导的一些研究群体成果迭出，他的声誉也随之水涨船高。1912年2月，华生在哥伦比亚大学做了一系列的讲座并取得了巨大的成功。在系列讲座中他发表了行为主义的宣言——《一个行为主义者心目中的心理学》。针对华生的这一宣言，安吉尔、铁钦纳、麦独孤等心理学巨头都提出了强烈的反对和批评。然而事实上，行为主义在以后的几十年里一直引导着美国心理学的基本走向。1914年，36岁的华生因他的杰出成就而担任美国心理学会主席。

从行为主义的萌发到确立，华生用了极短的时间就到达了成就的顶峰，成为众人瞩目的焦点和心理学发展的引路人。

"小阿尔伯特实验"

华生的行为主义一直以来都致力于刺激—反应心理学的研究，但在第一次世界大战后，华生受当时霍布金斯大学重要的合作伙伴施拉

行为主义学派心理学大师

里的思想影响，将兴趣转向了儿童的心理发展，尤其是儿童的情绪发展。1919年秋，华生与一位新来的研究生罗莎丽·雷纳一同进行了著名的"小阿尔伯特实验"。

一向以动物为实验对象的华生，这次将实验对象转向了一个名叫阿尔伯特的11个月大的婴儿，实验的目的是通过刺激—反应模式的建立让小阿尔伯特对白鼠形成条件性惧怕反应。小阿尔伯特原先并不害怕白鼠，甚至通过一段时间的接触后对它产生了浓厚的兴趣，很喜欢与它亲近玩耍，而华生认为通过习得性的条件反射能使小阿尔伯特对白鼠产生恐惧心理，也深信能够通过"条件—刺激法"再次消除他所习得的恐惧，恢复到初始状态。

在小阿尔伯特11个月零3天时，试验正式开始。当小阿尔伯特毫不犹豫地伸出手去碰触小白鼠时，主试者便在他背后用木槌敲打能发出巨声的钢条，小阿尔伯特受到钢条声响的惊吓，身体剧烈抖动并把脸埋在了被褥中，但并没有哭泣；第二次小阿尔伯特碰触白鼠时，同样的钢条敲击声再次出现，这次受惊的小阿尔伯特开始呜咽了。在多次重复了这样的刺激后，阿尔伯特对白鼠产生了恐惧反应，即使没有钢条发出的声音，只要看到白鼠，他都会害怕得啼哭不止，并迅速爬离，绝不让不久前还是"亲密玩伴"的小白鼠接近自己一步。可见，小阿尔伯特已经"习得了"对白鼠的恐惧。

在一段时间后，小阿尔伯特对白鼠的恐惧开始泛化了——在看到兔子、鸽子等长有毛的动物时他也会害怕，甚至到最后，毛皮大衣、圣诞老人的头发等对他来说也成了恐怖的存在。对于这一现象，华生将它总结为条件性情绪反应有其泛化与迁移的现象。

华生原本想通过行为主义的方法消除小阿尔伯特对毛皮的恐惧感，但由于种种原因未能继续他的研究，于是这种恐惧感就此伴随了小阿尔伯特的一生。

华生通过这一实验证实了情绪是可以习得的，并且推测成年人的厌恶情绪、恐惧症、焦虑等也很可能是多年前由某一条件作用过程引

华生：矫枉过正的行为主义者

实验中的"小阿尔伯特"

起的。不可否认，这一结论对情绪的研究做出了重要的贡献。然而由于实验对小阿尔伯特产生了不可逆的恶劣影响，有人认为这是对人权的侵犯，对生命的不重视。出于道德方面的考虑，华生的这一实验在历史上遭到了诸多的争议和谴责。

曲折的感情历程

在伏尔曼求学时，华生曾深深爱上了一位女同学，但最终由于学业繁重，他被迫放弃了这段恋情。爱情在短暂的过程后便消失了，可这段失败的恋爱经历却将痛苦深深地烙在了他的心中，让他面对爱情时变得脆弱、多疑。但在这之后，他的第一任妻子——玛丽的温柔抚平了他的心伤。

玛丽是华生在芝加哥大学任教时，心理学入门课上的一个学生，她爱上了她的教授，并以一次长时间考试时创作在试卷上的一首爱情诗博得了华生的喜爱。1903年，两人在玛丽家庭的强烈反对下秘密地结了婚。之后华生通过各种方式取得了玛丽家人的认同，并在1904年正式而公开地举行了第二次婚礼，将两人婚姻的喜讯传播开来。

婚后的两人一直生活幸福，然而1915年，玛丽得了重病，并不得不因此切除了子宫，术后玛丽虽然恢复得很快，但由于手术的影

行为主义学派心理学大师

响，玛丽的性欲逐渐减退，变得脾气暴躁，疑心病也越来越重。到1919年，两人的感情已濒临崩溃。而此时罗莎丽的出现让华生再次有了心动的感觉，两人在经过共同进行实验时频繁地接触后，双双坠入了爱河。

有关华生与罗莎丽的风言风语很快从学校传出来，到了玛丽的耳中。她醋意大发，但顾及到华生的名誉以及罗莎丽显赫的家族声望而不敢轻易采取行动。在表面上，玛丽一直保持着似火的热情，却又在背地里寻找着华生与罗莎丽私通的证据。终于，在华生口袋里发现的罗莎丽的情书使她看到了一线生机。玛丽并不想把事情搞大，但是由于找不到可以信赖的倾诉对象，玛丽带着情书去纽约找到了她的哥哥约翰寻求帮助，却未料到约翰只是一个无耻的贪财之徒，在他看来，这次的事情是个捞一把的大好机会。约翰请来的律师告诉玛丽她必须拿到华生写给罗莎丽的情书。于是，玛丽在和华生一同拜访罗莎丽家时装病到罗莎丽的房间休息，借机在她的房间里发现了14封华生的情书，并将情书带到纽约由她的哥哥做了复件。

热恋中的华生和罗莎丽

玛丽并不希望结束与华生之间的关系，她只是希望借着她发现的情书能够说服华生回心转意，所以承诺只要华生保证不再和罗莎丽来往便为他保守秘密，并且使罗莎丽的父母接受了让罗莎丽去欧洲旅行的建议。然而，罗莎丽坚决拒绝了出国旅行的提议，而华生也全然不顾玛丽的规劝，甚至请求她去瑞士居住两年以躲避流言，以便一段时间后能够顺利离婚并保全职位和声誉。伤心欲绝的玛丽自然也断然拒绝了这一不合理的要求。

而此时，正在穷途末路的约翰却在千方百计利用华生和罗莎丽之间的情书敲诈罗莎丽的父亲。考虑到如果情书公布于众可以使华生身败名裂并促使罗莎丽离开华生，罗莎丽的父亲拒绝了约翰的要求。气急败坏的约翰把情书交到了霍布金斯大学校长的手上。在确凿的证据面前，为了维护学校的声誉校长不得不忍痛割爱，做出了解雇华生的决定。

1920年11月，华生正式和玛丽离婚。然而，由于华生的丑闻事件被各报纸媒体重墨渲染，添油加醋，传得沸沸扬扬，华生被搞得声名狼藉，不再有任何大学能够接受他。甚至在第二年的1月与罗莎丽结婚时，他所有的对手和朋友都没有发来哪怕只字片语的祝福，而罗莎丽的父亲也在愤怒中宣布与罗莎丽断绝关系。失去了工作、朋友和声誉的华生陷入了绝境，不久后他只好投身到广告事业中。

陷于热恋中的心理学家失去了理智，虽然他最终找到了让心灵得以停泊的港湾，然而他过早地离开了大学的学术氛围——从巅峰瞬间跌落谷底，却又不能不让人着实为他感到心痛。

两次抑郁

华生的一生经历了两次抑郁，第一次是在芝加哥求学期间。那时，华生的博士毕业论文是由安吉尔和一位神经生理学教授亨利·唐纳尔森共同指导的，研究方向为白鼠的学习和训练问题。他的论文力求探究白鼠学习的两个基本问题：白鼠学习受哪些因素的限制或影响，以及它学习能力的广泛性；白鼠学习能力与其脑神经，尤其是髓质鞘的发育关系如何。

1901年11月19日，华生开始了他博士论文的实验工作。在实验开始后的整个冬天直至第二年夏天，华生终日与白鼠为伴，夜以继日地工作着，几乎陷入了疯狂的状态。尽管繁重的工作和持续紧张的精神状态压得他喘不过气来，要强的他却仍然逼迫着自己坚持工作。最终，高强度的劳累和紧张终于击垮了华生——他患上了神经性失眠和抑郁，在几周内彻夜难眠。无奈之下，华生只好中断了自己的研究，到乡下进行了几个月的休养。这段时间的休养效果显著，华生

行为主义学派心理学大师

恢复了精力，并在回校后很快就完成了自己的博士论文。由此，他在后来谈到抑郁症的治疗时常常强调换一个环境的重要性。

然而，在1930年底，华生第二次患上了抑郁症，而且比第一次更为严重。当时华生在汤普生广告公司的工作已经取得了卓越的成效，但美国的经济却开始走上了萧条，广告公司的业务骤减，华生也不得不更加勤奋地工作。公司的繁重事务和频繁的出差常常使华生感到力不从心。此外，在这期间还有两件事也使华生颇感烦恼，一是离开大学后一直没有放弃过的心理学研究因为合作者的离开而被迫中断，并再也没有找到合适的伙伴；二是华生与策动心理学创始人麦独孤之间的论战也使他感到身心俱疲。于是，在1932年至1933年间，华生再度患上了抑郁症。他失望至极，对自己的学术前程完全失去了信心，并几度企图通过自杀来解除痛苦。

两次的抑郁都让华生经历了极度的痛苦，但却正是这两次刻骨铭心的痛楚，让华生开始了对自杀的研究。通过调查，华生发现1926—1928年间，美国自杀的人数有显著的增长，而1930—1932年又是自杀的高峰年。通过分析，华生发现了美国人自杀率的上升与他们的生活状况有着密切的关系。对于预防自杀的方法，华生认为有两种：一是培养"消极反应"，使人们产生无论处境如何都不能自杀的习惯想法；二是改变生活环境。华生本人也正是通过这种方法从两次抑郁的魔爪之中将自己解放了出来，因此他对这一方法更是深信不疑。华生对自杀的研究是从心理学的情绪层面出发的，这对自杀的研究具有开创性的意义。

华生两次经历抑郁，却仍能从中坚强地站起来，有所发现，有所创造，而通过他对自杀研究所做出的成果，我们所能看到的是隐藏在这背后的坚持与毅力，正是这一坚忍不拔、永不服输的精神促使华生取得了诸多的骄人成就。

华生：矫枉过正的行为主义者

理论上的失误

关于华生的行为主义，历来众说纷纭。一般认为，导致行为主义产生的先行影响主要有三个：客观主义和机械主义的哲学传统、动物心理学和功能主义。然而，华生对这三个理论源泉的"极致发挥"却又常常变得"过犹不及"，反而成了众人反戈的靶子。

客观主义和机械主义的哲学传统

客观主义和机械主义的哲学传统可以追溯到笛卡尔。他曾声称动物是无意识的，认同"动物是机器"的主张，提出了刺激反应的假设，最早揭示了反射的本质。华生对这一客观主义和机械主义观点表示了极大的赞同，而它也确实对华生行为主义产生了巨大的影响。

华生一直致力于将心理学归入自然科学的范围之内。他认为自然科学研究的对象应该是客观的、可以被观察到的材料。因此，他对构造主义所使用的意识、感觉、知觉、情绪等术语颇感不满。甚至认为，可以写一部"心理学"，不用"意识"、"心理状态"等词而是用"刺激与反应"和"习惯形成"等术语来描述。作为行为主义研究对象的"行为"，是有机体用以适应环境变化的各种身体反应系统，这一系统不管是简单还是复杂，它的构成单位总是"刺激和反应的联结"，而行为的细目就是肌肉运动或腺体分泌，是可以利用仪器进行客观观察的。

由于华生认为行为主义研究的称谓可以分解成"刺激—反应"（S—R）的单元，心理学作为一门行为的科学，就必须研究那些能用刺激和反应的术语客观地加以描述的动作、习惯的形成、习惯的集合等，所有的人类行为和动物行为都应该用这些术语而不是"心理主义"的术语来描述。为了实践这一观点，华生为当时普遍使用的一些心理学名词进行了重命名。在他1919年发表的《行为主义者观点的心理学》一书中，情绪成了"内隐的脏腑反应"；人格变成了一个人的行为系统，即一切动作的总和；感觉则被称作感受器的反应，而知觉、意识等名词，华生不屑一顾，将它们剔出了研究范围之外。

华生关于语言和思维的观点是最受争议的话题之一。为了与他的行为主义观点一致，华生不得不把语言和思维归为某种形式的行为：说，就是一种正在进行的活动，它是一种行为。外显的言语或对我们自己的言语（思维），如同棒球运动一样是一种客观的行为。他主张思维就是内隐的或无声的言语，是内隐的喉头肌肉的习惯。

对于记忆，华生甚至不予理睬。他对此的解释是：行为主义者向来不用"记忆"这个词，也没有给它下定义的义务。他认为记忆只是在经过一段时间的不训练之后，其习惯的技能还保持了多少，又损失了多少。

为了避免使用任何带有主观色彩的名词来定义心理学的研究对象，华生绞尽脑汁地使用刺激、反应等字眼来对传统的心理学名词进行取代或更名，但对于一些无法解释的词，他则是含糊其辞，或者直接将其排除在研究范围之外。这样的处置方式虽然意在建立客观的心理学，但却使得原本比较清晰的含义常常显得捉襟见肘，反而让人难以理解。

动物心理学

动物心理学加上达尔文进化论的催化直接导致了行为主义的产生。20世纪头10年间，美国有关动物心理和行为的研究非常盛行，这一时期研究的主要兴趣是动物学习、动物智慧发展等新型课题。华生在博士论文中就选用了对动物学习成绩进行定量测量的方法，并加以改造和创新，使老鼠走迷宫成了动物学习的标准方法。此时的动物心理学研究已经在方法和技术上为动物行为的客观研究迈出了第一步。

受动物心理学和机械主义的影响，华生认为刺激直接导致反应，环境直接作用于行为。他主张通过动物实验推论人的问题。华生之所以把人和动物的行为作为心理学的研究对象，是由于他坚持要把人的心理彻底生物学化和动物学化的立场所决定的。此外，他还表示行为主义应该将人和动物纳入到一个统一的系统之中，因为"人和动物之间其实并没有明显的界限"。

华生将由动物观察得来的结论运用到人的身上，这样的做法明显低估了人的主动性和积极性。这种对人的"非人化处理"完全忽略了人与动物的不同之处，从而将人的复杂心理活动简单化了。

功能主义

华生在芝加哥求学期间读了詹姆斯的《心理学原理》，并且非常赞赏他的功能主义的思想。功能主义本身并不是"客观心理学"，因为它的早期创始人在心理学内保留了意识，但是较之于实验心理学的传统，功能心理学家已经远离了构造主义的"纯粹"心理学（如纯粹的感觉、纯粹的情感）。后来以卡特尔为代表的功能主义者公开宣称对构造主义的不满，从而导致了一种客观的功能心理学。功能主义的研究也使用内省法，但这里的内省法却不是"元素主义的内省法"，而是对有机体适应环境所表现出来的功能的觉察和推论，并主张用动物学的客观观察法来补充内省法所得不到的资料。华生坚决抵制内省的态度也是受了客观功能心理学的影响，而他自己也宣称，行为主义是"唯一彻底而合乎逻辑的功能主义"。

华生从对传统心理学宣战开始就进行了大刀阔斧的改革，快刀斩乱麻，坚决地将内省法排除在心理学的研究方法之外，并重新提出了心理学的研究方法：观察法、条件反射法、测验法和言语报告法。然而颇具讽刺意味的是，言语报告法自身由于受到人的意识的控制，实际上并不是"纯客观的"科学研究方法，但强烈排斥内省法的华生却允许了它在行为主义中的存在，并给了它"比其他研究方法更为有效"的评价。他认为客观心理学不应该谈及言语的反应这一观点是错误的，因为"在人类方面往往唯一可以观察的反应便是言语。换言之，他对于各种情景运用言语的时候比运用其他运动机制的动作更为常见"。华生就这样勉为其难地将言语报告法引入了行为研究的方法之中。他这一自相矛盾的做法不禁让人怀疑行为主义也并非是纯粹的客观心理学。

关于本能的争论

华生对本能的论述经历了一波三折。1914年，本能在华生的《行为：比较心理学导论》一书中还占有举足轻重的地位；到了1919年，华生的观点转变为：本能只存在于婴儿那里，但是很快就会被习得的习惯取代；而到1925年时，本能已被完全抛弃，取而代之的是"一些被称作为本能的简单反射"。

华生认为人的所有行为都是通过"条件作用"（conditioning）而产生的，条件作用是影响人的行为的唯一因素；如果改变了一个人的客观生活环境或者说刺激，他的人格就改变了。华生的环境决定论观点影响了美国达30年之久，但他对本能的否认还是受到了诸多的批评，尤其是他那一段"臭名昭著"的宣言："给我一打健康而又没有缺陷的婴儿，让我在我自己的特殊世界里抚养，我可以保证，从他们中任意挑出一个——不管他的才能、嗜好、倾向、能力以及他祖先的职业和种族——我都可以把他训练成我所能选择的任何一种类型的特殊人物，如医生、律师、艺术家、商界首领，甚至是乞丐和小偷。"这显然是过分地夸大了环境和教育的作用。

影响和启示

华生的奋斗历程可谓是艰辛而又不平凡的。幼时家境的贫困，父亲的离家出走，初恋时深深的创伤，抑郁时的痛苦，这一切都没有难倒华生。在艰难中生存，在逆境中奋斗，华生的一生都在追求着自己的梦想，甚至在中年离婚风波的暂时阻滞后，他又在广告业中重新崛

华生：矫枉过正的行为主义者

起。如此充满波折的一生，华生留给了我们无数的闪光点，让人不得不佩服他的天才与奋斗精神。然而对于华生从心理学界的迅速离去，又不禁让人感叹！如果事情发生在今天，或许华生的离婚风波只会成为人们茶余饭后的八卦新闻，而不至于引起如此的轩然大波，让华生能够保全一片学术的净土吧。

华生的行为主义虽然在最初的几年里遭到了众多的挑战和批评，但它最终还是获得了普遍的接受，而华生的理论主要产生了两个持久的影响：

第一，华生的涉足领域甚广：性行为的研究、儿童行为教育的实践、心理学在广告中的应用、行为治疗……他突破了传统心理学只停留在对意识状态的描述与解释上，将心理学的研究方向和目的导向了对行为的预测和控制上，并开拓了心理学的应用研究领域。

第二，华生虽然彻底否认了内省法，但他发展了客观的观察法，使心理学的客观研究方法有了很大的发展。

然而，华生完全否认意识的作用，以单一的刺激—反应过程来替代意识的功能，贬低了脑神经中枢的地位，将心理活动简单地归结为外显的行为，这使他的行为主义心理学变成了不谈心理和没有心理内容的心理学，因而被格式塔学派讥讽为"肌跳心理学"、"没有头脑的心理学"；再加上片面强调环境和教育的作用而相对忽视了人的主观能动性，这些缺陷对行为主义来说都是一个重磅定时炸弹。"矫枉不能过正"，华生理论的偏激使行为主义出现了不可弥补的漏洞，并最终导致了它被新兴的"认知主义"学派取代的结局。

华生的一生是可圈可点的。虽然他的学术道路上布满了荆棘，但他最终披荆斩棘地带领行为主义者开辟了一片新天地；虽然他的理论常常过于偏激，但他的思想却为心理学的发展指出了一个方向。哲学

行为主义学派心理学大师

家海德格尔说过:"思想伟大的人,犯的错误也大。"华生就是这样一个人。当看到他这块"玉"发出的耀眼光辉时,我们不能忽视他身上所存在的"瑕";而当发现他的"瑕"时又不能让它掩盖了"玉"的价值。只有取其精华而去其糟粕,我们才能看得更远。

麦独孤：一个麦田中的孤独者

　　关于人性的某种模式似乎比其他一切模式尤为我所喜爱；但是在我大多数的同行中，每一百个人中也许只有五人对我的那个模式给予十分有限的同意，而其他百分之九十五的同行可能认为我是绝对错误的。

　　——麦独孤

　　命运是要人抓住时间，去做一只在天空中自由翱翔的雄鹰，而不是像小鸡那样在窝里终老一生。

　　纵观心理学几千年的历史，从苏格拉底与柏拉图的忘年之交，到弗洛伊德与安娜·弗洛伊德的心理学世家，整个心理学史就如一部金庸的巨作，忠臣追随、一见如故、成群结队，也有反目成仇、势不两立。在心理学界，虽然不如武林中这么波涛汹涌，但是"改朝换代"

行为主义学派心理学大师

不可避免,从亚里士多德到斯金纳,谁主沉浮,可是昙花一现,又有谁能左右?

他继承了詹姆斯,他驳斥着传统学说,他与华生闹得不可开交。对于他,我们似乎无法归类。他不属于行为主义,因为他提倡本能;他也不属于功能主义,因为他直属于詹姆斯。谁又能为他界定呢?谁能在群山之中找出曾轰动一时的"策动心理学"呢?而谁又能在千年之后,还记得那个曾经打败华生的麦独孤呢?

他很少有朋友,他孤僻,他倔强,他抨击传统,却同时又言辞嘲讽那些反传统的人。他孤军奋战,可是却难以被人接受,他就是那个麦田中的孤独者——麦独孤。

威廉·麦独孤(William MaDougall,1871—1938),美国心理学家,"策动心理学"的创建人,社会心理学的先驱。他出生于英国兰开夏郡的查德顿,因癌症病逝于美国北卡罗来纳州的达勒姆。

一个"不平凡的"生平

一个不平凡的人生,一个学派的创始人,一个领域的先驱,可是千年之后,他却在我们的视线中销声匿迹。心理学史家大都忽略他,甚至很多社会心理学的教材中也很少提及他,就正如他的中文译名一般。他在一度盛名后孤独地离开人世,离开人们的视线。很多人为他鸣不平。在学术上,他与华生难分伯仲;在理论上,他继承了达尔文和詹姆斯思想,在心理学的领地上打下了一个策动心理学的烙印。可是当后来声名狼藉的华生依然为人们所津津乐道时,当斯金纳被后人评为当代影响最大的心理学家时,麦独孤却带着他的本能学说和策动心理学,孤独地走了。为什么呢?难道他的理论不符合心理事实?他的研究不符合科学要求和规范?还是他的性格不受人们欢迎?那就让我们从他刚出道之时谈起吧。

麦独孤的父亲很富有,在奥尔德海姆拥有一家化工厂。麦独孤

麦独孤：一个麦田中的孤独者

15 岁进曼彻斯特大学学习生理学，1890 年得奖学金入剑桥大学学习医学，1894 年获剑桥大学学士学位。继而深造于伦敦圣托马斯医学院，1898 年在该院医师实习期满获医学博士学位。在此期间，他因读到哈佛大学教授詹姆斯所著《心理学原理》，而对心理学深感兴趣，且对詹姆斯崇拜有加，自诩为詹姆斯的"私淑弟子"。

获博士学位后，同年随剑桥大学人类学探险队前往大洋洲托雷斯海峡列岛考察土著人生活，不久又赴婆罗洲研究当地土著部落。回国后再赴德国哥廷根大学师从 G. E. 缪勒学习实验心理学一年。1900 年任伦敦大学讲师，并主持新建的心理学实验室。就在这年他结婚了，婚后有 5 个孩子。1904 年后曾任剑桥大学哲学讲师及牛津大学心理学讲师，C. 伯特即是他在牛津大学时的学生之一。1912 年当选为英国皇家学会会员，第一次世界大战期间，曾任军医少校，担任军人精神病治疗工作。退役后返回剑桥，因一直不得升任教授，乃于 1920 年应哈佛大学詹姆斯之邀出任该校心理学教授。1927 年改任杜克大学心理学教授兼系主任。

伟大的人之所以伟大，就在这普通中的不平凡。一个富有的家庭出身，对于当时的社会心理学研究的确有很大的帮助，可以为他提供很多资源，也有足够的资金为他的求学铺路。当笔者的一位马来西亚朋友看到他的生平时非常激动地跟笔者说，"原来麦独孤连马来西亚都来过"。的确，在婆罗洲的经历，给麦独孤后期对于本能的研究提供了很多的信息，也使他开始觉察到内省论的缺陷。当大部分科学家在第一次世界大战都隐避起来时，他却走上了前线，从事临床工作，有着最直接的工作经验。还是让我们来了解一下麦独孤的心理学思想吧。

一个"无门无派"的浪客

麦独孤的心理学思想并不属于行为学派，而且他在心理学界的成

行为主义学派心理学大师

"无门无派"的浪客麦独孤

名也远较华生为早。一般心理学史教科书之所以将麦独孤列在"行为学派"下进行讨论，主要有两个原因：一是他最早提出心理学是"行为科学"的观念。1905 年，麦独孤首倡心理学应为研究行为的实证科学，提出以本能为基础的行为学说。二是他强调行为的目的性。在麦独孤看来，行为的特征是追求一定的目的，这样就必须考虑引起目的性行为的基本动力。1908 年，他出版《社会心理学导论》一书，力主心理学必须放弃内省法研究意识的取向，改而研究"行为"。只有以行为作为研究主题，才能使心理学成为一门实证科学。麦独孤的思想影响了后来新行为主义思想的发展，他的目的心理学思想就是托尔曼所倡导"目的行为主义"思想的张本。

麦独孤是"策动心理学"（hormic psychology）的创始人。"策动的"（hormic）一词是从希腊语中的"动物冲动"一词派生出来的。他主张人类和动物的行为是由目的所驱策的，所以自称为"目的心理学"（purposive psychology）。他在 1923 年出版的《心理学纲要》一书中指出，心理学研究的行为，既不是巴甫洛夫所研究的条件反射，也不是华生所研究的由刺激引起的反应，而是研究目的性的行为。这些行为被认定是由"先天的倾向或本能"所驱动的。因此一般称麦独孤的思想为目的心理学。麦独孤认为目的性行为有五个特征：目的性行为是自发性的；行为开始后，即使引起行为的刺激消失了，行为仍然继续；如果目的性行为受阻，个体将变换其行为方式以达到目的；目的达到之后，行为才会停止；目的性行为因重复练习而增强。因此他认为，尝试错误式的行为是目的性行为，而不是反射。

在强调行为的目的性的同时，麦独孤指出目的性行为与机械反射

麦独孤：一个麦田中的孤独者

有七个方面的不同：（1）活动的自发性：反对机械的 S→R 公式；（2）活动的坚持性：刺激消失，活动仍可进行；（3）活动方向的变异性；（4）活动与情境的关联性：情境发生改变，活动即行停止；（5）对出现新情境的准备性；（6）效果的改进性：由于反复，行为效果会有所改进；（7）机体反应的整体性（趋向于目的）。

在麦独孤看来，凡是与这些标准相吻合的活动就是有目的的活动，而机械反射则缺乏这些标志，故被排斥于行为之外。由于他借用了希腊语中"horme"一词（意为"动物冲动"），情操概念便成为理解麦独孤社会心理学思想的关键之一。在他看来，一些更为复杂的人类行为包含着两种或多种本能的结合。当若干本能指向同一客体时，这种混合情绪的复合就成为情操了。所谓"情操"，他认为就是"以一个对象的观念为中心的许多情绪素质的有组织的结合体"。它是从人的心理中产生的，而不是在遗传或本能中固有的。

1923 年，麦独孤将他的目的心理学改称为"策动心理学"。而策动心理学的问世带动了当时整个社会心理学的广泛发展。麦独孤是以本能学说为中心构建他的社会心理学的，其主要思想见诸于 1908 年初版的《社会心理学导论》和 1920 年初版的《团体心理》。在 1908—1921 年间，他的《社会心理学导论》这本教科书重印达 14 次，特别是其本能说在全世界产生了很大影响。麦独孤受达尔文进化论的影响，试图用本能来解释行为。华生的行为主义不承认本能，他认为个体的本能性行为也是在适应环境中学习来的。麦独孤反对华生的看法，认为人类行为源于本能，"先天的或遗传的倾向，是一切思想和行动——不论是个人还是集体的——基本源泉和动力"。此种与生俱来的内在"动力"，人类与动物均皆有之。而所谓的"本能"即是一种遗传的或先天的倾向，它决定那些有此倾向者去感知和注意某一种类的客体——在感知时体验着某种特殊情绪的激动，以及相应做出某种特殊样式的动作或至少体验着这种动作的冲动。

按麦独孤的"本能说"（instinct theory），人与动物的本能性行

行为主义学派心理学大师

为,包括三种成分:知觉成分:指个体对某些特定刺激给予特别注意的先天倾向,如识别食物等;行动成分:指个体的目的导向行为活动。在达到目的且获得满足之前,行动不会停止,如觅食、求偶等;情绪成分:指伴随行动而产生的情绪反应,如得到食物而有愉快情绪,与敌人争斗而有愤怒情绪,因逃避而有恐惧情绪,等等。

他一共列举出12种本能,即觅食、母爱、逃避、好奇、合群、争斗、性驱力、创造性、服从、获取、支配、排斥。这些本能及其它们的组合便构成行为。本能可以是无限的。本能使有机体趋向于目标,每一种本能都有一定的目的,都有一个"情绪内核"相伴随,如逃避与畏惧、争斗与愤怒、母爱与温情等。麦独孤还用"本能—情绪说"解释群体心理。认为情绪的增强是使群体凝聚起来的黏合剂。他把群众的过激行为视为初级本能与情绪共同作用的结果。

麦独孤的本能说在20世纪30年代以前曾风行一时,后来受到许多学者的批评,中国心理学家郭任远即是其中之一。虽然就人类行为而言,麦独孤的本能学说现今已不再为人们所接受,但是他的主张却在不同程度上重新引起了人们对本能的兴趣,特别是在动物生态学家中,这一点可在N. 廷伯根和K. 洛伦茨的著作中看出。在1911年出版的《身体与心理》一书中,麦独孤又提出了他的"精神"学说。他认为,一切事物中都多少有一点"精神"的东西。当然,这一学说在心理学力图抛弃任何神学含义的时代并未流行。此外,麦独孤还是"超自然"现象的坚信者。他支持由杜克大学的J. B. 莱因提出的"超感官知觉"的研究。1920年任国际性的"超心理学研究会"主席,次年任美国超心理学研究会主席。在对催眠的研究中,他提出脑部缺血说。认为催眠现象是被试者脑部缺血造成的。在催眠过程中,当要求被试者静息和少动的时候,脑部的血液因流向四肢而减少,进而导致眩晕状态的出现,并因此诱发催眠现象。显然麦独孤对催眠术做了纯生理学的解释。

《社会心理学导论》的主要目的之一是澄清"本能"的概念。麦

麦独孤：一个麦田中的孤独者

　　独孤认为，"本能"这个词在日常生活或社会科学许多著作中被滥用和误解了。动物的一切活动都是受本能支配的。不可否认，作为社会化的人的行为不同于动物行为，但达尔文的进化论告诉我们，人类和其他高等动物一样，是从低等动物进化而来的，人和动物在自然发展史上具有一种延续性。本能在决定人的行为和心理上仍占据着重要地位，并且人至少也和动物一样具有多种本能。

　　麦独孤认为，本能应该用知、情、意这三个方面来说明，即每一种本能的动作都包含着对某一客体的知、对这一客体的情，或者逃避它的努力（这正是意志起的作用）。即使是一种最简单的本能动作，也是一个明显的生理兼心理作用的结果。在他看来，反射仅仅是一种生理作用，而本能动作则兼而有之。

　　麦独孤的《团体心理》也是以本能说为基础写成的，其目的是阐明本能如何在团体中爆发出来。他认为，团体心理与个体心理的构成是相同的，但团体心理中的各个方面相互暗示并彼此补充，构成一种完全由这些个体心理所组成的系统。任何一类人组成的团体——群众、教会、工会、民族等，都具有一种团体心理。这种团体心理，由于个体之间的相互影响，它要大于所包含的个体心理之和。他写道："由于参与群体的心理生活，一个人的情绪可以被激发到一个高度，那是在别的情况下很难或者根本不能达到的。对于大多数人来说，这是一种极强烈的愉快感受，就像他们所说的那样弄得身不由己了，觉得自己深陷于一股巨大的情绪浪涛之中，不再能意识到他们的个体性及其一切限度……这可能就是城镇居民比乡村农户更容易激动起来的主要原因，也是大城市民众暴力和反复无常的原因。"从现在的观点来看麦独孤的社会心理学，一个突出的问题是他的研究范围狭窄。他用本能论解释团体行为、民族特征和社会机构，虽做出了很大努力，但没有持久的贡献；他用情操来理解社会行为，但没有超出纯描述水平。他的社会心理学思想在20世纪早期之所以具有号召力，是因为适逢达尔文主义流行的高潮，那时，时髦的看法是将本能看作人和动物相联结的纽带。

一个自圆其说的矛盾者

麦独孤对从事于"意识的分析"的另一种心理学确实是反感的。在 1908 年，他就写道："心理学对社会科学有其基本重要性的部门，是研究人类行动的源泉、维持身心活动和调节行为的冲动和动机的部门；可是在心理学的所有部门之中，这却是最落后的，因为它是隐晦、含糊和混乱的。至于有关意识状态的适当分类，元素的分析，这些元素的性质，它们混合的法则等问题的解答，对社会科学几乎是没有多大意义的。"麦独孤终其一生研究了他所认为的"落后部门的问题"，而他所研究的本能问题则是以目的论来反对机械论的。本能在他的眼中并不是一个缥缈的概念，他想在人或动物的神经组织中为本能找到某种"寄生的"基础。他认为，从生理上说，本能有三个组成部分：传信部、中央部及发令部，分别与本能活动中的知、情、意三者相契合。"传信部"乃是有组织的一团神经纤维。凡能激发一个本能的客体在感官上接受刺激之后，这种刺激的能量就由这一部位接受下来。刺激被接受后，就会被传递到中央部。中央部的组织专管神经所接受到的刺激如何分配至各处，如心脏、血液、腺体、等等。"中央部"神经的运作和本能活动中情的一面相契合。传来的刺激最后又从中央部传至"发令部"（或称动作部），促使肌肉活动，这一过程与意志相契合。在个体生活历程中，传信部和发令部都会发生变化，唯有中央部一生不变。这就是说，个体的知识日趋复杂，动作也日益精致化，但中央部的每次激发都会产生相同的情绪。

麦独孤似乎在生理学方面不甘落后，但是其科学依据少之又少，可以说麦独孤为了自己能在美国立足，就用这样的生理学说来掩饰自己的目的论理论，而且麦独孤的目的心理学，与当时正统的实验心理学及行为主义是背道而驰的。人类行为的研究正是麦独孤的主要兴趣

麦独孤：一个麦田中的孤独者

所在，他在1912年还发表了《心理学：行为的研究》，公开以行为作为心理学的对象。直到现在，很多心理学史教科书把他与华生齐名归入行为主义心理学中，而他与华生的争论，也就成了大家记住他的一个重点。其实，麦独孤对行为的解释与华生有本质的区别。麦独孤认为行为是有目的的，是受意识调节的，而华生的行为主义则采用"机械的反射论"，不考虑意识或经验的作用问题。

一个倔强的孤独者

总起来说，麦独孤的目的心理学是非常规的心理学。为了与华生划清界限，他摒弃当时流行的心理学定义，而肯定了"心理主义"的假设。他说："我们已知道，现代的许多心理学家完全否定了心灵、灵魂及主体等词的好处。他们认为心灵不宜被描述为仅仅是一群官能，或者是以不同程度组织起来的、作为永久存在而出入于意识之内的一团观念。因而他们用神经系统或脑代替了心灵。"但是麦独孤却固执在心灵的旧概念上，因为他的目的心理学需要某种东西作为前提，而这个东西可不是神经系统或大脑，而是"心灵"（这正是"心理主义"的假设）。

而且具有讽刺意味的是，他提出的本能三个组成部分的生理学理论，其实正是他所极力排斥的"反射论"。可以说麦独孤的失败就是失败在他那股英国绅士的臭脾气上——过于的传统和孤傲。麦独孤曾企图把本能的能量说成是以化学的形式储存于组织内的一种潜能，并转化为自由的或活动的"动能"或"电能"什么的。但他自认对神经系统的秘密一无所知，权且只好妄凭猜测。当时麦独孤是这么嘲讽华生的："华生博士也可以声明有某些优势……第一，有相当多的人对无论什么，只要是异乎寻常的、似是而非的、荒谬的和令人不能容忍的……只要是非正统的、与已被接受的原则相对立的，都感兴趣。所有这些人不可避免地会站在华生博士那一边。"

行为主义学派心理学大师

　　这位孤傲的英国人，就这样独自走在心理学这片麦田中。无论是他对自己理论的弥补，还是与华生的争论，总是显得那么自信。尽管他的《团体心理》是为了弥补《社会心理学导论》中的不足，但是这本著作还是遭到了冷遇，从而开始了麦独孤在学术界走下坡路。这位刚愎自用的英国人在晚年陷入了自卑中。他给我们印象最深的一句话，不是他的理论，也不是他自创的学派，而是犹如安魂曲般的这样一句话："关于人性的某种模式似乎比其他一切模式尤为我所喜爱；但是在我大多数的同行中，每一百个人中也许只有五人对我的那个模式给予十分有限的同意，而其他百分之九十五的同行可能认为我是绝对错误的。"

班杜拉：一位折中主义心理学家的尴尬

> 班杜拉的观点，实际上是我们目前在社会心理学中所看到的行为主义原则的最大限度之"温和化"和"自由化"。
> —— 安德列耶娃

阿尔伯特·班杜拉（Albert Bandura，1925—）作为"新行为主义"的主要代表人物之一，他的社会认知理论被许多领域诸如学习、人格形成等的研究所运用。但就其理论体系本身来说尚缺乏内在的统一性。诚然，班杜拉将自己看作为一位行为主义心理学家，但在他的理论中，不仅有着行为主义的影子，还有信息加工理论的痕迹，甚至

行为主义学派心理学大师

还表现出一定的人本主义心理学的倾向。正是他这种对所有心理学理论所持有的一种最大限度的"温和化"的态度，使他看起来就像是一个不折不扣的折中主义心理学家。

成长历程

班杜拉于1925年12月4日出生于加拿大北部阿尔伯塔省一个叫蒙代尔德的偏僻山村，父亲是波兰裔加拿大人。班杜拉在家中排行老幺，上有5个姐姐。他的出生给班氏家族带来了许多的欢乐和憧憬，因为老班杜拉夫妇一直期盼着上帝能赐给他们一个儿子来继承祖业，为班氏家族带来荣耀。班杜拉的姐姐们对他十分关心和溺爱，也许正是由于从小生活在姐姐们的呵护中，造成班杜拉后来在一定程度上缺乏独立性，容易受到他人的左右和影响。

高中毕业后，班杜拉考入了位于加拿大西海岸温哥华市的不列颠哥伦比亚大学。刚上大学初期，一个偶然的机会使他选修了一门心理学课。当时开设这门心理学课的老师的姓名是什么，班杜拉已经记不清了，但这位老师的精彩演讲使他深深迷恋上心理学，特别是心理学的临床治疗方面。由于这次偶然机会的影响，班杜拉改变了专业兴趣而专攻心理学，由此决定了他终生的职业生涯。1949年，通过三年的苦读，班杜拉完成了大学阶段的学习，从不列颠哥伦比亚大学毕业，并获得了该校为优秀毕业生设立的"贝娄肯心理学奖"。

大学毕业后，班杜拉决定接受更高层次的研究生教育，专攻临床心理学。当时的心理学虽然学派林立，但占主导地位的只有两大学派，即精神分析学派和行为主义学派。又是因为一位老师的建议，班杜拉来到美国衣阿华大学，师从著名的心理病理学家本顿教授，从此，班杜拉这个名字便牢牢地和行为主义产生了联系。他师从本顿时，主攻临床心理学，并于1952年获得临床心理学哲学博士学位。

1953年夏天，在完成了为期一年的博士后研究之后，班杜拉告别了学生时代,来到作为全美最高学府之一的斯坦福大学心理系,从此开始了他那漫长而辉煌的教学与研究生涯,历经助教、讲师、副教授,至1964年晋升为教授。1976年,班杜拉任斯坦福大学心理系主任。时至今日,班杜拉仍然任斯坦福大学的荣誉退休教授。

由于班杜拉在心理学理论研究方面的杰出贡献以及将心理学知识应用于公益事务的热忱和成功,他曾接受过心理学内外的多种荣誉和奖励,如美国心理学会临床心理学分会杰出科学家奖(1972)、美国心理学会主席(1974)、卡特尔奖(1977)、攻击行为国际研究会杰出贡献奖和美国心理学会杰出科学贡献奖(1980)、桑代克奖(1998)等。近期则被美国《普通心理学评论》入选为"20世纪100位最著名的心理学家",排名第四。

受他人影响而形成的社会认知理论

班杜拉对心理学的热爱缘于选修课上的一位老师,他进入行为主义心理学的领域也是由于另一位老师的建议。而之后,令他声名鹊起的"社会认知理论"同样也是受到其他心理学家的影响而建立起来的。从基本层面来看,班杜拉的社会认知理论是由米勒和多拉德的"社会学习"理论发展起来的。而使班杜拉进入社会学习研究领域的是他的同事塞尔斯。

班杜拉像

1953年,塞尔斯比班杜拉稍早来到斯坦福大学心理系,并担任系主任。塞尔斯曾一度任职于耶鲁大学和衣阿华大学。在耶鲁大学时,他是米勒和多拉德的合作者,并与他们一起在1939年合作出版

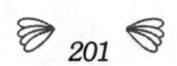

了《挫折与攻击》一书。1942年离开耶鲁大学赴衣阿华大学后，塞尔斯的兴趣转向有关人格的发展研究，特别是关于儿童的独立性和攻击性与其家庭教养方式的相关性研究。来到斯坦福大学后，塞尔斯继续进行儿童早期的发展研究，特别是儿童社会行为和认同学习的家庭影响因素。塞尔斯的这项研究为班杜拉建立社会认知理论体系提供了一个历史的偶然契机。塞尔斯为班杜拉提供了一个经验研究的操作模式，据以对行为技能在不同个体之间的社会传递过程进行实证研究。受塞尔斯研究工作的影响，班杜拉注意到了儿童攻击性，特别是青少年犯罪者的超常攻击性及其与其家庭背景之间的关系问题，并于1973年出版《攻击：社会学习的分析》一书。

班杜拉关于社会认知理论的建构与发展，依赖于两个领域的经验研究的支持，其一为攻击行为的社会心理学研究，其二为偏差行为的心理治疗实践。当他设计出"波比玩偶实验"之后，他敏锐地感觉到，这种实验技术可以改造成一种行为治疗情境，用以矫正患者的偏差行为。这就是后来发展的"示范疗法"，其要旨初述于1963年与沃尔特斯合著的《社会学习与人格发展》，后进一步阐释于1969年出版的《行为矫正原理》一书。

在班杜拉看来，学术的研究活动不能脱离现实的社会生活，它必须来源于且又复归于社会生活，表现为理论研究与社会生活实践的结合。理论的发展就是对现实生活的直观感悟，以及对这种直观感悟进行科学意义上的经验验证并进行理论建构。班杜拉社会认知理论的最初原型，就是他对普遍发生于人类社会各领域之中的一种"基本学习方式"的直观把握，即以师徒关系、正规教育等为手段而实现的知识和行为技能在不同个体之间的相互传递过程。为此，班杜拉在20世纪六七十年代进行了大量的经验研究和理论阐释，以说明认知因素、以认知为基础的其他主体因素和自我调节能力等对学习的必要性，从而形成社会认知理论的一般学习理论观点，并集中体现在1977年发表的《社会学习理论》一书，该书的发表，标志着班杜拉

班杜拉：一位折中主义心理学家的尴尬

社会认知理论体系的初步成熟。自《社会学习理论》一书发表后，班杜拉继续在理论和经验两方面丰富和完善社会认知理论体系，并于1986年出版了《思想与行动的社会基础：社会认知理论》一书。

缺乏内在统一性的社会认知理论体系

班杜拉的社会认知理论体系主要由三元交互决定论、观察学习理论以及自我效能理论这三部分构成。

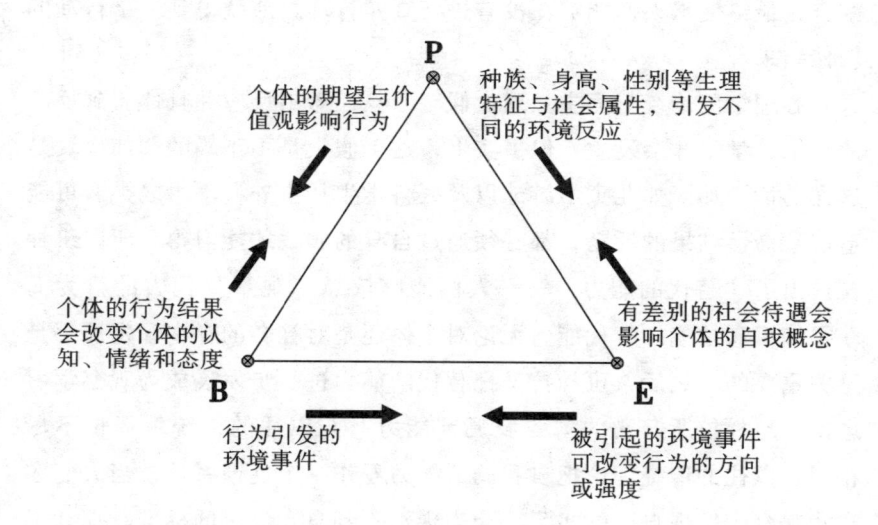

```
                    P
                    ⊗
个体的期望与价            种族、身高、性别等生理
值观影响行为             特征与社会属性，引发不
                        同的环境反应
         ↓                    ↓
         
         ↑                    ↑
个体的行为结果                  有差别的社会待遇会
会改变个体的认                  影响个体的自我概念
知、情绪和态度
      ⊗━━━━━━━━━━━━━━━━━━⊗
      B                      E
         行为引发的    被引起的环境事件
         环境事件      可改变行为的方向
                       或强度
```

所谓的"三元交互决定论"（triadic reciprocal determinism），简而言之，就是"环境"（E）、"行为"（B）以及表现为思维、认知等"个人"（P）的主体因素这三者之间两两具有"双向的"相互决定关系，从而构成作为个体的人的机能活动。交互决定系统中的这三个因素并不具有相同的交互影响力；三者之间的交互作用模式也不是一成不变的。在不同的环境以及不同的活动中，三者的交互影响力以及它们的相互作用模式是不尽相同的，其中一个因素会成为人的机能活动的主导因素。当然，在大多数情况下三者是密切联系、互为因果的。

行为主义学派心理学大师

由于三元交互决定论有别于传统行为主义的环境决定论，在其基础上增加了人的主体能力，因而班杜拉对人的主体能力进行了详尽的阐述。人类的"主体能力"有以下五个方面：符号化的能力、预谋能力、替代的能力、自我调节能力以及自我反省的能力。"符号化能力"所指的是，人类能够通过"符号"而不是真正的行动来检验行动后的各种结果，从而作为未来行动的指南。其他的四种能力都是以符号化的能力为基础的。人类是如何检验行动后的各种结果并最终预见到一个合理的结果呢？靠的就是"预谋能力"。它与符号化能力相配合，最终使得人们能够在没有进行真实行动之前就得到一个行动的较佳结果。

心理学的传统行为主义理论假定，只有做出反应并且体验到反应的结果，学习才会发生。但事实上，这个假设是不正确的。如果真是这样的话，那诸如儿童学游泳以及医科学生从事外科手术之类有可能造成致命性结果的活动，都必须通过自身的实践才能习得。所以班杜拉提出了"替代的能力"——人们能够依靠"观察"他人的行为而获得知识和技能。替代能力无论对个体还是对社会的存在和发展都是至关重要的。之后，班杜拉又把替代的能力进一步发展成为观察学习理论。班杜拉所定义的"自我调节能力"与以往的传统解释也不尽相同。以往的传统理论把自我调节能力看作一个反馈系统，当人们在自我观察中发现自己的实际行为表现达不到自我设定的标准，那么个体就会产生自怨等消极的自我评价，并在此基础上，或降低自己的行为标准而成为一个平庸者，或放弃自己的努力而甘愿作为一个失败者。可以看出，传统理论将自我调节能力看作一个消极、被动的反馈系统。而班杜拉则认为人类的自我调节能力不仅产生于"差距缩减"机制，同时也产生于"差距生成"机制。人们看到差距后会不断向自己提出挑战，从而实现自我的提升。而"自我反省能力"表现为人对自己的经验和思维进行再思考的能力。比如当一个人在行动过程中体验到失败后，反省能力就会得出或者是积极的结果（如形成

班杜拉：一位折中主义心理学家的尴尬

"失败乃成功之母；我离成功不远了"的信念），或者是消极的结果（如"难道我真的不行吗"的信念），以至对后来的行动产生不同的影响。自我反省的能力在临床认知心理疗法上起着特别重要的作用。

班杜拉曾这样写道："传统上心理学的理论曾经假设，学习只能借助于完成反应和借助于经验，它们的效果才能产生。实际上，所有的学习现象都是借助于观察其他人的行为及其行为后果，从在替代学习的基础上出现的直接经验那里得来的。"这就引出了班杜拉社会认知理论中另一个重要组成部分：观察学习理论。

班杜拉把"观察学习"的基本含义界定为："一个人通过观察他人的行为及其强化的效果而习得某些新的反应，或者他已经具有的某种行为反应特征得到了矫正。同时，在这一过程中，观察者并没有对示范反应做出实际的外显操作。"观察学习理论是班杜拉对人的存在方式的基本特征以及社会传递过程的理解为基础而建立起来的。他认为，在人的发展过程中，一方面形成了作为与环境发生相互作用的具体方式的"共同感受系统"；另一方面又形成了作为不同个体之间相互作用的结果而为每一个体共同拥有的"意义世界"。共同感受系统使不同个体的感性经验对人类群体具有功能上的等价性，从而有可能实现人类经验在不同个体之间的共享。因此，一个个体生活实践的直接经验，一旦进入人类共同的意义世界而成为人类的普遍经验之后，就有可能被其他个体间接地把握到了。班杜拉就基于这种总体性理解而提出了观察学习理论。

班杜拉认为，观察学习的"榜样"不仅仅局限于现实社会中的个体。他指出："示范作用的主要功能之一，是向观察者传递如何将各种行为技能综合成新的行为反应模式的信息。这种信息传递过程，既可以通过现实个体的行为演示，也可以通过形象表现或言语描述而得以实现。"也就是说，榜样人物可以是小说里面的人物或者是电影、电视剧里面的人物，这一点对班杜拉关注电视暴力对攻击性行为的影响的研究很重要。观察学习过程是由四个相互关联的子过程组成的，分别是注意过程、保持过程、产出过程和动机过程。所谓"注意过程"就是指观察学习者将其心理资源投注于示范事件的过程；"保持过程"是指观察学习者把他获得的有关示范行为的信息以符号表征的方式储存在记忆中的过程；"产出过程"是指观察学习者把他关于示范行为的内部符号表征在外显的行为水平上加以实现的过程；"动机过程"是指观察学习者由于某种诱因的存在而表现出示范行为的过程；它是产出过程的前提条件。

20世纪70年代或80年代中期以来，当班杜拉的一般学习论观点确立以后，他的学术兴趣便转向了对三元交互系统内人的主体因素及其作用机制的全面分析，特别典型地表现为对自我效能现象的关注。班杜拉认为，"自我效能"（self-efficacy）是指个体应对或处理环境事件的效验或有效性。它不是主体自我的一个稳定不变的属性，而是个体以"自身"为对象的思维的一种形式。具体来说，自我效能是指个体在执行某一行为操作之前，对自己能够在什么水平上完成该行为活动所具有的信念、判断或主体自我的把握与感受，因而自我效能是自我的一个"现象学的"特征。自我效能能够直接影响到个体在执行活动时的动力心理过程的功能发挥，从而影响到活动执行过程本身。

自我效能是通过四个中介过程实现其功能作用的，分别是选择过程、思维过程、动机过程以及心—身反应过程。在"选择过程"中，当人们面临不同环境时，个体能够选择自认为能加以有效应对的环境，而回避自己感到无法控制的环境；自我效能会激起若干特定形式的思维过程，这些思维过程对个体活动产生自我促进或者自我阻碍，以"效能感"的高低而不同；自我效能通过思维过程发挥功能作用，通常伴有"动机过程"参与其中；在面临可能的危险、不幸、灾难等厌恶性情境条件时，自我效能决定了个体的应激状态、焦虑反应和抑郁程度等的"心—身反应过程"。

从以上对社会认知理论的大体框架的描述，我们可以看出这个理论具有很大的开放性和松散性。然而,正是由于它具有开放性和松散性的特征,导致了它明显缺乏富有内在统一性的理论结构。其理论的各个部分如何彼此关联,构成一个具有内在逻辑联系、理论与方法井然有序的宏大结构,这仍是一个亟待解决的问题。在社会认知理论体系的各概念环节中,班杜拉有许多忽略的方面,比如他虽然强调了人的主体能力对行为的影响,但他以研究"行为"为重心和目的,实际上并没有给主体因素以应有的地位;他只是一般化地对认知机制进行了分析,而对人的内在动机、内心冲突等重视不够;他只从观察学习和榜样的示范作用来塑造人格,即使是符号化和道德判断,乃至目标、计划的习得也都只停留在感性的层面上,因此,他强调的认知过程和动机作用都只是经验范畴的概念,其中见不到高级认知过程的参与,如抽象能力、推理能力和理论思维的品质等。这些都体现出班杜拉的社会认知理论本身有很大的局限性。我们可以说,班杜拉的社会认知理论还只是一个雏形,要达到比较完善的状态还有很长的路要走。

"波比玩偶"实验:"著名的"还是"臭名昭著的"?

班杜拉与他的助手多萝西娅·罗斯和希拉·罗斯于1961年在斯坦福大学完成了心理学史上一个非常"著名的"实验——"波比玩偶实验"。说它非常"著名",是因为它非常好地描述了儿童是怎样习得攻击性行为的——有人称之为是一项"改变心理学的研究",但就如同行为主义创始人华生所做的著名的"小阿尔伯特"实验一样,波比玩偶实验对后世有着非常恶劣的影响。可以说,波比玩偶实验的"著名"同样包含着"臭名昭著"的意味。

该实验的方法和程序是这样的:班杜拉选取36名男孩和36名女孩作为波比玩偶实验的被试,他们的年龄在3—6岁之间,平均年龄

行为主义学派心理学大师

为 4 岁零 4 个月。24 名儿童被安排在控制组，他们将不接触任何榜样；其余的 48 名被试被分为两组：一组接触攻击性榜样，另一组接触非攻击性榜样。

一开始，两组的儿童都接触相同的试验程序，试验者把一名儿童带入一间活动室。在路上，试验者假装意外地遇到成人榜样，并邀请他过来"参加一个游戏"。儿童坐在房间的一角，面前的桌子上有很多有趣的东西，他可以随意地把玩。而成人榜样被带到房间的另一个角落的一张桌前，桌子上有一套儿童拼图玩具、一个木槌和一个 1.5 米高的充气波比娃娃。试验者解释说这些玩具是给成人榜样玩的，之后他便离开了房间。

无论在攻击情境还是在非攻击情境中，成人榜样一开始都先拼装拼图玩具。但在之后，在攻击情境和非攻击情境中的儿童所经历的就截然不同了。1 分钟后，攻击性榜样便开始用暴力击打波比娃娃了。班杜拉这样描述道："榜样把波比娃娃放在地上，然后坐在它身上，并且反复击打它的鼻子。随后榜样把波比娃娃竖起来，捡起木槌击打它的头部，然后猛地把它抛向空中，并在房间里踢来踢去。这一攻击行为按以上顺序重复 3 次，其间伴有攻击性的语言，比如'打他的鼻子……打倒他……把他扔起来……踢他……'还有两句没有攻击性的话：'他还没受够'，'他真是个顽强的家伙'。"这样的攻击情境持续了将近 10 分钟。而在无攻击行为的情境中，榜样只是认真地玩 10 分钟拼图玩具，完全不理会波比娃娃。

班杜拉：一位折中主义心理学家的尴尬

10分钟的游戏结束以后，在各种情境中的所有被试者都被带到另一个房间。那里有非常吸引人的玩具，但为了引起被试者的愤怒而测试被试者的攻击性反应，试验者会让被试者先玩一会这些玩具，不久之后告诉他，这些玩具是为其他儿童准备的。并告诉被试者，他可以到另一间房间里去玩别的玩具。在最后的实验房间内，有各种攻击性和非攻击性的玩具，其中当然包括波比娃娃和木槌。每个被试者都有20分钟的时间在这个房间里玩。在这期间，评定者在单向玻璃后面对每个被试者行为的攻击性进行评定。

结果班杜拉发现，攻击性情境下的88%儿童在最后的实验房间内发生攻击性行为；而在8个月后，仍有40%儿童重演了在波比玩偶实验中的暴力行为。虽然这个实验对青少年攻击性行为的研究有着一定的贡献，但是从以上数据不难看出，那些参加了攻击性情境中的儿童在试验过程中习得了攻击性行为，也就是说，他们在和其他儿童玩耍中，假如遇到挫折时就有可能诉诸暴力，而在8个月后，还有相当一部分儿童还有着这种攻击性行为倾向。这说明他们已经把攻击行为内化为一种倾向性，而这种倾向性很可能把他们引入犯罪的深渊。可以说，这个实验对他们的消极影响是终生的。而许多后续实验者并没有意识这一点，继续着这种研究。从这方面来看，班杜拉的波比玩偶实验对后世的影响是相当消极的。说波比玩偶实验是"臭名昭著的"实验也并不为过。

从这个实验中我们也能得到一些启示。我们的社会很关心诸如儿童的攻击性等敏感问题，社会学家和心理学家都会着重朝这方面进行研究，而做出的研究成果也是有目共睹的，但他们常常注重所得出的结论，而忽视其研究本身可能带来的消极后果，而这些后果的消极性常常是要经过几年甚至是几十年才能够被发现的。所以，今后如果再要研究这些敏感的问题，研究者必须一开始在实验设计的时候就要把可能产生的不良后果考虑进去，尽量避免产生这些不良后果，而不要一味地为出"研究成果"而不惜付出无法预料的代价。

行为主义学派心理学大师

行为主义？信息加工论？人本主义心理学？

　　班杜拉把自己归于行为主义心理学家的行列，但我们从其社会认知理论中能够明显看出其信息加工理论的痕迹。在班杜拉形成他的一般学习论并建构社会认知理论体系的时候，信息加工心理学正在崛起并日渐强盛。班杜拉也免不了受其影响，致使他在理论发展过程中，几乎毫无批判地吸纳前者的理论术语来说明主体因素及其作用机制，从而使他的社会认知理论越来越具有认知论的色彩。然而，信息加工心理学尚未对它的"人脑—机器的功能同一"论做出系统的论证，并因为它对"意识"的怀疑而有可能与传统行为主义一样失去其合理性，从而使过分倚重于它的社会认知理论面临严重的挑战。

　　班杜拉从来不认为自己是一个人本主义心理学者，他在学术上也极少与人本主义传统发生关系，但他却以自己独特的方式表明他是一个人本主义者，并因而给他的理论披上了一层浓厚人本主义色彩的现象学特征。从班杜拉理论的性质来看，他对行为的"主观"层面的理论把握，实际上相当于人本主义心理学家所理解的行为，而不再是传统行为主义那种剥离了其意识层面的抽象"行为"。

　　而班杜拉自己对行为主义的"改造"，虽然让行为主义能够继续存在，但他对行为主义许多经典解释的摒弃与批判，其实是对行为主义心理学的一种埋葬。可以说，班杜拉所说的行为主义充其量只是"班杜拉式的"行为主义，而并不是一般的行为主义，更别说是华生和斯金纳的行为主义了。

　　班杜拉将行为主义、信息加工论以及人本主义这些不同的心理学范式融入自己的社会认知理论中，充其量只是一种尝试。他试图向着心理学"大一统"的方向做出努力，但笔者认为这是没有必要的，因为心理学存在这么多研究领域本身就是历史所造成的；如果硬要把它们都"整合"在一起，结果往往是劳而无功的。

精神分析学派心理学大师

弗洛伊德：一半是海水，一半是火焰

> 布洛伊尔告诉我，他发现在表面的胆怯背后隐藏着一个极为大胆无畏的我。过去我一直这样想，不过从不敢告诉任何人。我经常感到自己继承了祖先们保卫圣堂时的全部的无畏和激情，并且甘愿为历史上的一个伟大时刻牺牲自己的生命……
>
> ——弗洛伊德致未婚妻玛莎的信，1886年

西格蒙德·弗洛伊德（Sigmund Freud，1856—1939）是一个标准的维多利亚时代的绅士，但是他却专门探讨人的性欲问题；他的理论反对对人的性欲的无端压抑，但自己却从40岁就开始了禁欲的生活。弗洛伊德是一个受人尊重的精神分析医生，每一个在他的治疗室里见到他的病人都禁不住在潜意识中将他当成自己慈祥的父亲甚至是母亲，但他在"捍卫"自己的学术地位和理论的纯净时，却像一个

刚愎自用的暴君，对学术上的"异己"表现得强硬而冷酷。

这就是弗洛伊德———一半是如同深沉博大的海水，而另一半则像熊熊燃烧的火焰。他既有温文尔雅的绅士风度，又有如火山喷发一样澎湃的激情；既有作为一名精神病医生的悲悯和宽容，又有学术权威的霸道和褊狭；甚至，既有男性的阳刚，也有女性的阴柔。

无论你是否喜欢他，无论你是否同意他的理论，弗洛伊德都堪称历史上最伟大的心理学家。弗洛伊德和他的精神分析理论都有一个共同点，那就是你对他（它）了解越多，你越是会为他（它）神秘的力量所倾倒。随着你对精神分析要旨认识的深入，你就会越来越沉醉于它的像寓言一样优美的概念和假设；随着你对弗洛伊德本人的了解的深入，你就会越来越为他的多元化的人格而着迷。

这就是弗洛伊德，两种矛盾的力量在他体内纠集在一起，体现出了他多样而复杂的个性特征。就像他自己的理论所描述的一样，人身上同时具备两种相对立的本能力量，一种是"生本能"，另一种是"死本能"。生本能使人体现出对人的关爱、友善，使人对生活充满希望；另一方面，死本能则使人体现出敌对、保守、破坏和攻击性的态度。弗洛伊德正是这两种力量的混合体。

要认识弗洛伊德其人，不能不了解精神分析的理论；要理解精神分析理论，不能不了解弗洛伊德其人。因此，就让我们用弗洛伊德的精神分析理论对他自己进行一次"精神分析"，让我们从弗洛伊德个人的人生经历中去了解他的理论建构历程，进而加深对精神分析理论和它的发展历史的认识，从另外一个角度重新认识弗洛伊德以及他的精神分析学派的活动。

神经症和精神分析

弗洛伊德承认，他自己常常受到神经症的困扰。即使是在自己已经功成名就之后，依然经常感到莫名的沮丧、怨恨，常常具有莫名的

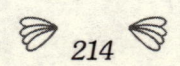

弗洛伊德：一半是海水，一半是火焰

攻击意图。因为经常受到自己的神经症的苦绕，所以，他在1895年开始对自己进行精神分析。他发现自己的神经症是源于自己幼年时对母亲的依恋。于是，在对自己进行精神分析的第二年，他发表了著名的儿童性欲理论。现在，让我们也沿着弗洛伊德的精神分析理论，去解析他那曾经饱受神经症之苦的生活历程。

对母亲的依恋和"伊底浦斯情结"

在弗洛伊德的理论中，"伊底浦斯情结"（Oedipus Complex）这个概念引起的反响最强烈。在来自心理学领域的批评中，绝大部分涉及对伊底浦斯情结的批评。有趣的是，在文学艺术领域以及社会学、哲学中，伊底浦斯情结这个概念却获得了广泛的认同。即使到了今天，我们仍然可以从许多文学艺术作品中感受到伊底浦斯情结的影子。这个在心理学专业领域之外受到认可的概念在心理学领域内却被否认，这是心理学研究中的一个有趣的现象。有许多尽人皆知的心理规律，一旦进入心理学理论研究就变得复杂而不可理喻了。关于伊底浦斯情结也是这样，虽然心理学家认为其中有许多不能解释的东西，但每一个和这个年龄阶段的儿童有过接触的人，特别是他们的父母，都会赞成伊底浦斯情结所描述的现象确实存在。回顾弗洛伊德的生活史，我们有理由认为他正是在对自己生活经历的总结的基础上而提出了伊底浦斯情结的概念。

1856年5月6日，弗洛伊德出生于奥匈帝国北部摩拉维亚地区（现属于捷克）的弗莱堡镇。从幼年时期开始，弗洛伊德就深深地眷恋着母亲，从他每次谈及母亲时的话语中可见一斑："我发现，我也一样眷恋母亲而嫉恨父亲。如今，我认为这是天下儿童皆然的现象。""母亲同儿子的关系中总是给予无限的满足，这是最完全、最彻底地摆脱了人类的既爱又恨的矛盾心理的一种关系。""一个为母亲所特别钟爱的孩子，一生都有生为征服者的感觉，由于这种成功的自信，往往可以寻致真正的成功。"

精神分析学派心理学大师

当母亲去世以后，弗洛伊德在与朋友的信中说道："她在世的时候我是没有权利死的，现在，我有这个权利了。今后，无论方式如何，生命的价值在深层意义上会大不一样了。"

弗洛伊德还记述了童年时期曾经看到父母做爱的场景。他坚信儿童的这种经历是导致患神经症的重要原因。"狼人"的案例就是最有代表性的例子。弗洛伊德认为自己童年的这种经历加剧了他对父亲的嫉恨，并且陷入深深的对失去母亲的担忧之中。他曾经梦到一群长着鸟喙的人抬着母亲的灵柩，被吓得大哭起来，直到他看见母亲依然健康时才安静下来。

年轻的西格蒙德和母亲

1896年，弗洛伊德与布洛伊尔决裂；同年，父亲去世，这两件事情对于弗洛伊德来说具有同等的意义。布洛伊尔比弗洛伊德年长，曾经在经济上、生活上和事业上积极地帮助和支持弗洛伊德。弗洛伊德一度对他怀有对父亲一般的情怀，与他决裂对弗洛伊德的震动极大。同年，父亲去世也促使弗洛伊德反思自己和父亲之间的关系。

1895年，弗洛伊德开始对自己进行精神分析；1898年，发表了关于儿童性欲的理论。这时，他的长女玛西黛11岁，长子马丁9岁，次子奥利弗8岁，三子恩斯特6岁，次女苏菲5岁。按照弗洛伊德对伊底浦斯情结的年龄界定，其中年龄较大的三个孩子正渐渐脱离伊底浦斯情结，而年龄较小的两个孩子则正处于伊底浦斯情结阶段。

以上几个生活事件看似相互独立，可是它们都围绕着儿童和父母的关系这个中心问题展开。对母亲强烈的依恋和对父亲复杂的矛盾情感使得弗洛伊德意识到儿童和父母之间的关系其实是一种复杂的爱恋

弗洛伊德：一半是海水，一半是火焰

关系。虽然没有明确的记载说弗洛伊德对自己孩子的观察对他的理论提供了多大的帮助，但是，像弗洛伊德这样一个具有敏锐洞见的精神分析学家，不可能对身边的现象熟视无睹。如果他提出的理论没有在自己的孩子身上得到印证，那也不可能不引起他的注意。

儿童性欲理论是精神分析理论的一个基石，而弗洛伊德自己的生活经历正是这个理论的基石。弗洛伊德正是通过对自己精神成长经历的反思而提出这个理论的。

口欲期和肛欲期性格

弗洛伊德的儿童性欲理论的最大特点在于，指出儿童在不同年龄段获得"性快感"的途径是不同的。这就是著名的，也是遭受广泛批评的儿童性欲发展的分期理论。该理论还指出，儿童在某一个性欲时期的满足状况将会在他今后的性格中留下痕迹。于是就有了诸如"口欲期性格"，"肛欲期性格"等提法。

弗洛伊德提出，处于口欲期的儿童主要通过口唇的吮吸动作和口唇部位的刺激来获取性快感。在这个阶段，母亲的哺乳方式是影响儿童性欲满足的主要原因。如果儿童的口欲没有得到充分满足，就有可能在成年后形成吸烟、咬指甲、贪食等不良习性。在接下来的阶段，儿童的性体验部位从口唇转移到了肛门。儿童通过滞留大便以在排便时获得快感。弗洛伊德非常强调这个时期家长对儿童的"排便训练"，他认为过于严厉的训练或过于放任都会对儿童成年以后的性格产生不良影响。过严的要求会使得儿童形成洁癖、固执、吝啬、多疑等性格；而放任则可能使得儿童成年后变得不讲卫生、浪费、凶暴以及无秩序等习性。

现在，我们已经不可能获得有关弗洛伊德的母亲对他的哺乳方式和卫生习惯训练的准确记载，但是从一些零星的材料中，我们可以推测一些弗洛伊德小时候的生活细节。

弗洛伊德出生于 1856 年的 5 月，他出生后的第二年 10 月，他的

弟弟尤利乌斯出生了，不幸的是，小尤利乌斯6个月时就夭折了。根据对时间的推算，我们可以推测，由于妈妈又有了身孕，小弗洛伊德的哺乳期不得不提前结束。这也许就是导致他明显的口欲期性格的原因。弗洛伊德的口欲期性格主要体现为他的吸烟嗜好。弗洛伊德从24岁起开始抽雪茄，这个嗜好保持一生。在第一次世界大战期间，生活物资缺乏，弗洛伊德全家不得不靠他在美国的妹妹安娜和世界各地的朋友的资助度日。即使在这样的情形下，他每天抽20支雪茄的习惯依然没有改变。在从世界各地寄来的生活物资中，一定包括他钟爱的雪茄。弗洛伊德最终死于上颚癌症，正是由于他长期过量吸烟所致。

在弗洛伊德的早期记忆中，还有一个重要的人，一个又老又丑的老妇人，她是弗洛伊德幼年时的保姆莫妮克。弗洛伊德在给朋友的信中回忆道："就在这层层乌黑的梦里头，我记得小时候的女佣。她从喂乳期一直照顾我到两岁半……她又老又丑，却精明能干……她一向对我极为宠爱，而我要是不照她的教导保持整洁时，她会严厉告诫我，全心全意地教养我。她在我梦里，就像史前时代老女人的化身，对我拥有某种权威。"

从这些回忆中，我们推测，由于弗洛伊德在这个时期受到了严厉的卫生习惯训练，使得他后来深受肛欲期性格的困扰。弗洛伊德自己也承认，莫妮克是他的"第一个神经症的促成者"。实际上，弗洛伊德一生酷爱收集古玩，在学术上固执己见，不容异己，在和未婚妻玛莎的恋爱过程中表现出过度的嫉妒、猜疑等都是肛欲期性格导致的神经症症状。

"便帽事件"和英雄情结

在谈到自己的犹太人出身时，弗洛伊德难以掩饰那种由于犹太歧视和家境贫困而带来的不满。"我父母是犹太人，因此我的犹太身份也无法改变。父亲这一边的家族，听说曾经长期住在莱茵河畔（科

弗洛伊德：一半是海水，一半是火焰

隆附近）。14 或 15 世纪时，家族被迫往东欧逃难；又在 19 世纪中，经由立陶宛加利西亚南下，来到德语系国家奥地利。""在我 3 岁左右，由于父亲所从事的行业大难临头，家产尽失，只好离乡背井，往大城市谋生。此后多年都是在困境中挣扎。"

在 19 世纪的欧洲，对犹太人来说，离乡背井是家常便饭，贫困也不是最难以忍受的困难。最不能忍受的是来自基督教文化的歧视和欺辱。弗洛伊德的父亲曾经给他讲了自己的故

童年的西格蒙德和父亲

事："当我年轻的时候，有一天我在你出生的城市散步。那天是礼拜六，我穿戴整齐，头戴一顶新貂皮便帽。路上碰到一个基督徒，他一边推攘我，抓起我的便帽丢到污泥里，一边骂道：'犹太佬，滚下人行道'，我乖乖地走下人行道，到污泥里去把便帽拾起来。"

这个故事就是著名的"便帽事件"，它强烈地震动了弗洛伊德的心灵，他一生都为之耿耿于怀。就是从他父亲给他讲这个故事的时候起，他立志要做汉尼拔似的英雄，横扫基督教的世界。从那时起，英雄情结就成了弗洛伊德心中一个挥之不去的心结。

他做到了，他以自己的方式征服了欧洲，征服了全世界。

正是出于反击这种对犹太人的不公正待遇，弗洛伊德从小就以优异的成绩在同学中名列前茅。在他的名著《梦的解析》中记述了若干年以后遇到一个老同学时的情景："……我私下却想：'八年同窗之中，我一直在班里名列前茅，而他平日却总是忽上忽下，成绩平平……'"可见，即使自己已经成为知名学者之后，他还是为早期学习中的优异表现而感到自豪。

而在他最初提出精神分析的性欲理论时，学术界骂声鹊起，这

时，弗洛伊德只能孤身奋战。他表现得愈加勇敢和坚强。仿佛自己是一个先知，面对顽愚的芸芸众生的讥笑，只是坦然以对，并愈加坚定了自己的信念。正如他在《梦的解析》扉页上的题词："假如我不能上撼天堂，我将下震地狱。"这是一个征服者的豪情壮志。从精神分析的角度来看，这种征服欲多少包含了报复性的攻击性成分。

这种攻击性在他对待"学术异己"时彰显无遗。后面我们会谈到，弗洛伊德和先后自己学术生涯中几个重要人物绝交。他决然地和他们决裂，并严厉地批评他们的学术思想。比如，阿德勒因为提出"自卑"概念取代性欲作为推动人的行为的原动力而受到弗洛伊德的排斥。尽管阿德勒曾经是"星期三小组"的四个核心成员之一，弗洛伊德还是无情地将他驱逐，并严厉地批评他的自卑心理学。可是有意思的是，综观弗洛伊德的一生的奋斗，恰恰是阿德勒的自卑心理学的一个完美案例。他由于自己备受歧视的犹太出身和贫寒的家境而体验到自卑。为了超越自卑，他努力学习，勤奋地工作，用优异的学习成绩和卓越的学术成就来解释自己的生活意义。同时，他还通过压制排斥异己来突出自己的优越感。

颇具讽刺意味的是，被他批评和排斥的阿德勒理论，却为他的一生作了最佳的注解。

弗洛伊德式友谊的终结

纵观弗洛伊德的一生，还有一个有趣的现象，那就是他似乎总是不断地和过去的密友断绝关系。这不由得让人想到，这是否是因为弗洛伊德性格中的某些固有的特征使然。从前面的分析我们可以看出，弗洛伊德虽然外表是一个温文尔雅的绅士，但却有一颗坚定的心，这种坚定在很多时候甚至表现为固执；此外，他的内心还涌动着一股强烈的征服者的欲望，他要用他的思想征服整个欧洲乃至全世界，他的征服欲是如此之强，以至于容不得任何与他的思想不和谐的东西。

弗洛伊德：一半是海水，一半是火焰

在弗洛伊德的学术生涯中，有几位至关重要的人，他们都曾经对弗洛伊德的生活或事业提供过帮助，但最后都因为学术意见的分歧而分道扬镳。从精神分析的理论看来，这几个人和弗洛伊德的关系无一例外地都带有弗洛伊德所言的"性"的意味，弗洛伊德对他们中有的人曾经怀有对父亲一样的情怀；有的则宛如恋人；而对有的人则视若子嗣。友谊中包含的这种"性"意向正是"弗洛伊德式友谊"的特征。

布洛伊尔

布洛伊尔（Joseph Breuer，1842—1925）比弗洛伊德年长14岁，他在弗洛伊德事业的起步时期，曾经给予非常多的帮助。正是在布洛伊尔的建议和支持下，弗洛伊德才决定成为一名神经症开业医生。弗洛伊德的诊所开业时，匾额是由弗洛伊尔的夫人亲手挂上的。当弗洛伊德最困难的时候，布洛伊尔曾经借钱给他、将病人介绍给他。布洛伊尔发明的"宣泄法"治疗神经症，他和弗洛伊德分享了很多治疗中的信息，其中包括著名的安娜·O的案例。这个案

布洛伊尔（1842—1925）

例激发了弗洛伊德关于性欲的思考。弗洛伊德的第一本专著，也被认为是精神分析理论的宣言书，《癔症研究》就是和布洛伊尔合作完成的。

遗憾的是，虽然布洛伊尔和弗洛伊德合写了《癔症研究》一书，但布洛伊尔并不同意弗洛伊德在书中表达的关于性欲的理论。这种分歧使得两人在1896年彻底决裂。同年10月，弗洛伊德的父亲去世。这两件事似乎暗示了伊底浦斯情结象征性地在他身上得到了实现。弗

洛伊德对布洛伊尔怀着对父亲一样的情怀。与他的决裂对弗洛伊德来说具有伊底浦斯式的意味。他是弗洛伊德所敬重的师长，而弗洛伊德只有背叛他才能追求自己所珍爱的目标。正是在脱离了布洛伊尔之后，弗洛伊德在性欲理论的方向上走得更坚决了。两年之后，他发表了更加惊世骇俗儿童性欲理论，正式提出了伊底浦斯情结的概念。

弗里斯

弗里斯（Wilhelm Fliess）1887年作为布洛伊尔的研究生来到维也纳，并与弗洛伊德结识。两人一见倾心，并开始了十余年的友谊。弗里斯是一位耳鼻喉科专家，在柏林开业。他从自己专业的角度也对人的性欲作了理论性的思考，在这一点上，他和弗洛伊德惺惺相惜。同时，弗里斯也是一个武断地不爱听取反面意见的人，这可能是他和弗洛伊德最终决裂的原因之一。弗里斯回到柏林之后，他和弗洛伊德开始了长期的通信。弗洛伊德平均每月给他写一封信，在15年中，弗洛伊德一共给弗里斯写信152封。这些信件有幸被保存至今，是研究弗洛伊德的思想和个人历史的难得的史料。

弗洛伊德和弗里斯

他们的相识正好是在弗洛伊德倍感孤单需要精神上的支持的时期，于是，弗洛伊德将弗里斯当成自己的几乎是唯一的听众，将自己最新的发现、感想写信告诉他，从他那里得到积极的回应和支持。这时，弗里斯的家境比弗洛伊德要好，因此，当弗洛伊德的家庭生活困难的时候，他总是慷慨解囊相助。当两人关系最密切的时候，互相对对方都怀有犹如恋人一般的情愫。他们同时向对方宣布自己的妻子怀孕了，互相玩"看病游戏"。也正是在这个时期，弗洛伊德介绍了一

弗洛伊德：一半是海水，一半是火焰

个女病人要弗里斯为她做鼻子的手术。弗里斯竟然"疏忽大意"，将一块 50 厘米长的纱布留在病人的鼻腔里，这险些要了那个姑娘的命，她的容貌则因此受到永久的破坏。从此以后，两人的关系出现了龃龉。

1895 年 7 月 23 日至 24 日夜里，弗洛伊德做了一个梦，这就是著名的"爱玛梦"。以这个梦的分析为起点，弗洛伊德建立起了宏伟的释梦理论。在这个梦中弗洛伊德表现出了对弗里斯的抱怨。

1902 年，弗洛伊德与阿德勒等四个年轻人创办"星期三小组"，聚集了第一批精神分析学派的传人。

同年，弗洛伊德给弗里斯寄出一张明信片附言："自此行最高谨致敬意。"至此，这对曾经犹如热恋的情人般的朋友分道扬镳了。根据欧文·斯通的《弗洛伊德传》中的描写，弗洛伊德曾一度想冰释他和弗里斯之间的嫌隙。但一件有关"优先权"的事情使得两人最终翻脸。弗洛伊德曾经对一位神经症患者斯沃博达谈起弗里斯关于两性现象的理论，而斯沃博达又把听来的材料告诉另一位叫魏宁格的朋友，两人把这些东西凑成一本小册子出版了。弗里斯得知后大为光火，弗洛伊德承认看到过这个书稿但并未做出反应。弗里斯紧接着出版了自己的著作，书中，他谴责了斯沃博达和魏宁格的剽窃行径，顺便也指责弗洛伊德帮了两人的忙。从此以后，弗洛伊德和弗里斯断绝了联系。

荣格

弗洛伊德和荣格（Catrl Gustab Jung，1875—1961）的关系是精神分析历史上最富于戏剧性的事件。在结识弗洛伊德之前，荣格已经是瑞士小有名气的精神病治疗专家，他发明的"词语联想"技术也有相当的治疗效用。早在 1902 年荣格就已经接触到弗洛伊德的著作，并对此做出积极的评价。1906 年，他开始和弗洛伊德通过书信交流意见。1907 年 3 月，荣格到维也纳拜访弗洛伊德，这是两位心仪已

久的笔友的第一次见面。《弗洛伊德传》中是这样描写的：

> 早春3月，周日上午10点钟的时候，卡尔·荣格按响了弗洛伊德寓所的门铃。女佣把他请到了西格蒙德的书房。这两个男子睁大眼睛互相看着，因为几个月来，他俩就一直盼望有这次会见。过了一会儿，他俩热烈握手致意，包含有相互赏识的意味，而且高兴得脸上泛起红光。然而就是这么短短的一瞬间，西格蒙德捕捉到了卡尔·荣格身上不多见的安详平静的刹那。
>
> ……
>
> 当主宾二人紧紧握着手时，西格蒙德认为，他俩仿佛已是多年的老友。
>
> ……
>
> 清晨1时，西格蒙德送荣格返回旅馆。在他俩握手告别、互道晚安时为止，他俩已足足谈了13个小时，吃饭的时间还没有计算在内。

对于两人的见面，弗洛伊德显得更加激动，他非常赏识荣格的才智，对他寄予厚望，希望他能够继承自己的衣钵。1910年，在弗洛伊德的安排下，荣格被推举为国际精神分析学会的主席。但是好景不长，一年以后两人的关系就出现了嫌隙。弗洛伊德发现荣格并不真正认同自己的性欲理论。荣格将力比多当作一种普遍的生命力的冲动，并不认为它与性欲有特别的联系或不是只和性欲有联系；而在精神结构方面，荣格渐渐表现出来的神秘主义倾向也是弗洛伊德不能接受的。两人的关系出现了微妙的变化。两人往来信件的语气也越来越尖酸刻薄。终于在1913年，两人的关系彻底破裂，1914年荣格脱离国际精神分析学会。

弗洛伊德曾经对荣格寄予很高的期望，甚至把他比作自己亲手创建的理论王国的"皇太子"。因此，与荣格的决裂对弗洛伊德打击很

弗洛伊德：一半是海水，一半是火焰

大。在两人关系紧张的时候，弗洛伊德曾经因为和荣格发生争执过于激动而晕倒。在弗洛伊德看来，荣格的叛离无异于亲生子嗣的背叛。如果弗洛伊德和布洛伊尔的决裂是伊底普斯情结的象征，那么荣格对弗洛伊德的叛离则是生生不息的一个新的轮回，只是这一次，弗洛伊德的位置变化了，他要做的不再是叛离而是阻止叛离。正如他在第一次与荣格会面时所说："上一代的离经叛道就是下一代的正统正宗。"

在与荣格分手之后，弗洛伊德不再与某一个人保持亲密关系，而是与忠实的追随者建立了一种群体交往。在弗洛伊德的晚年，身边聚集了一群忠实的信徒，他们忠实于弗洛伊德的精神分析理论要旨，为精神分析的传播和发展而努力。琼斯、莎洛美、马莉·波拿巴是他们中最杰出的代表。他们深深地爱戴这位外表和蔼内心倔强的老人，并尽一切努力让他免受来自外界的骚扰。正是他们的努力使得弗洛伊德免予遭受纳粹的迫害，以及大量有关弗洛伊德的文件得以保留。

爱的移情与升华

1912年，弗洛伊德写道：病人"对精神分析师本身的移情，只有在它是由被压抑的性欲成分构成的正面移情或负面移情时，才会发挥抗拒的作用"。移情是潜意识中的性欲的实现，在分析过程中，它发生在患者和分析师之间。正面移情类似于爱恋；而负面移情则充满敌意和抗拒，它会阻挠分析师对患者的潜意识的发掘，因此会妨碍分析治疗。

后来，弗洛伊德又提出了疑问："在移情中显示出来的爱情是否应该被当作一种真正的爱情呢？"

我们可以从弗洛伊德和他生命中的几个重要女性的关系中去寻找这个问题的答案。

玛莎：一生的眷恋

玛莎·弗洛伊德（Martha Freud, 1861—1951），弗洛伊德的妻子，父姓贝内斯（Bernays）。她和弗洛伊德于1882年4月的一个晚上在弗洛伊德的家里邂逅。同年6月17日，两人订婚，1886年9月14日，一对有情人终成眷属。

弗洛伊德和妻子玛莎

玛莎是弗洛伊德的妹妹的朋友。1882年，弗洛伊德26岁时，第一次在家里遇见玛莎，就爱上她了。他们很快就私下订了婚，但在他们订婚后的第三天，这对情侣就不得不分开，开始经受三年的相思之苦。

在三年中，弗洛伊德给玛莎一共写了900多封信，其感情的炙热可见一斑。而这种炙热的情感常常让热恋的双方备受煎熬。

首先，因为弗洛伊德认为恋爱双方应该达到心灵完全交融的程度，而绝不容许存在任何瑕疵，这使得他的爱常常陷入执著的褊狭之中。这种关于爱情的非理性观念实际上是一种神经症的表现，这是多年以后他对自己进行精神分析时才发现的。

其次，弗洛伊德生性敏感、多疑、好妒忌，每当想到会有其他优秀的男子追求玛莎他就受不了。他总是要求玛莎给他种种保证。他常常因为怀疑玛莎对他的爱而陷入痛苦的自我折磨之中。他也经常向玛莎提出一些不近情理的考验，为此而惹恼了玛莎也是常有的事。总的来说，两人的感情正是在这些爱情的小插曲中渐渐磨合趋于融洽。

玛莎是弗洛伊德一生钟爱的女子，他们共同生活了53年。两人的婚姻生活非常融洽，如琼斯的回忆："夫妻彼此相知甚深，彼此奉献。53年的夫妻生活里唯一会起'争执'的问题是煮蘑菇是应该去茎还是不去茎?"

有材料显示,当他们的小女儿安娜出生后不久,弗洛伊德夫妻俩就开始了禁欲的生活。是时弗洛伊德刚到不惑之年,而玛莎年仅35岁。

1893年8月20日,弗洛伊德给朋友弗里斯的信中说到,玛莎终于不必为怀孕而担心了,"因为我们目前过着禁欲的生活"。有意思的是,两年以后,他们最小的孩子安娜出生了。可见,当弗洛伊德给弗里斯写这封信的时候,并没有彻底地禁欲。但是,当安娜出生以后,弗洛伊德夫妇从避孕的角度考虑,开始了彻底禁欲的生活是有可能的。

1915年7月8日,在写给詹姆斯·普特南的信中,弗洛伊德说:"我是赞成更为自由的性生活的,尽管我本人极少动用过这种自由;只是在我确信这方面不逾矩的范围内,我才动用这种自由。"可见,在性生活方面,弗洛伊德一向是十分克制的。

弗洛伊德强调性欲的意义,反对压抑性欲,但是在自己的生活中却早早地限制了性欲的满足,是否是为了有意识地将性欲升华为研究的创造力呢?事实上,弗洛伊德在40岁以后达到了他的理论创造力的顶峰,而这种高度创造力几乎一直持续到死亡的那一刻。如此看来,弗洛伊德本人就是一个关于性欲升华的绝佳例证。

敏娜:纯洁的缪斯

敏娜是玛莎的妹妹,她的丈夫去世后,她就住在姐姐家里,此后的43年里,她和弗洛伊德以及玛莎一直生活在一起。敏娜和弗洛伊德之间究竟有没有发生过恋情,这是令后人猜想的问题。关于敏娜和弗洛伊德之间关系的原始材料有很多不清楚的地方,比如,当弗洛伊德初次遇到玛莎并向她表示好感,敏娜得知后做出了什么样的反应呢?不同的记载相去甚远,一说敏娜显得很高兴也很看重弗洛伊德;

而另有材料则说敏娜此时表现得很刻薄，对弗洛伊德不以为然。无论如何，二人后来成了精神上的密友是可以肯定的。

有趣的是，当敏娜住在姐姐家里的时候，要进入自己的卧室必须穿过弗洛伊德和玛莎的卧室。在贝格街19号，弗洛伊德的寓所里有足够多的房间供敏娜居住，这样的安排确实令人费解。这也是引起后人猜测的原因之一吧。

此外，她和弗洛伊德还经常一起外出度假。1907年，他们二人去了佛罗伦萨；1908年，他们在加尔达湖度过了一个星期；1913年，在罗马过了"美好的17天"。在20世纪20年代中，他们二人经常去加斯泰因温泉疗养。因为如此，荣格在后来的回忆中也暗示他们的关系可能过于密切。

敏娜和弗洛伊德的关系中的疑点虽然很多，但都是后人的猜测而已。而从另外一些迹象推测，他们之间的关系更有可能是精神上的密友，而不是情人。

首先，弗洛伊德很可能在小女儿安娜出生后就开始了禁欲的生活。这对于一个维多利亚时代标准的绅士来说并不是一件奇怪的选择。如果弗洛伊德只是和妻子断绝了性生活，而继续与其他女子保持性关系，那么他和妻子的关系一定是有了问题，如果是这样，两人不可能保持53年如一日的相濡以沫的恩爱感情。

其次，以玛莎的才智，如果丈夫有了不轨行为，在她的面前是不可能隐瞒得住的；而以玛莎的个性，她不可能对丈夫的不轨听之任之。从两人对爱情的态度和白头偕老的生活现实来推测，弗洛伊德应当是始终忠于妻子，而玛莎也是信任丈夫的。

再次，弗洛伊德曾经谈道："在19世纪90年代，赞赏并鼓励他的工作的，只有弗里斯和敏娜两个人。"在和朋友的信中，弗洛伊德把敏娜称为"纯洁的缪斯"。显然他是把敏娜当作和弗里斯相提并论的密友看待。

也许弗洛伊德的那句话正是源自于对敏娜的复杂情感："无论听

起来有多么不可思议，我以为应该考虑这样的可能：性冲动的本质中有那么一种东西，是妨碍百分之百的满足得以实现的。"

莎乐美：最亲爱的学生

安德烈亚斯-莎乐美·露（Andreas-Salome Lou，1861—1937）是那个时代难得的美貌才女，她曾经让无数男子拜倒在她的石榴裙下，包括尼采。

莎乐美曾经是弗洛伊德的学生。在四分之一个世纪的时间里，她和弗洛伊德互为笔友，尺素传情：

"既然对双方来说再见面是不可能的，那我就写信向你交心吧。人生中有多少事都是必须舍弃的呢！"

而莎乐美则乐观地回信道："我们总有一天会见面的，哪怕到时候两人都得扶杖而行、蹒跚相迎了；其实，我已经在又高兴又心焦地蹒跚而迎了。"

谈到弗洛伊德时，他的女学生说："弗洛伊德性格外显的一面中，有很多东西让我喜欢：特别是他进屋时稍稍转身的那个动作——比如来上课的时候就是这样——不过我觉得，那其中有一种离群索处的愿望……特别是顺着这个动作向上，我看到他的头、他的眼神的时候：那么从容、睿智、有力度。"

莎乐美（1861—1937）

弗洛伊德跟女学生说音乐："我奏出一段旋律——一般都是很简单的——你就高八度再来了一遍。"而学生则以糕点论来回应，在收到他的《精神分析引论》后，她写道："先是全篇哪儿都让我喜欢，后来我就在这块蛋糕里'乱翻'起来，一点儿一点儿地翻，想把最

精神分析学派心理学大师

大和最新鲜的科林斯葡萄干挑出来。"

两人性情不同，对人和事的看法也有很多分歧，但是弗洛伊德对这位学生显然要比对其他意见不一致的学生更加宽容，他非但没有把她赶出精神分析的阵营，还把她称为"最亲爱的学生"。他们的友谊一直维持到莎乐美去世，达25年之久。其间，老师从来没有批评过这个思想极其自由的学生。弗洛伊德在他的母亲所生的孩子里是长兄，有5个妹妹；莎乐美是家里最小的孩子，有5个哥哥，这种长幼序列似乎让师徒二人都觉得一些别样的情愫。弗洛伊德总说莎乐美有6个哥哥，似乎是把自己算在里面了。这似乎暗示了弗洛伊德对这个学生的感情已经超出了普通的师生情谊。

当莎乐美去世时，弗洛伊德承认自己十分欣赏她，作为朋友他十分喜欢她，跟她很亲近；只是"颇奇怪的没有两性间相吸引的迹象"。

尾声

整个精神分析理论实际上是一部弗洛伊德的个人生活史。我们已经分不清楚，是弗洛伊德按照自己的生活体验建立了精神分析理论，还是他按照精神分析理论塑造了自己的生活。也许二者兼而有之吧！

荣格：一个神秘主义教派的领袖

> 我的同时代人无法领略我的幻觉的意义，因此他们看见的只是一个匆匆赶路的傻瓜。
>
> ——荣格

　　荣格——"分析心理学"的创始人，弗洛伊德最器重的却也是最不听话的学生，一个精通占星术、古代神话和异教思想的瑞士医生……提到荣格，他的种种神秘而不可思议的理论浮现出来。原型、心理类型、集体无意识等理论对心理学产生了重大的影响。本文并非荣格的赞诗，而是旨在揭开荣格崇拜者掩盖下的历史上真正的荣格。

初涉精神分析——早期的生活

　　评价荣格，不得不说一下他的背景。卡尔·古斯塔夫·荣格

精神分析学派心理学大师

(Carl Gustav Jung, 1875—1961) 出生于瑞士康斯坦斯湖畔一个村庄的非常好学的家庭里。其父终其一生都在乡间做牧师，而父系家族中的男性也多是牧师（父亲和8个伯父）和神学家、医生、古典文学学者、东方语言和文化学者等。对荣格来说，少年时期就可能接触过许多的学术著作。他的父母不和睦，经常吵架，母亲患有精神疾病，性情反复无常，在荣格小时候就离开了他。一直以来，荣格都深深地害怕这种不好的遗传。确实，在他小时候有过癫痫发作的经历。这在世纪末的时代是很不好的象征，意味着遗传的"坏血"在他的身上表现出来。这恐怕也是他在医学院中突然决定选择精神科的原因吧。

撇开让荣格惧怕和自卑的母系一方的精神病史，他的祖父老卡尔·古斯塔夫·荣格是德国一名信仰天主教的医生、科学家、巴塞尔大学的校长，据说是歌德的私生子。这个传说一生都为荣格津津乐道，这也毫无疑问使得他更愿意强调他相对德国化的父系的血源。赫尔曼·凯泽林伯爵在1928年提到荣格是一个"典型的瑞士人"的时候，荣格回应道："我的家族中母系的一方具有五百年的瑞士人血统，但在父系一方只有一百零六年。因此我必须提醒读者注意我'相对瑞士化'的态度，这源于我只有百年稍多一点的瑞士精神。"在那时候，多数瑞士人都不愿意提起他们德意志根源的时候，荣格显然并没有忘记自己仍然是德国人的一分子。

荣格虽然是出生于资产阶级世家，在经济上却并不宽裕。这使得他不得不在读医科大学时申请助学金。但是在歌德后代的光环下，这并不妨碍荣格的精英身份。不仅在学校他积极参加左芬格联谊会，并在两年后成为主席，在进入苏黎世的布尔格霍尔兹利（Burghölzli）精神病院5年后就成为院长下的第二号人物，更为人所熟知的是与弗洛伊德相识一年不到即被视为接班人。最终成为苏黎世精神分析奋进社的领袖。他所居住的石塔也成为荣格崇拜者的瞻仰圣地。终其一生，荣格都是一位颇具人格魅力的领袖。

荣格最终陷入神秘主义异教的狂热在他早期生活已有体现。那个时期在瑞士的中学和大学,学生对希腊罗马神话和德国古典文化的熟知是广泛的。而荣格家族中母系一方女性也被认为是具有巫师般的超凡洞察力。直到他1902年发表的博士论文《论所谓神秘现象的心理和病理》,充分显现了他对唯灵论和神秘的异教仪式的热衷。论文中他对名叫埃利的女孩做了催眠,进入鬼魂附体的状态。他的论文对他的学术发展具有重要影响,但是这却给埃利家族蒙上了阴影。虽然对埃利做了化名,但在巴塞尔这个小城,埃利的身份还是被识破了。这不得不使得她被看成一个疯子、女巫,歇斯底里的遗传退化者。自此以后,荣格和他的同事更坚定地在精神病院进行着神经病理学的研究。由于他们用的是"语词联想"的方法(甚至被认为是现代认知心理学的先驱)在学术界越来越受到重视,直到荣格遇见了弗洛伊德……

遨游潜意识——与弗洛伊德决裂

荣格为一位歇斯底里的女病人萨比娜·施皮尔莱因(后来她成了荣格的长期情妇)做精神分析。这对初出茅庐的荣格来说无疑是个巨大的挑战。他正是运用了"语词联想"的方法,这种测验就是通过念一个个随意的单词给病人听,并要求病人对它们做出反应。如果病人在做出反应时显得犹豫不决,或者流露出某种情绪,就表明该词很可能触及荣格后来称为"情结"的某种东西。这时,他读起了弗洛伊德的《释梦》。他惊奇地发现,弗洛伊德的理论和他的研究方法如此相似,得知远在维也纳有一位天才也在从事着相似的研究就让他兴奋异常。

正在弗洛伊德的理论备受争议的时候,荣格抛开世俗偏见,公开地站到了弗洛伊德的一边。1906年3月或4月初,荣格终于向弗洛伊德伸出了橄榄枝。他给弗洛伊德写了一封信,同时寄去自己的论文。当时处于孤立无援中的弗洛伊德愉快地接受了。在经过随后多次

精神分析学派心理学大师

的书信往来后，1907年，弗洛伊德邀请荣格到维也纳做客。在维也纳，一场马拉松式的长谈持续了13个小时。一见如故的友谊使他们的亲密关系快速升温。在这段融洽的日子里，他们交换观点，相互深入分析和切磋。年长荣格19岁的弗洛伊德很快就视他为自己精神分析王国中的"储君"并比为自己的"长子"。而荣格却说这"使我下不了台"。

1908年4月26日，具有历史意义的第一次国际精神分析学大会在奥地利的萨尔兹堡举行。荣格为这次会议的组织召开立下了汗马功劳。1909年，两人同时应邀去美国讲学，在船上共同度过了为期七周的旅途生活，两个人每天互相分析彼此的梦境。在这次美国之行中，他们的演讲受到了热烈欢迎。他们在美国是"受人尊敬和欢迎的人"。弗洛伊德甚至说："你们难道不知道，我们带来了一场瘟疫吗？"精神分析运动的成功不能说没有荣格的一份功劳。1910年3月底召开了第二次国际精神分析大会。荣格对大会的成功做出了非常杰出的贡献。在经过激烈的争论后，由于弗洛伊德再三坚持，荣格当任国际精神分析学会的主席。至此，荣格登上了他事业的高峰。

看似风平浪静的友谊底下，一些不安的、不和谐的声音渐渐冒了出来。其实从一开始两人间就存在着一些分歧。两人虽都确信压抑之存在，但就压抑的内涵而言，两人看法却并不相同。弗洛伊德认为压抑的内涵，是一种潜在的性驱力或性经验。而荣格明显想把它扩展得更广。这种理论上的分歧被沉浸在彼此欣赏、共创大业的激情遮掩了。有学者这样评论他们的关系："当强敌在外时，两人由于有着共同的目标，所以能够紧密联系在一起，分歧即便存在也可以忽略掉。但当外敌的威胁日渐减小后，两人不再需要为维护他们共同的理论而一起战斗了。他们开始投入到进一步发展这一理论中去。正是在如何发展这一理论中，两人间的分歧开始显得日益突出。"

很多人都认为关于"力比多"的不同理解是荣格和弗洛伊德决裂的主要原因。荣格不同意弗洛伊德把力比多看作性能量，而认为力

荣格：一个神秘主义教派的领袖

比多应该是一种广泛的生命能量。其实这只是一个方面。荣格之所以追随弗洛伊德，在很大程度上他可以缓解他对自身遗传退化的恐惧。弗洛伊德的理论形成之初就将精神病理学的重点从退化转移到心理动力因素上来，尤其是通过精神分析可以使得被认为是"遗传的坏血"的人得到新生的希望。但是在精神分析获得成功后，荣格却沉迷于古代神话、占星术、异教仪式和东方的神秘哲学是弗洛伊德所不能容忍的。通过他们的信件来往不难看出，他们的矛盾越来越激烈，终于到了不可调和的阶段，决裂势在必行。

在这里我们对荣格的态度转变更感兴趣。何以原本视为伟人与导师的人，会渐渐失去了光环和吸引力。除了在力比多问题上的不同理解，更重要的是两人的性格造就了分手的命运。崭露头角的荣格原本视弗洛伊德为权威的精神之父，在与天才的接触中越来越提高自己的能力与水平，也发现了更多天才不那么闪光的地方。荣格曾谈到，造成他与弗洛伊德关系恶化的一个重要原因是他无意间知道了弗洛伊德与妻子和妻妹之间的"三角关系"。弗洛伊德私生活上的问题，很可能会动摇他在荣格心目中完美的形象。而这一完美的形象对于其权威地位的维护是很重要的。当弗洛伊德想对荣格隐瞒这一事实时，其形象在荣格心中又一次被降低了。这可能是荣格无法再平和地对待他们之间分歧的原因之一。另外，弗洛伊德的精神分析运动定义为一种文化运动，走的也是为犹太人这些非主流的团体争取政治自由改革的"科学"道路。而荣格却并不满足于此，他要寻找的是代替他已经放弃的基督教而创造另一种宗教，所以说荣格的精神分析是宗教性的。那时的荣格已经不是当初初露头角的新秀了，一群忠实的追随者和学术地位使得荣格完全有能力创立自己的学派。荣格开始把大部分时间用于神话学的研究中，在这个方面，弗洛伊德稍显笨拙的理解力与荣格格格不入。就这样在与天才的不断接触中，神圣的光环渐渐失色了。此时的荣格早已不再是甘心情愿笼罩在弗洛伊德羽翼下的荣格了。羽翼渐丰的荣格不愿意再受到弗洛伊德的荫护，他需要走自己的路了。

爱情与婚姻

虽然在这里插入荣格的婚恋关系会打破他思想发展的"编年史",但是荣格婚姻态度的改变对他的影响重大,使他抛弃了中产阶级的价值观,进入了神秘主义宗教的领域。

荣格在 1903 年娶了瑞士沙夫豪森一个富有工业家的女儿埃玛。由于当时的瑞士法律允许丈夫对妻子资产的完全继承权,这使得荣格再也不用为钱担心了。即使在 1909 年到 1914 年不断变换职业以及和弗洛伊德决裂后的事业低谷,荣格也依然能够维持一个资产阶级的生活水平。

不论婚前婚后,荣格亲密的性爱关系一直持续着。而且绝大多数都是荣格的病人,后来变成他的助手和精神分析学家。其中最著名的要数萨比娜·施皮尔莱因。1904 年,18 岁的犹太女孩萨比娜·施皮尔莱因被送到布尔格霍尔兹利精神病院,被诊断为歇斯底里。荣格用精神分析的方法进行治疗,在取得了一定的医治效果后,施皮尔莱因成了荣格的助手。在这个时期里他们互相吸引,但是一直没有真正越轨,直到荣格接触到了奥托·格罗斯,并被之深深影响。

1908 年,自行其是的弗洛伊德学派的分析者、"尼采主义"医师、激进的性爱主义道德规范的提倡者奥托·格罗斯,由于毒瘾和行为不端而被送来布尔格霍尔兹利,由荣格治疗。原本鄙视格罗斯放荡生活的荣格在与之一起度过长达 12 小时的分析后却令人吃惊地转变了。当格罗斯控制不住毒瘾跳墙而出时,荣格甚至说,"无论如何他仍然是我的朋友,因为本质上他是一个有着不平凡思想的很好、很友善的人……因为在格罗斯身上我发现了自己真实本性的很多方面,所以他看起来常常是我的孪生兄弟——除了早发性痴呆症以外。"

是否受了格罗斯的新性道德的影响,我们不得而知,但在与格罗斯的接触以后,荣格兴奋地告诉萨比娜他对一夫多妻有了顿悟,与她做了爱,并合作了一首散文诗以示庆祝:"为你,与惊涛骇浪搏击;而今,作为胜者:我舞动双桨,你恰是天赐。"荣格和施皮尔莱因的性关系和相关内容在他1901—1902年的文稿中得到表露。

除了施皮尔莱因,埃玛还得容忍荣格的另一个情妇——托尼·沃尔夫。同时荣格在给弗洛伊德的信中表示了对"乱伦"问题的新看法,表明他已经接受了母权制和多配偶制度。但遭到了弗洛伊德的激烈反对,并且批评荣格想用这些理论为自己已经被人所知的拥有多个性伴侣寻找借口。

决裂后的复苏——"分析心理学"的创立

荣格与弗洛伊德的决裂是彻底的。弗洛伊德的积极行动迫使荣格从弗洛伊德学派中脱离出去。1913年10月,荣格辞去《年鉴》编辑职务;1914年4月,荣格辞去学会主席职务。弗洛伊德对此事所作的评论毫不留情,7月25日他给阿伯拉罕的信中这样写道:"卑劣的、虚伪的荣格以及他的信徒终于从我们中间滚蛋了。"正是这次分裂,使得荣格的形象大为受损。琼斯同年发表了一篇疯狂攻击荣格的文章。文中,荣格被描述为一个自以为是上帝的极度自恋的狂徒。琼斯说:"上帝情结最主要的基础其实正出自于一种巨大的自恋,我觉得这才是我们正讨论的他的人格的最典型特征。"这篇毫无掩饰的攻击之作被发表在1913年的《期刊》上。

正在洞悉集体无意识的荣格

当时的闲言碎语也都在嘲笑荣格:荣格想创建一个宗教,自己身为图腾。

精神分析学派心理学大师

这些闲言碎语广为流传，因而直接使荣格的临床实践受到影响，并使他失去了一些追随者。在那以后，荣格陷入了事业和精神状态的低谷。他形容自己"仿佛被悬挂在半空中一样，失去了立足点"。荣格精神状态的极度不稳定，不断的噩梦和可怕的幻觉，在这段时期被人怀疑患有精神分裂也就不足为怪了。甚至有时候，荣格会在床边放一把左轮手枪。80岁时，荣格在回忆录中写道："同弗洛伊德决裂以后，我所有的朋友和熟人纷纷同我疏远。我的著作被指责为胡说八道而一文不值。我成了人们难以理解的神秘主义者，如此而已。"

第一次世界大战的爆发使得荣格恢复了过来，他把他之前的疑为精神分裂的时期归结为对即将到来的世界大战的"先知"。他朝着越发神秘和超自然色彩的方向发展。

荣格的主要理论中，不得不提的是集体无意识。对于个人无意识，荣格大致接受弗洛伊德的分析，认为个人无意识包含着来源于个人生活经历的事件、记忆和愿望。而作为更深层的集体无意识，按照荣格的观点则与整个人类经验的传统相关。早在1909年，荣格就做过一个类似灵魂考古学的梦，而弗洛伊德对这个梦的解析并不能让荣格满意。通过他的积极想象和对大量神话故事的研究，荣格提出了他的灵魂种系发生史。在个人无意识之下，还存在一个更为庞大的集体无意识。"相距最远的种族和民族，他们的无意识过程却能表现出显著的一致性……无论是在本土神话的形式上还是主题上，都是如此。"而集体无意识能通过生物性的遗传而获得。荣格这样描述集体无意识："再现之可能性的祖传遗产，不是个人的，而是所有人共有的，甚至也许是所有动物共有的……在我们心中所激发出来的，是那久远的历史背景，那些古老的人类心灵的样式。这些并不是我们自己获得的，而是从过去混沌不明的历史中继承而来的。"

也就是说，某些"原始意象"或"原型"在个体的生命中并没有经历过，可是他却获得了。这可能是从他的祖先甚至种族中继承而来的。在荣格50岁生日后的一个月，他对本人的经历进行反思，把

荣格：一个神秘主义教派的领袖

自己看似生来具有的领袖气质归因为一个半精神性、半物质性的概念——"祖先占位"。这暗示着他本人基因中所继承的天才歌德的精神特质。

对于集体无意识的证据，荣格反复讲到的就是"太阳阴茎人"的故事。太阳阴茎人其实是霍内格的一位病人（但奇怪的是，荣格刻意隐去了这一信息而称之为自己的病人），这位偏执狂者有如下幻觉："这位病人看见太阳里有一根竖直的尾巴，很像直立的阴茎。当他前后摇头，太阳里的阴茎也随着他动作的方向而运动，除此之外，还刮起了风。"这与《密特拉礼拜仪式》一书中的描写如出一辙，而此书的出版是在发现太阳阴茎人之后4年。荣格认为，住院病人不可能预先已知诸如此类的神话观念。因此，这种幻觉也就成了集体无意识存在的证据。

更奇怪的事情还在后面。1911年3月，霍内格自尽身亡，他的个人文件包括太阳阴茎人的病历消失了，直到1913年才重现人世。而在此期间，荣格已经把这个病历据为己有了。另外，关于太阳阴茎人的发现日期以及《密特拉礼拜仪式》真正的出版日期也问题多多。霍内格1909年才开始临床实践，而荣格报告的病人幻觉却在1906年。《密特拉礼拜仪式》在1903年就已经有了第一版，这样荣格所断言的住院病人不可能接触过《密特拉礼拜仪式》也就不能成立了。本来，研究中的偏差也不足为怪，但是在觉察到日期上的矛盾后，荣格依然撰文甚至在接受媒体采访的时候，坚持自己故事的"真实性"。说得难听点，只能是他通过竭力维护这个故事来巩固他集体无意识的理论体系不至于崩溃。除了太阳阴茎人，后期的荣格在寻找种系发生的神话学证据时，并没有像他在作博士论文时那样，先弄清楚病人先前是否接触过有关神话而后来又遗忘了来源。他的标准只有此人的职业水平和教育水平。因为荣格相信，只有古典学者、考古学家和受过大学教育的学生才接触过古希腊神话，而"一个店员，没有受过高等教育……不可能对这些神话和哲学有所了解"。除了这些荒谬的假设，仅仅个案研究就武断得出这样的结论，这也使得人们怀疑集体无意识的可靠性以及荣格研究方法的科学性。

抛开以上的质疑不谈，荣格的集体无意识观点还是直接影响了今天的进化心理学。许多本能或者原型被认为是遗传而来的心理机制。"阿尼玛"和"阿尼姆斯"的概念隐喻也影响了当代人对择偶的看法。随着进化心理学的崛起，荣格的理论也越来越受到关注。其他的如性格的类型、原型理论至今也仍然为人们所津津乐道。即使在精神分析已经不再那么"流行"的现时代里，还是有大量的荣格主义崇拜者继续追随着他和他的理论。荣格的理论吸引着这么多人，主要是由于他触及了我们心灵的危机以及我们生命的意义。他对于东方宗教（主要是道教和西藏佛教）的了解之深也是西方学者中绝无仅有的。虽然他对各种神秘现象的理论解释至今被科学界争论不休，但无疑还是拓宽了心理学的研究视野。

霍妮：经典精神分析的"社会文化"外衣

> 谁也不能宣布我是个不道德的人——然而我可以在自己的谎言中淹死。
>
> ——霍妮

霍妮（Karen Horney，1885—1952），美国新精神分析学派心理学家。生于德国汉堡。1915 年获柏林大学医学院医学博士学位。1915—1918 年任柏林精神医院住院医师。1932 年移居美国，任芝加哥精神分析研究所副所长。1934 年私人开业，并在纽约精神分析研究所任教。她对弗洛伊德理论日益不满而与之决裂。1941 年，成立以她为首的美国精神分析促进协会，并建立美国精神分析研究所，由她任所长，直至逝世。其理论的主要概念是"基本焦虑"。她还提出

精神分析学派心理学大师

了"理想化的自我意象"的概念，认为理想的自我与真实的自我之间的冲突是导致神经症的主要原因。霍妮对弗洛伊德提出的本能、伊底普斯情结、力比多和心理发展的分期等都进行了否定。但她仍保留了弗洛伊德的一些最基本的概念，如潜意识，压抑等。

照片上的这位女性，棕色眼睛，眉宇宽敞，两颊突出，前额高阔，白发晶莹。的确，作为新精神分析的领袖人物，霍妮展示了迷人的风采。她那透露着骄傲的眼睛，倔强上扬着的嘴角，神秘的笑容，使她像是一个谜团，透着一种难以掩饰的郁郁寡欢。对于这个世人非常钦佩的女性，对于她从不向陌生人开放的内心，笔者很想一探究竟。因为在笔者看来，霍妮独特的魅力在于她那"不可思议的内心独立"。

阅读霍妮的著作，一位努力经营自己的爱情和生命、一位充满内心的挣扎与苦痛的女性形象跃然纸上。霍妮的情感丰富、思想敏锐，能够通过自我的观察捕捉到新鲜的思想。霍妮的理论是具有独创性的，她对文化与人性的认识，对社会生活与精神疾病的理解，对基本焦虑与内心冲突的揭示，对人格构成与自我实现的阐述，都使她的思想具有特殊的魅力。霍妮一生的著作闪耀着特殊的智慧光芒，十分迷人：1937年出版的《我们时代的神经症人格》是霍妮的第一部重要代表作，标志着她形成了自己的不同于传统精神分析的独立的思想；在从德国去美国后，霍妮在精神分析的新实践中发现弗洛伊德的学说存在着种种缺陷，无法适应时代的要求，于是，1939年出版的《精神分析的新道路》是霍妮对弗洛伊德理论观点的全面清算；1942年出版的《自我分析》是霍妮对传统精神分析进行变革的一个组成部分；1945年出版的《我们的内在冲突》是霍妮思想的新发展；1950年出版的《神经症与人的成长——自我实现的挣扎》是霍妮生前的最后一部重要著作，是她毕生的治疗实践和学术研究，在一个更高和更新层次上的总结。在本书中，霍妮深刻地谈到了她对人性的理解，突出了对人的内心过程的分析，揭示了神经症造成的自我异化，指出

霍妮：经典精神分析的"社会文化"外衣

了乐观而积极地实现自我的途径。霍妮的这些著作能帮助我们将对她的印象组织起来。

传记里的霍妮，永远只留给后人一个侧影，留待我们去追寻。霍妮的性情十分孤僻，很少向他人诉说自己的感情和经历。但她从13岁到26岁的日记向我们充分展示了她的内心生活，从1945年至1951年间写给长女布莉吉特的50封信，也为我们走近她的内心提供了线索。可以说，霍妮的自我发现与成长的过程持续了大概30年，而霍妮思想的演化，是与她对自我认识的探索携手并进的。除了霍妮的日记与信件之外，霍妮的研究者均认为她在《自我分析》中描述的"克莱尔病例"极具自传色彩，她在其中进行了充分的自我揭示。尽管霍妮对克莱尔病例的描述有所简化，甚至虚构，但它能使我们清楚地看到，霍妮是如何从中感知自身的发展，它不仅帮助我们全面了解她的生平，还能帮助我们全面了解她的人格。以下笔者尝试分析一下霍妮是如何用其后期思想来认识早期的自我，而她的人格缺陷又是如何影响其理论的产生与发展的。

童年的压抑

我把手指按在嘴唇上保持沉默、沉默、沉默。陌生人对我们算得了什么，值得我们将内心向他们开放？——霍妮

霍妮1885年9月15日出生在德国汉堡的郊外。她的父亲瓦克尔斯是一位祖籍为挪威的船长，一位钟表匠的儿子，在此次婚姻前是个鳏夫，有四个即将成年的儿女；母亲索妮具有荷兰—德国血统，是一位建筑师的女儿。这意味着这对夫妇之间不仅年龄相差悬殊，双方的社会门第也大不相同。从霍妮的日记中可以看出，童年时家庭成员间的关系非常紧张。她和大她四岁的哥哥本特站在母亲一边反对父亲，而父亲头一次婚姻的子女们则怂恿她远离母亲索

精神分析学派心理学大师

妮。日记中关于父亲的段落多写于霍妮15岁时。霍妮的父亲从未梦想过她在社会上取得任何特殊地位，更希望她待在家中接管女仆的活计，这使得霍妮"几乎想诅咒自己的美好天赋"。霍妮对父亲的愤恨在日记中表露无遗："父亲可以为我那个又笨又坏的继兄挥霍几千马克，可是在我身上花每一分钱他都得用手指掂量十回！"霍妮一直无法尊敬父亲，并认为"那个人，使我们大家都因为他的极端虚伪、自私、粗暴、缺乏教养而不快活"；她抱怨父亲每天早上做的"无休无止、愚蠢不堪的祈祷"；她在父亲不在家时，感到"说不出的快活"。直至霍妮在成年工作后，都时常回忆起"父亲两只蓝眼睛凶巴巴地盯着她"。

从父亲那里得不到温暖，小霍妮就对母亲倾注了自己全部的亲情与关爱。最初，她不断体验了挫败感——"时常很悲伤、很沮丧。家里一团糟，而母亲，我的一切，病成这样，又不快乐。我是多么想帮助她，让她高兴起来"；而当发现母亲偏爱她的哥哥本特，"默默地忽视哥哥的卑鄙，然而只要我说出一句不友好的话，她就会大发脾气"时，霍妮又时常觉得受到了冷落，这种不公正的感觉使她"生气至极"；在小霍妮心中理想化的母亲形象幻灭后，她不再掩饰对母亲的失望与不满。在后来的一封信中，她写道"我和母亲之间的紧张关系，变得日益难以忍受。虽然没有发生一丝一毫的事情，但是她对待我就像对待空气一样……我希望她死去，或者离我远远的……"这种母女间尖锐的对立状态使霍妮"湮没在自己的愤怒之中"。童年，压抑的家庭环境使霍妮身上有股强大的怀恨，而她的哥哥本特是愤怒爆发的导火索。霍妮认为本特是个"冷冰冰、怀疑一切的玩世不恭者"，并在《青春期日记》抱怨"他对待我一直是那么不公平，如今，往日的仇恨觉醒了，它已缓慢但却实实在在地积累起来"。一个粗暴的父亲，一个因婚姻不幸而多病的母亲，一个得到偏爱的哥哥，可以说，霍妮的家庭环境是培养其特殊人格的苦涩土壤。

家庭对霍妮的影响，一生如影随形。依据霍妮后来提出的基本焦虑理论，我们可以看到她早期的生活经验对于她人格发展的影响。霍妮的父母具有基本罪恶——缺乏对她的温暖和爱，这使得霍妮心中产生了对父母的敌意，即为她后来所定义的"基本敌意"。但由于身为儿童的无助感、恐惧感、内疚感，她压抑了自己的这种敌对心理。这样她就陷入了既依赖父母又敌视父母的不幸处境之中，埋下了发生神经症人格的种子。这种敌意后来投射、泛化到外部世界，使她觉得整个世界充满着危险和潜在的敌意，并深感自己内心的孤独、软弱、无助。同时，她那坎坷的童年迫使她有了一种防御行为，而这种防御在日后损害了她的人际关系。

童年使霍妮感到了无法忍受的压抑，在步入学校生活后，她只有用自己的勃勃雄心帮助她补偿被父亲和哥哥抛弃的屈辱感，用完美的成绩来克服母亲对她自尊心造成的伤害。有了这种情感体验，我们可以想见精神分析为何对霍妮来说有如此大的吸引力，她可以从中进行精神探索，并寻找安慰。正如霍妮的女儿瑞那特所言："童年时期与家庭的矛盾，她深重的抑郁和神经质倾向，皆使她因祸得福。不然她如何提出一种理论，如何能洞察人的本质？"

情与欲的沉溺

女人，正在寻找一个人，唯一的、她可以属于的人。寻找——找错了但依然在寻找——永无休止地寻找。——霍妮

《对爱情的过高评价：当代常见女性类型之研究》是霍妮理论的一个里程碑，也是让读者掌握她内心冲突、她的行为模式，以及她与男性之间隐秘关系的大量实情的有效文献。在其中，我们可以看到霍妮拥有着"无忧无虑，'四处恣纵'的倾向"。在她的生活中反复出现的一个主题就是，对一个男子不断追求，继而对他感到失望并抛弃他。这样就有五个男性走入了她早期的生活。他们是：

精神分析学派心理学大师

沉溺于情与欲的霍妮

肖尔奇，是他使霍妮体验了爱情，他们的感情维持了几个月；罗尔夫，霍妮深深地迷恋着这位犹太籍的导师；恩斯特，他身上有种强烈的肉体吸引力，使霍妮为他放弃了罗尔夫；洛什是霍妮的同学，他在医学院的两个学期中是霍妮的情人，霍妮与其同居时，跟其他男子也有染；奥斯卡，霍妮日后的丈夫，他同时也是洛什的朋友，霍妮在与洛什热恋时一直与他保持通信关系。霍妮头一次婚外恋是与自己的密友莉莎的丈夫——瓦尔特，他作为一个情人"令人失望"，但她又难以自拔。之后不久，霍妮又开始沉湎于数次婚外恋中，仅20年她的情人就有两三个，而他们都是霍妮柏林分析研究所的同事。在霍妮生命晚期，她经常与比她年轻的男子、或处于依赖地位的男子发生关系，这证明她需要保持她一直以来的优势地位，获得对童年的报复性胜利。霍妮与男子的关系中有两个典型特征：先是将对方理想化，指望他能改变自己的生活，感激他给予她的"爱和被爱的无限幸福"；当这一希望破灭时，霍妮常常又感到"令人瘫痪的疲惫与冷漠"，以及随之而来的抑郁。有时，霍妮所依赖的男性对她漠然置之，甚至把她抛弃；有时，在他们还没来得及伤害她之前，她就抛弃了他们。这种脆弱的、毫无选择的性爱关系，在一定程度上反映了霍妮的神经质行为。

从早期的《青春期日记》开始，霍妮就不满意自己的爱情生活。她既害怕男性，又强迫性地需要男性，为此她深受折磨。作为一个坚强的、思想独立的女子，她一直渴望依附在一个更强大的男子面前，因为这可以使她获得性爱的满足，也可以从他那里获得力量和支持。霍妮的内心时而希望超越情欲，时而希望享受情欲。一方面她需要一位能在感情上与她融合的人；另一方面又需要能在肉体上满足她的

霍妮：经典精神分析的"社会文化"外衣

人，这使得霍妮的爱情总是呈现出"分裂"状态。霍妮曾经尝试为自己"二元的"性爱生活进行辩护——她同时需要两种类型的爱情——找到一位强有力的男子，并能在道德上、感情上与他融为一体，将自己完完全全地奉献给他。

如同照片中她傲慢的表情一样，她不健康的交往观念也反映了她深深隐匿着的不安全感。她曾说过："谁也不能宣布我是个不道德的人——然而我可以在自己的谎言中淹死。"很难想象，这个对爱情有着不同寻常需求的女性，可以在同一时间"爱"上几个男子。霍妮后期将自己对男性的"不顾一切的需要"，归咎于她不幸的童年。而笔者认为，她成长的环境助长了她无意识的自我欺骗和男女交往中的有意识的虚伪。对比霍妮在《自我分析》中对克莱尔病例的分析，她自己也一直害怕在感情上过度依赖他人。因为她童年时期在父亲和哥哥那里体验过"羞辱"，因此她想通过避免过深的感情纠葛来使自己"无懈可击"。她竭力使男子爱上她，以此来为自己早年的被抛弃复仇。在《自我分析》中霍妮描述了这样一些症状："深深地沉浸在爱情之中"；"一旦那男子被'征服'了，她们就会对他失去兴趣"；"害怕陷入爱河会给她们带来失望和羞辱"；"胜过男子就把他撇在一边，抛弃他，正如她们自己曾经感受到被撇在一边、被抛弃一样"……这些无疑是她自身爱情体验的一个真实写照。

霍妮自身的情感经历潜移默化地影响了她理论的发展，她对自身心理的反思使她得出了与正统精神分析不同的结论：通过对女性的阉割情结、女性的男性气质情结、女性的性冷淡、女性的受虐狂倾向等问题所做的精神分析，她认为，女性身上的这些人格特点实际上并不完全是由于生理上的原因造成的。生理上的特点和生理结构尽管构成了女性心理特点的基础，但是，女性如何体验自身的生理特点，是深受其文化影响的。由此，她开创了女性心理学的先河。

精神分析学派心理学大师

古典精神分析的"现代化"外衣

我不应阅读任何东西，我只需阅读自己。因为我只有一半活着；另一半则在观察、批评，它只知道嘲讽。——霍妮

失败的母亲

在霍妮的成年生活中，处处可见童年生活对她的影响。霍妮有三个女儿——布莉吉特、玛丽安娜和瑞纳特。玛丽安娜和瑞纳特都公开表示，她们对母亲不甚了解，"一直受到了忽视"。虽然霍妮一直努力与女儿们情感沟通，但她算不上一个优秀的母亲。她的女儿们在童年时"外套不是太长就是太短，长筒袜不合脚，指甲很脏"。三个女儿一致声称，她们的母亲只关注自己的事业，甚至在周末时也是如此，除了过圣诞节、过暑假，她很少和女儿们在一起。甚至可以看到，霍妮自己对于"母亲"这个社会角色并没有很好地适应。在1911年1月5日的日记中，当时霍妮已经怀布莉吉特6个月，她那时"对索妮怀有深深的厌恶"，以至于她怀疑是不是"在潜意识中竭力不愿发现自己处于和母亲相似的处境：即将成为母亲，正如她是我的母亲"。她揣测自己是否在潜意识中怨恨这个尚未出世的婴儿，因为怀上这个婴儿使霍妮"对其他男子的欲望不那么强烈了"；怀孕限制了她的"恣纵"。这种害怕和迷茫，正是她幼年时被冷落的遭遇造成的。安全感的缺失，使她对未来的母亲责任有种恐惧感。

专制的领导人

按照女儿瑞纳特的观点，她母亲作为领导者最糟糕的品质之一是，"她完全没有意识到自己有种倾向，由于明显的偏袒而造成嫉妒和倾轧。这令奉承她的人有机可乘"。在霍妮的传记中，流传着许多有关霍妮的恋情故事，男方往往是想要进入霍妮研究所的人，其中包

霍妮：经典精神分析的"社会文化"外衣

括在她督察下的实习人员和见习分析医生。作为精神分析的培训导师与负责人，她的行为确实有损其声誉：她时而偏袒情人，时而与他们争吵，严重地扰乱了研究所的工作。作为美国精神分析研究所所长，人们认为霍妮营造出了一种"焦虑、不安全、争论不休"的气氛。研究所的分裂和紧张气氛，不仅是由于霍妮的领导风格，还来自她与人相处的方式。"她难以与任何人保持良好关系，除非这样做有利于达到她的目的"；她是个"难以相处、顽固不化、不讨人喜欢的人"；她有一条"尖刻的舌头、不让人开口"；她时常"伤害别人的感情却没有察觉"……

霍妮曾指责弗洛伊德"不欢迎别人的想法"，但她的同事觉得她也"染上了同样的近视"，因为她自己不断地修改自己的理论，却不允许任何人对此提出挑战或修改意见。身为离经叛道者的霍妮，却不能容忍别人对她的理论离经叛道。可以看到，虽然研究所在霍妮的余生中一直兴旺发达，但是那里却缺乏能够继续发展霍妮理论的天才人物。在晚年，霍妮已经得到了她想要的一切，但归根到底，她对统治权、顺从与名望的需要还是限制了她的影响，因为这些"需要"逼走了许多才华横溢的同事。霍妮的成熟理论后来没有人有效地进行发展，导致自她死后的40年中一直停步不前。霍妮在发展自己创造性的同时，也抑制了他人的创造。霍妮"要求谄媚，受不了抱怨"的性格特点，也在一定程度上说明了她的成熟理论为何"在文化中没有位置"。

过于个性化的心理学家

当霍妮与亚伯拉罕合作进行精神分析时，她在一篇日记中抱怨"筋疲力尽，有消极倾向，它日益加剧，以致发展为嗜睡——甚至渴望死亡"。在霍妮的日记中，我们也可以看到她那种"离开生活、进入病态和死亡的强烈倾向"。的确，霍妮情绪激烈，有时会完全丧失自我控制能力，这既影响了她的工作又扰乱了她的社交生活。她时常

精神分析学派心理学大师

悲叹自己缺乏自制力；当她与情人的关系破裂时，总是感到茫然、绝望，甚至有自杀的念头；她一生经常卷入病态的依赖关系中（从早期对母亲的依赖，转向老师，继而转向对情人的依恋），并因自己无法挣脱这种依赖而痛恨自己；她因私人情感问题被迫离开了纽约精神分析研究所……我们在她的字里行间看到了猜疑、充满欲望和抑郁的她——这个饱受折磨的女人，有着许多强迫倾向和无法逃避的内心冲突，并在一生的人际关系中障碍重重。

霍妮是企图把文化视角引入精神分析的先驱，开创了精神分析的"社会文化学派"。而在分析了霍妮的种种人格缺陷后，我们不禁要问，如果霍妮自身不曾罹患种种神经症，她还能获得那些让她自豪的洞察力吗？而那些神经症是否危害了她的洞察力？霍妮的研究者认为，她的人格紊乱有可能降低其著作的价值。它们可能严重限制了她的观察视野，以至于无论她的观察力有多么敏锐，其适用性的广度不免受到损害。其次，霍妮和其他所有思想家一样，自身的气质、经历、盲点也会使其理论受到限制。一些学者，如弗朗兹·亚历山大指出，霍妮的分析缺乏精确性和细节。在阅读霍妮的著作时，我们可以明显感到，她所强调的社会环境只局限于家庭环境，既没有触及社会对个体的影响，也没有看到社会对家庭结构和关系的不同影响；霍妮对文化与神经症之间关系的探讨富于启迪，但却未能充分发挥。她宣称家庭中的致病因素是文化的反映，但是她未能揭示两者是如何相互联系的。

虽然霍妮独辟蹊径，改变了精神分析发展的方向，但是她没有从根本上改变精神分析在方法论上的缺陷，顶多只是将弗洛伊德开创的古典精神分析披上了现代化的外衣，目的在于使弗洛伊德的学说更适应于不同的文化背景和不同的时代发展。首先，霍妮的学说和弗洛伊德的一样，从来没有真正把人的文化环境、社会生活与人的心理的内在性质和发展变化联系在一起。尽管霍妮把社会文化看作是人格发展和神经症形成的根源，但随着她对人的内在心理生活的逐步探讨，社会文化的作用或影响也不断被削弱。霍妮看到了她所处的文化环境陷入的困境，然而她更重视去分析和改变人的内心过程，提高人对环境的适应能力。由此看来，正是社会文化与内在心理的表面上的结合，使霍妮背离了她的理论初衷。比如，霍妮在追溯文化困境导致神经症的过程中，没有把着眼点放在外在的个人环境，像亲子关系等方面。她虽然认为个人环境是受文化环境制约的，但在落实于对亲子关系的分析时，却把深厚丰富的、千变万化的文化条件归结成了亲子关系的失调，是父母没有给予子女以必要的温暖和爱。显然，在这里文化环境的色调正在消失。其次，霍妮的学说与弗洛伊德的学说一样，仍然采取的是"精神决定论"的思想。尽管霍妮改变了弗洛伊德对人性的认识，认为人有发展或实现自己天赋潜能的建设性力量；她也改变了弗洛伊德对本能的认识，认为本能不过是后天形成的神经症驱动力，但霍妮没有放弃弗洛伊德的动力学思想。她仍然认为，人的意识背后存在着能决定意识的潜意识动机，而人的意识依旧扮演的是软弱无力，甚至是不光彩的角色。在霍妮看来，人的意识或理性根本无法为人自身的发展提供引导。很难想象，霍妮如果拥有幸福的童年、美满的爱情、和谐的家庭、积极的人际关系，这些理论弱点会不会被她克服？但历史犹如一条奔腾不息的河流，我们根本无法驻足更无法逆流而上。我们只能从霍妮现存的文本中，享受其思想的精华，摒弃其理论的不足。

迥然相异的自我画像

> 生命是一袭华美的袍，爬满了蚤子。——张爱玲

霍妮的生命如同我们每一个人一样，就像一件华丽的旗袍，伴随着岁月的流逝而优雅地颓废着。世上没有一个完美的灵魂，只要它是有价值的，就是美好的。在笔者看来，霍妮不断恋爱、不断工作、不

精神分析学派心理学大师

断寻找刺激和满足、不断地追求，但却无法真正克服自己内心的空虚感和孤独感。因为在特定的成长环境下，她无法获得真正属于自己的价值感；在曲折的成长道路上，很难真正体验到生命的意义。但是她让我们看到了精神分析对于生活的重要性——每个人都可以勇敢地挑战自己的弱点，毫无畏惧地同自己的内心困扰搏斗。我们每一个人都有自己的"茧子"，如果能像霍妮一样，努力将茧子消灭掉，就一定能感受到袍子最里层的生命那如丝般的润滑。

作为一个普通的女性，霍妮承受了过多的苦痛，与自身的心理困扰进行了几乎长达一生的战斗；她渴望被爱，却缺乏爱人的足够能力；她是个聪明的学者，在做出超越了自己时代的发现后又得不到足够的共鸣；在一个男性掌权的心理学学科中，她选择了在夹缝中坚强地生存。霍妮带给我们很多思考，身为一个心理学家，如何使自身的心态保持乐观而宽宏？如何使自己在生命的长河中畅快地奔流？如何把握家庭和职业的关系？如何使自己的人生丰富而有意义？如何坚守自己内心深处最初的梦想？霍妮尤其让我们钦佩的是，在她之前，心理学上"女性心理"的定义一直是由男性标准决定的，因而不能"非常精确地描述女性的真实本质"。但是霍妮敢于挑战权威，敢于成为"第一人"，从而改变了这一现实，并建立了自己的权威。她的勇气、洞察力和真知灼见，成为了我们前进的源泉和动力。

正如霍妮在致奥斯卡的信中所言："到处都是自己的画像，但它们都迥然相异。"对于霍妮来说，或许我们每个人都看到了她那不同的一面：她是心理学界一股清新的空气，她是一个强权的女性，她是一个不称职的妻子与母亲……但不管怎样，她是一个改变了心理学历史的大师，是一位值得我们大书一笔的伟大女性。

弗洛姆：苛刻的理想主义者

> 人丧失了自我感，而依赖于他人的认可，因而倾向于求同，却又感到不安全；人感到失望、厌烦和不安，于是花费自己的大部分精力，试图补偿或掩盖这种不安。他的才智是卓越的，可他的理性却败坏了，他凭借自己的技术力量严重地危及到文明的生存，甚至危及到人类的生存。
>
> ——弗洛姆

埃里希·弗洛姆（Erich Fromm，1900—1980），是心理学历史上为数不多的将心理学、哲学和社会学融合在一起的大师。作为一个生活在20世纪的犹太人，他的学术思想中也带有些许宗教色彩。他对于人性、人与人之间的感情、社会发展中的问题等都有较为深入的研究，但由于他个人较为苛刻的要求，其理论却略显消极，或过于理想化。下面我们就来看一下作为一个苛刻的理想主义者的弗洛姆。

精神分析学派心理学大师

人生初体验

与孤独做伴

弗洛姆出生于德国法兰克福一个非常正统的犹太人家庭，他的整个家族都深深地浸润着犹太文化。人们常常觉得犹太人具有一种复杂的人格特质：一方面，他们行为古怪、想法独特、心思敏感；另一方面，他们又显得富有宗教情怀，关心精神生活和内在价值。

弗洛姆是家中的独生子。在人们一般看来，独生子女应该是家庭的中心，是父母的心头肉。但这些对于童年的弗洛姆来说都是遥不可及的梦，因为他的父母都具有高度的神经质，父亲脾气喜怒无常，母亲有间歇性抑郁症，总是郁郁寡欢。备受忽略的弗洛姆从小就没有受到宠爱和关心，原本就柔弱、敏感的他要独自面对这个世界，孤独如影随形。而另一个与弗洛姆的孤僻性格有关的因素是，他的父亲是一位商人。那时的弗洛姆一心想成为一名虔诚的犹太教徒，他为自己的父亲从商感到羞愧。他觉得父亲和俗人一样只是为了赚钱而活着。这种想法似乎冥冥中也影响着后来弗洛姆对人的欲望的过度批判。

人生转折

弗洛姆童年的两个经历对他以后的发展产生了重大影响。

一件事发生在弗洛姆12岁的时候。当时弗洛姆家有一位年轻漂亮的女性朋友。听说她订婚不久后就与对方解除了婚约，常伴着她丧偶的父亲——一位长相平凡、索然无味的老人。然而有一天传来一个令人震惊的消息：那位女士的父亲去世了，而不久她也自杀了，并留下遗言说希望能和父亲葬在一起。当时的弗洛姆怎样也想不明白，一个姑娘怎么会如此爱恋她的父亲，以至于可以为了他能放弃一切，甚

弗洛姆：苛刻的理想主义者

至自己的生命。一个12岁的孩子还无力回答这样的问题，但这些神秘莫测的人类行为却呼唤着他走向精神分析，并最终在新精神分析领域独树一帜。

另一件对弗洛姆影响至深的事就是第一次世界大战。战争让弗洛姆的思想迅速地成熟起来。他迫切地想知道，为什么人们会互相残杀，从而造成亲人、朋友的极大痛苦？在人们都声称渴望和平的时候，战争又怎么会发生？社会和政治是否有一种规律，来让人们认识和把握？

慢慢地，弗洛姆开始感觉到，人的行为和心理是与社会政治、经济、文化密不可分的，他开始放弃成为一名犹太教徒的想法，转而对弗洛伊德和马克思的学说产生了兴趣，这成为他一生最重要的转折。但同时这也是弗洛姆后来将理想社会构想得过于美好而不切实际的根源。

两类思想的交汇

在西方资本主义国家中，弗洛姆以调和马克思主义和弗洛伊德学说而著称。他试图把马克思主义（重社会）和弗洛伊德学说（重个人）熔为一炉，形成自己新的理论。也正因为这样一种独特的视角，个人及其相互间的关系、个人与社会的互动关系就成为他研究的重点。透过弗洛姆对个体与社会的关系所做的分析，我们不难发现弗洛姆思想的基本轨迹。

弗洛姆深信，当代资本主义社会残酷地摧毁人，压抑人的自然需求，腐蚀人的本性，如果不采取措施，必将酿成恶果。在此前提下，不管论及什么内容，弗洛姆总是要回到这几个问题上：人是什么？生存于什么样的条件中？是什么造成了现代社会的病态现象？怎样才能保住人类与社会？

精神分析学派心理学大师

现代人的欲望

弗洛姆说:"数年来我一直在思考重占有与重生存这两种迥然相异的生活方式。我想借助精神分析的方法,通过对个别人和群体的具体研究,为这种区分寻找一些经验上的依据。"

弗洛姆所谓的"占有方式"是指一个人试图将世界上的一切东西,包括每一个人,甚至包括自己在内都据为己有。而所谓"存在方式"是相对于占有方式而言的:一个人并不因为他所拥有或占有的一切而存在,他的存在正是他那独立、自由、批判理性、创造性、主动性,以及爱、给予、富有牺牲精神等的具体体现。为了说明这两种方式的不同,弗洛姆还别出心裁地举了两首内容相近的诗进行比较。其中一首是英国诗人 A. 坦尼森写的:

在墙上的裂缝中有一朵花,
我把它连根一起拿下。
手中的这朵小花,
假如我能懂得你是什么,
根须和一切,一切中的一切,
那我也就知道了什么是上帝和人。

另一首是日本诗人芭蕉的,他的诗是这样写的:

凝神相望
篱笆墙下一簇花
悄然正开放!

弗洛姆认为,第一位诗人有着强烈的欲望,是重占有类型;而第二位做出了人性的反应,是重生存类型。但事实上这两种类型都过于绝对。还是拿这两首诗进行比较，可以发现，第一位诗人是将小花连根拔下，如果再对它施予土壤和水，花的生命还是能得到延续；而另一位诗人对美丽的花凝神相望，虽然没有破坏它，但在享受花儿的娇艳的时刻，也未尝不能说是某种占有。

在弗洛姆看来，自从进入现代工业社会以来，人们的占有欲越来越强烈。就连语言的表达方式也随之发生改变。比如人们越来越多地使用名词，越来越多地用"有"这个字来表达自己的意愿。弗洛姆眼中的现代人在变得俗气。但事实上，弗洛姆的态度是过于消极了，他的理论对人的要求也过于苛刻。因为社会的发展必然导致人们欲望和需求的扩大。在什么都平等共享的原始社会，人们只要解决温饱问题即可，人与自然是真正地和谐共处的。但人类的能动性和创造力必然导致人的需要层次的提升，人们发现自己尚有未满足的需要，于是他们继续追求。在20世纪中期的欧美国家，社会的变革才刚刚起步，资本主义的生产方式促使人们去拼命地追逐物质财富，所以弗洛姆认为人们都是重占有的，但事实上，对物质财富的追求并不能与人们精神生活的匮乏画等号。弗洛姆所谓的重生存是一种过于完美的境界，它在很大程度上脱离了人的切身需要。只有在物质上满足了人们的基本需要时，人的分享、给予、牺牲精神才会产生。正常的人应该是重占有和重生存的结合体。

人性的秘密

弗洛姆在《人的本性》一文中说道："马克思对资本主义的主要批评不在于资本主义的财富分配不公正，而在于资本主义使劳动堕落为被迫的、异化的、无意义的，因而使人变成'残废的怪物'。"在马克思的劳动异化论的基础上，弗洛姆提出了现代社会的异化论。他指出，资本主义的生产方式和分配方式决定了人只能成为谋取经济利益的工具，成为非人的经济机器的工具。人们只是现代化的生产劳动中一个微不足道的环节，没有劳动和创造的快乐感；劳

精神分析学派心理学大师

沉溺于乌托邦式的幻想中的弗洛姆

动的目的不是为了自我价值的实现，不是为了社会的发展，而是为了获得金钱。消费也不是基于人的真实需要，而是被资本主义扩大了利润而人为刺激起来的欲望。总之，在弗洛姆看来，现代社会的异化无处不在，人与自然、人与真实自我越来越疏远和对立，人所创造出来的现代文明反过来压抑了人性。

弗洛姆关于人性的探究注重了其客观现实的基础，有其科学性的一面，但还是存在着一定的局限性。弗洛姆对人性的研究过度夸大了个人情感、意志等精神因素在人性中的作用。他说："善恶之后果，既非自动，也非命定。它完全是由人决定的，依赖于人认真地关心自己，关心自己的生活和幸福；依赖于人愿意面对自己和社会的道德问题，依赖于人有成为自己并为他自己而存在的勇气。"这实际上是把人的发展看作是个体选择的结果，而忽视了社会环境对人的发展的决定作用。另外，弗洛姆认为，高度发达的经济和科学技术对人性的压抑造成了当代西方社会中的种种异化，异化的根源在于人类的精神本身。所以，在分析当代资本主义社会中人性异化的原因时，弗洛姆没能从社会阶级根源、剥削与被剥削的根源中去寻找。在他看来，异化是人类社会产生以来就有的现象。因此，弗洛姆虽然承认私有制是人性发生异化的一个原因，并且从多方面揭露了当代资本主义社会的不合理现象，但却回避了资本主义社会制度是人性发生异化的社会根源和阶级根源，从而找不到正确途径来消除这个社会中的人性异化。

"病态的"人和社会

弗洛姆在他的《为自己的人》（1947）和《人心》（1964）两

弗洛姆：苛刻的理想主义者

本著作中，论述了现代社会中可以对付孤独的几种心理机制，他称之为"性格的动力倾向性"，包括接纳倾向性、剥削倾向性、贮藏倾向性、市场倾向性和生产倾向性。这些倾向性往往在一个人身上兼而有之，但以其中的某一种占据优势。

"接纳倾向性"产生于剥削社会中。这样的人甘愿屈从于别人，来取得物质和精神上所需要的一切。"剥削倾向性"则表现为对别人的攻击性，这种人通过强取豪夺或狡诈欺骗的方式从外界得到他需要的东西。"贮藏倾向性"的主要表现是节俭，这种人通过囤积和节约来获得安全感，讲究秩序和清洁。"市场倾向性"的人则善于随劳动力市场的变化而随机应变，把自身也看成商品，是资本主义社会，特别是美国社会的典型反映。

在弗洛姆看来，以上四种倾向性都是"病态的"。真正健康的性格是"生产倾向性"。生产倾向性的人可以充分发挥其潜能，成为创造者，对社会做出创造性的贡献。这是人类发展的一种理想境界和目标。接着，弗洛姆便得出这样的结论：生产倾向性的性格在现代社会中是几乎没有人能达到的，因为现在的社会是一个病态的社会，所以这个社会中的大多数人，也是病态的。这个结论显然是错误的：

首先，弗洛姆的性格类型理论本身就存在不完善之处。他的理论仅仅是对西方社会生活现象的分类，忽视了人的遗传和生理因素在性格形成和发展中的作用。其次，人的心理健康与否应采用多个指标来检测，不能光从一个人的性格来分辨。如果只是因为达不到他所谓完美的生产性倾向的性格就判定一个人是病态的，我们认为，这样的标准未免过于苛求。

虽然弗洛姆正确地指出了现在的资本主义社会是一个病态的社会，他的社会理论也暴露了当代资本主义社会的许多弊端、许多丑恶阴暗的东西，但是，他对社会"病态"的分析只是立足于精神分析，立足于社会异化论，这种分析固然有其独到精辟的地方，但终究未能深挖到资本主义社会生产方式的矛盾根源。因而他的分析乍一看来颇显新颖,仔细想来又感到肤浅,并没有触及西方社会病态的最根本、最要害之处。这一点,在他关于拯救社会的方案中可以看得更清楚:

首先,他的救治办法是以人的心理、精神为基础,是通过所谓"灵魂的治疗",使人获得爱、自由和理性的能力,达到精神的健康和幸福。因此,他把精神分析和禅宗佛教看作是改造、拯救社会的最有效的武器。其次,他的拯救办法是立足于个人,强调个人的力量可以变得强大,足以去解决人的生存问题。再次,更关键的是,他的拯救办法根本就没有跳出资本主义的框架,没有触动资本主义生产方式的要害。他试图用完善资本主义制度的办法来拯救社会,不仅赞扬资本主义为健全的社会创造了足够的物质基础,而且充分肯定资本主义的民主政体,把希望建立在完善这种民主制上。因此他的拯救办法充其量只是一剂改良的旧药方。

犹太根性

"弗洛姆"一词的字面意思是"虔诚",这似乎注定了他的某些观点必定会带有浓重的宗教色彩。

作为一个犹太人,弗洛姆的思想深深地根植于犹太教的文化。他也是在新精神分析领域中创立了独特而又完整的宗教观的卓越代表。他所创立的宗教观同样探讨了人与社会的关系问题。

按照弗洛姆的观点,宗教是人类特有的现象。当人类从自然王国中分化出来的时候,宗教也便产生了。生存本身向人们提出了很多值得思索的问题,于是人们便冥思苦想:怎样克服恐惧、痛苦、孤独,怎样获得爱,怎样与世界达成和谐。随着社会的发展,人的内心生活充满了越来越多的矛盾和冲突,人的行为与愿望不协调,人对幸福、真理与正义的渴求都被虚假的动机扭曲了。人需要某种能为之献身的理想化客体，在无私奉献的过程中实现人的全部价值。于是宗教就应运而生。弗洛姆认为这种崇拜对象的需求包括在人的生存需求之中，并认为这种需求乃是宗教的根源和内在核心。

弗洛姆没有将他的"宗教"概念与历史上的宗教等同起来，他的"宗教"不仅包含传统意义上的宗教信仰，而且包括了哲学体系、道德学说和社会政治主张等，并将其扩展到任何一种涉及人类生存问题的概念体系。他把宗教分为"专断的"与"人道主义的"两种。而其中只有"人道主义宗教"才能够切实满足人们对于严谨的世界观、崇高理想的追求。

但弗洛姆似乎没有意识到，他的宗教观本身包含着无法克服的矛盾。宗教主张人是有罪的，是微不足道之物；而人道主义恰恰与之抗衡才确立了自身的价值。所以二者在本质上是完全不同的。当然，我们不怀疑这位学者的正义感，他对资本主义社会中的道德败坏和暴力增长的担忧是真诚的，他热切希望在缺乏人性的资本主义世界确立新的人道主义思想原则。

在弗洛姆后期的著作中，他越来越频繁地求助于基督教、犹太教和佛教禅宗的神秘主义思想。弗洛姆竭力表达人道主义的道德理想的崇高意义，但他不了解道德的社会本性，这一弱点使他的理论变成了缺乏任何现实基础的美好而空洞的幻想。弗洛姆的本意是好的，他希望能建立教徒和无神论者均可接受的、理想化的"人道主义的"宗教变式，这种乌托邦式的幻想反映了弗洛姆精神上的彷徨。他始终跳不出宗教体系的限制，不相信我们能不依靠宗教来建立人道主义，这在某种程度上也反映了他作为一个犹太人的宗教根性。

启示——爱的艺术

和众多心理学大师相比，弗洛姆的卓越之一是在于他关于爱的理论。他强调，爱是一门实践的艺术，是一种积极的行动，是灵魂的力量。

与前面提到的现代人的生活方式相一致，弗洛姆同样将爱划分为"重占有的爱"和"重生存的爱"。前者是对"爱"的对象的限制、束缚和控制，这种爱只会使人与人之间的距离越来越远，人将变得越来越麻木；后者才是真正的爱，相爱的人们互相给予、互相关怀，这是一种美好的情感体验。

在《爱的艺术》一书中，弗洛姆指出，爱是一种积极的行动，是给予的过程。"给予"不是交换某些东西，也不是自我牺牲，而是体验自我价值的过程。在这个过程中，人可以得到满足和愉快，并与他人分享。另外，弗洛姆认为，爱除了有给予的要素外，还包括关系、责任心、尊重和了解。

与重生存和重占有的理论一样，弗洛姆有关爱的理论也同样有值得疑义之处。确实，他关于爱的描述再次凸显了他的理想主义，他所认为的爱是一种博大、无私、纯精神上的爱。但我们不难发现，在社会越来越发达的同时，人们却越来越缺少那份来自生命之初的纯真。弗洛姆这一理想化的"爱"，除了从哲学和精神分析学上进行了诠释外，恰恰是对现代的人和社会的一种美好企盼。对于弗洛姆所提出的重生存和重占有的区别，我们可以提出异议，认为他是苛刻的；但这种对人类感情的纯粹美好企盼，我们不是应该怀着感恩的心情加以接纳，并再度深入思考吗？

弗洛姆的思想在中国

大多数心理学文献将弗洛姆归为精神分析学派，因为弗洛姆对个人心理的分析是基于弗洛伊德的理论基础，但从更高的角度来看，弗洛姆在哲学、社会学等领域都有所建树。他从马克思的思想出发，着重探讨社会与个体的关系，就连人的性格分类也是基于社

弗洛姆：苛刻的理想主义者

会关系的基础之上。更难能可贵的是，他是唯一一位对资本主义制度进行猛烈批判的心理学家。虽然他最终还是没有能够揭露资本主义的罪恶根源，所提出的改良方法也颇具争议，但对于我们这样一个社会主义国家的人民来说，弗洛姆的思想还是有一定的启示性的。

孜孜不倦、笔耕不辍的弗洛姆

弗洛姆所描述的现代人的困境，主要是随着社会变迁的加速、人与人之间竞争的加剧，人变得贪婪、孤立，没有安全感。将其引申到社会的层面，中国民众目前所面临的问题是，民主还未得到完全的实现，个体的地位依然显得微不足道，贫富差距明显，使人们产生焦虑、心理失衡的状态。虽然弗洛姆过激地认为这样的病态人使整个社会都脱离了正常的轨道，但是我们不得不承认，个人作为社会的组成部分，起到的作用也是非同小可的。因此我们应该采用整体和个体结合的诊治方法，使我们的社会变得更和谐。

在弗洛姆的描述中，现代社会是不健全的，非人性的；这样的社会中的人是贪婪的，是病态的。尽管他的说法有些过激，在拯救社会的思想及方法上也存在明显的漏洞，但他的思想还是值得我们重视的。现代社会中确实存在着这些值得人深思的问题，资本主义社会则更为明显，弗洛姆虽然看到社会存在着种种问题，但他没有找到其病态的根源。这一失误是可以由我们新一代心理学家来弥补的。另外，弗洛姆对人性的描述让人觉得太悲观，对人性的要求太苛刻，但也许这正是像弗洛姆这样要求完美的人才会提出的要求。就像他的理论中所描述的人与人之间的真爱，是一种真正的、无私的、包容的和奉献的爱，尽管这体现了弗洛姆过于理想化的情结，但其中的哲学底蕴以及留给后人的启示，是值得我们认真汲取的。

金赛：徘徊于道德的边缘

> 有人因天性不良而丧失理智，或因积习难返而抱憾终身；虽有纯洁的道德，亦无法补救。
>
> ——莎士比亚

阿尔弗雷德·C.金赛（Alfred·C·Kinsey，1894—1956）是一位著名的美国性心理学家，出生于新泽西州，在62岁时因心脏病去世，留下与他结婚35年的妻子克拉拉和3个孩子。在1948年和1953年，他和他的同事先后发表了两本畅销的性学著作，即《男性性行为》和《女性性行为》，人们将它们统称为"金赛性学报告"。在2004年一部由好莱坞著名影星利亚姆·尼森主演的电影《性学大师：金赛博士》再度引起人们对金赛的注意。就在电影即将公映之前，《揭发者》（Whistleblower）杂志却披露：金赛是个不折不扣的科学巨骗、性精神病患者，是 20 世纪最坏的人物之一，他对美国造成的伤害可能超过萨达姆和本·拉登。由此可见，无论在 50 年前还是在 50 年后的今天，金赛仍是一位极具争议的学者。

追求梦想

金赛于 1894 年 6 月 23 日出生在新泽西州的河波垦，他是家里三个孩子中的长子。金赛的父母是当地教会最虔诚、保守的基督教徒，他们的一言一行都对金赛后来的人生产生了极大的影响。金赛年轻的时候，对大自然很感兴趣，这似乎是他日后对昆虫学大感兴趣的原因。中学时代，金赛是一个沉默并且非常用功的学生，与其他同龄的男生不同的是，金赛对运动并不感兴趣，他将大量的精力投入到学术思考和学习钢琴。虽然曾经考虑过成为一名钢琴演奏家，但最后他还是决定投身于科学研究。由于父亲管教非常严厉，读高中的时候他没有约过会，一位同班同学曾回忆说，他是"你能想象到的与女孩交往时最最害羞的男孩子"。在那个时代，严厉的家庭管教是司空见惯的，例如与女孩子的不正当关系以及禁止谈论任何与性有关的话题，等等，刚入大学的学生在性方面的知识几乎都是一片空白。

在哥伦比亚中学毕业后，金赛向父亲提出去大学学习植物学专业，但他的父亲执意让金赛成为一名机械工程师。1912 年他进入斯蒂文斯学院试图学习机械工程，但他在这方面几乎没表现出什么天赋。有一次他的物理课程差点不及格，但是教授与他达成了一项妥协，只要他愿意不继续在这一领域深造，就同意给他及格！两年后金赛鼓起了勇气向父亲表明对生物学的热爱，并且提出他想去布德因学院继续他的学业，但却遭到父亲激烈反对。虽然说抗争最后成功了，但是他和父亲之间却因此形成了无法弥补的隔阂，这在以后的很多年依然困扰着他。

精神分析学派心理学大师

1955年10月金赛和他的妻子克拉拉在伦敦机场

　　1914年，金赛退学并进入了布德因学院去追寻他的"真爱"：生物学。两年后，金赛以优等成绩完成了生物学和心理学的学习。1916年他开始在哈佛大学做研究生，在那里他对昆虫产生了兴趣，专门研究瘿蜂。1919年，他被授予哈佛大学理科博士，并于1920年在设在纽约的美国自然博物馆的赞助下，发表了几篇论文，将五倍子蜂介绍给整个科学界，详述了它的进化史。同年，他来到了印第安纳州布鲁明顿市，担任印第安纳大学动物学系助理教授。那年秋天他结识了克拉拉·麦柯米兰，6个月以后与她成婚。很快他们生育了四个子女。由于金赛好奇心重，雄心勃勃，很快便在学术上获得了成功。他在1926年10月曾出版了一本被广泛使用的教科书《生物学入门》。这本书在入门的初阶讲述了进化论和"一元化"理论；并分为动物学和植物学两部分，改变了当时普遍两者不分的情况，该书好评如潮。到1936年时他已经出版了两部关于瘿蜂的重要著作，它们不仅拓展了关于瘿蜂的知识，也对遗传学理论颇有贡献，使他成为该领域内重要的权威，享有盛誉。1937年被《科学美国人》杂志列为该年度的明星科学家。

金赛：徘徊于道德的边缘

生物学家？性学家！

　　1938年，44岁的金赛接手一门前后有数个教授教过的婚姻课程并且尝试从生理的角度来进行讨论，此举使他成为了这门课最受欢迎的教授。他的学生也常向他请教婚姻与性的问题，慢慢地他意识到，人们对性方面的了解存在一个巨大的空白，性的研究是重要却长期被忽视的领域。从此以后，金赛踏上了性学研究的漫漫征程。在教学的准备过程中，金赛发现有关人类性行为的科学资料十分有限，不是失之广泛，就是充满偏见。作为一名认真的学者，他马上着手研究人类的性行为。他开始首次面对面地向印第安纳大学学生询问各种与性有关的问题，例如："你结婚的时候还是处女吗？""你多久有一次性交？""你有多少性伴侣？""你有过外遇吗？""你何时开始自慰？"……从而搜集到了一些最基本的性学资料。金赛记录研究对象的性经历，所"发现"的性活动数据远远多于他的同事调查所得。他记录到的婚前性行为数目，是同事所记录到的2—3倍；同性恋行为的数目更达到4倍。鲁格斯大学历史学家詹姆斯·里德说："金赛热衷于搜集性活动资料。"他的终生目标是要搜集到10万则"性故事"。从1943年开始，金赛和他的研究小组筹集了一些私人基金，将搜集人类性行为资料的行动扩大到了全美各地。他们的足迹踏遍美国的城市和乡镇，采访对象涉及各个阶层，包括各个社区、教会、居民区、监狱和同性恋酒吧。为了直接观察性行为，金赛还经常出入酒吧、浴室、公园、公厕等寻找愿意提供性示范表演的志愿者。所以有些人认为金赛调查的对象根本就不能代表一般大众。1947年，金赛建立了一个非营利的性行为研究机构，这个机构发展成今天的"金赛性、性别及繁殖研究所"。

金赛的"性革命"

1948年，金赛出版了自己第一本"性学报告"：《男人的性行为》，此书犹如一颗重磅炸弹，在美国引起了极大的轰动。在该书中，他首次公布了大批令世人极为震惊的数据，例如：92%的男性曾经有过自慰经历；近70%男性曾经与妓女发生过性关系；85%的男性有过婚前性行为；半数以上的已婚男性有过婚外性行为；37%的男性曾经与同性有过身体接触并达到性高潮。而这个报告中最惊人的部分莫过于关于同性恋的数据，10%的被采访者报告说，在11岁至55岁之间至少有三年为"绝对"同性恋行为。同样惊人的是，这种行为呈现出连续性分布，一端是毫无同性恋性行为的人，另一端是只从事同性恋性行为的人（金赛给被试者以0—6打分，0代表绝对异性恋行为，6代表绝对同性恋行为）。而当时的学术界普遍接受这样一种假设：同性恋是一种罕见的病态现象。他的研究结果揭示了社会标准和实际性行为之间的鸿沟，从而震惊了美国大众。金赛的发现实在让他们心烦。其实，金赛自己也对研究结果感到惊讶。他认为，依据发现的频度，把同性恋看作一种精神疾病是不合理的。尤其是在许多成年人中，既存在异性间性行为，同时又存在同性间性行为，把同性恋和通常意义上的精神变态相联系是不正确的。从被采访者那里得到的资料又进一步支持了这一观点。他主张统计上的正常不应该成为"心理上的不正常"。再者，他反对把异性性行为看作一种纯生物性倾向。相反，他相信"个体对外界任何刺激产生性反应的能力是该种族的基本能力"，我们的"哺乳动物遗传"使我们同时具有异性恋和同性恋反应倾向。显然，金赛的这些观点对30年后美国心理学学会不再把同性恋当作"精神病"，产生了一定的影响力。

其实在很早以前无论东西方，同性之爱是最为普通的爱，同时也是最为推崇的一种爱。西方有成熟男人与年轻的美少男之爱（"男童恋"），中国有所谓"断袖"、"分桃"，而为何到了如今发达的社会反而变成了病态呢？1974年美国心理学会和精神病学协会发表正式声明：同性恋不是疾病，也不是一种病态，它是一种正常的只占少数的性取向，同性恋者有选择自己生活的权利，不必对他们进行矫治。在当时的那个时代，自慰也被认为是不道德的自我虐待，是精神异常，然而金赛的研究却改变了这一切。1991年6月12日在荷兰首都阿姆斯特丹召开了第10届世界性科学大会，这是性科学领域最高规格的大型国际会议。荷兰卫生、文化和社会福利部部长在开幕式上讲到：手淫以前曾被认为是一种病态，但现在则看作是无害，甚至是健康的行为。如果某人有性问题，而他又不是手淫者，也许恰恰是因为他不能手淫。实际上这是为手淫平反。金赛也表明了自己的立场为中立，他的研究完全不涉及道德和风俗习惯等问题。同时他也认为，人的性是一种受刺激后产生的简单的生理反应，不应该受到道德、信仰或者不良心理的影响；但是由于社会上存在着种种"约束"，而导致人们不能尽情地以不同形式进行"宣泄"。

　　金赛的书一出版，便引起了广泛争论。在研究方面，矛头首先指向样本。在刚开始的时候，金赛并不是十分在意抽样的问题，他的主要目的是尽可能多的搜集人们的性经历。但后来金赛变得更加关注抽样的问题并且发展出了一种技术，称为"百分百抽样法"。用此方法让愿意合作的团体中每一位成员描述自己的性史，这样做的好处是由于团体确保能给予合作，同伴之间的压力就会保证每一名成员都参与进来。尽管他获得了该团体所有的样本，但是团体中的每一位成员并非随机选取。例如，来自印第安纳州的回答者比其他州的要多。总的来看，下列几类人的代表超出了一般比例：大学生、年轻人、受过良好教育的人、新教徒、城里人以及生活在印第安纳和东北部各州的人。代表人数达不到比例的团体包括体力劳动者、教育水平较低的人、年龄偏大的人、罗马天主教徒、犹太人、少数族裔成员和生活在农村地区的人。也有人披露，金赛将一些精神方面异常的人以及犯人的调查当作普通人来调查，使得数据不够准确，导致男性同性恋的发生率有可能被高估。

还有关于成人与儿童之间的性行为的研究，其中最有名的批评家是里斯曼博士，他是美国 RSVP 组织的领导者。里斯曼指出金赛和他的同事为了得到报告中的一些数据而对儿童进行虐待。而金赛研究所的发言人认为，关于儿童与成人之间有性行为的说法是金赛的反对者故意诋毁他的。金赛研究所始终坚称金赛和他的助手从未与任何儿童有过任何性行为，而且他与儿童的面谈都是在其父母面前完成的。金赛有关儿童性特征方面的"科学数据"是从对数百名儿童实施性虐待的恋童癖者那里收集而来的。受恋童癖者虐待的儿童小的只有几个月，大的也不过 15 岁。金赛甚至为了让这些恋童癖者免受法律处罚还故意隐瞒他们的身份。"家庭研究委员会"中有另一些著名批评者。他们通过一部名为《34 号工作间的儿童》的录像带，通过展示成人与儿童之间的性行为而响应里斯曼的批评。但这还不是他们最关心的，他们最关心的是金赛对性取向和同性恋的研究。根据金赛的研究，人们并不能很明确地把自己归类于完全的同性恋或者完全的异性恋，大多数人介于这两者之间。"家庭研究委员会"声称，金赛的工作是在谋求同性恋的合法化，而这正是被该组织极力反对的东西。

随着第一本书的畅销，金赛成了有名的"性博士"。1953 年，他出了第二本"性学报告"：《女性的性行为》，似乎全美国人都在期待金赛的新发现。在该书出版前几个月，邀请了来自美国各地和英国、德国、丹麦、瑞典、澳大利亚等著名媒体的记者，向他们介绍了这本书的主要内容，并要求这些记者们签一份协议，内容包括：稿子不能超过五千字，必须经金赛本人审阅，且不得在出版日 8 月 23 日之前发表。于是，8 月 23 日被世界媒体称为 K-DAY（"金赛日"）。果不其然，到了 K 日，人们纷纷涌到报摊去看关于金赛的报道。全美几大周刊《时代》、《生活》、《新闻周刊》等都进行了报道。第二部书也就很快成为畅销书。在《女性性行为》中，人们接触到更多令人震

金赛：徘徊于道德的边缘

惊的数据：62%的女性曾经有过自慰经历；半数女性承认曾经有过婚前性行为；三分之二的采访对象承认曾经做过赤裸裸的性梦。在此报告中，金赛写道："要解释一个人为什么会做与性有关的某件事并不困难；但要解释为什么不是每一个人都能有各式各样的性活动，则比较困难。"

金赛报告的结论呈现给人们一个所不曾认识的"美国"，当时的美国人被金赛描绘成寻求持续欢愉的、没有道德观念的"性动物"。应该说，在20世纪40年代的美国，人们对待性的态度还相当保守，并充满了对性的恐惧和无知：自慰是不道德的，口交是难为情的，而同性恋则是一种精神疾病。可是金赛的性学报告让数以百万计的美国人一夜之间突然意识到，自慰、婚外情和同性恋等行为是广泛存在的，

金赛与受访者访谈

并不是什么"变态"或"不道德"的，而是很自然很寻常的行为。借用金赛的话说："如果每个人都犯同样的罪行，那么就等于没有人犯罪。"在金赛这份"突破性"研究报告的鼓舞下，一名叫休·海夫纳的美国大学生创立了《花花公子》杂志，开办多家俱乐部，并提出了影响美国文化数十年的享乐主义哲学。而金赛的另一位崇拜者哈里·海则发起了现代"同性恋权利"运动。

不仅金赛的研究工作饱受批评，他还被传言参与了"不正常的"性活动。在詹姆士·琼斯写的传记《阿尔弗莱德·C.金赛：公共与私人的生活》（1997）中，金赛被描述为一个双性的受虐狂。据称，他曾经鼓励群体的性活动，其中还包括他的研究生，以及他的妻子和职员。另外同样被人传言的是，金赛在自家阁楼上拍下整个性行为，来当作研究的一部分。乔纳森·加森·哈代在《性是衡量一切的：

金赛的生活》中，声称在金赛家中进行拍摄是考虑到片子的隐私问题。倘若让大众知道这些，不可避免将造成对金赛的毁谤行为。有人指出金赛拍的这些电影并不具科学性，而是色情作品。据说，当金赛把他第一次与他的男助手尝试同性性行为的事情告诉妻子，同时也劝说妻子参加"换偶"的活动时，妻子无法接受丈夫的"出轨"行为，并且也无法理解丈夫的研究工作。金赛将性与爱情分开，认为爱情是必须专一的，而性则是人类需要满足的一种欲望，你可以与任何人发生"无爱的"性行为，这与现在社会上所说的"一夜情"、"露水姻缘"有些类似。当然他的这个"理论"也导致了一些麻烦，当某位男助手的妻子由于换偶爱上了另一位男助手时，金赛发现这可能会危及婚姻便及时叫停。在金赛的大力说服下，妻子也加入了他的研究之中。琼斯推测金赛的妻子曾经和其他男人有过性行为，但这对夫妇仍维持他们的关系并且保持性生活达35年之久。当然，以上的说法没有一个被金赛官方组织"金赛研究所"承认。虽然其中的一些已经被独立的渠道证实，比如金赛是双性恋，但其他争论还在"金赛研究所"与外界之间持续进行。根据琼斯的观点，这使得金赛的研究工作黯然失色。不过，琼斯的责难也显得单薄，因为人们可以抛开金赛的私人性生活不论，而直接估量其研究方法的优劣。

"小叩柴扉久不开"

在中国传统文化的影响下，再加上10年的"文化大革命"，性的话语在公共领域消失了，人们谈性色变，非常扭曲和压抑。在近二三十年里，人们似乎对同性恋给予了一定的宽容，但这一切"宽容"仅仅局限于不发生在自己周围。人们还是会给同性恋者贴上标签，认为是不好的，不对的，精神上有问题的一群人。有许多同性恋的男女会因为传宗接代的责任不得不与异性结婚，以便换来在外人眼中的"正常"。中国近十几年来在同性恋问题上发生了这样的转变：首先是学者们先苏醒。1990年，李银河、王小波等对数十名"男同志"进行个案访谈式研究，发表研究报告《他们的世界》。1994年，张北川出版了中国第一部全面讨论同性恋问题的学术著作——《同性爱》。著名作家萧乾于1995年5月发表《一个值得正视的社会问题》，呼吁公众对同性恋的理解；1997年新刑法颁布，同性恋不再被认定为流氓罪；2001年，《精神障碍与分类标准》第三版将同性恋剔除出心理异常的范围，等等。

  在中国也涌现了一批大胆谈"性"的学者，例如：潘绥铭、刘达临、李银河等。如今最出名的性社会学家莫过于李银河女士了。首先她三次建议我国设立批准同性婚姻的法案，认为虐恋、多边恋、换偶属于正常，是个人选择的生活方式，与精神方面、犯罪方面无关，这种种超前的观点引来了众多争论。"多边恋"是三人以上既包括爱也包括性的一种新型人际关系，就像在美国系列剧《欲望都市》中所表现的那样。如今，还是会有基督徒认为如此公开谈论性的人会"下地狱"，并且有人还写信警告李银河。凡此种种，犹如当年金赛在美国所遇到的阻难，或许这正是这一领域的开拓者的命运之相似之处——一时无法被社会大众所接受，不仅引起多方面的争鸣，而且学者自身也受到人身攻击。中国的"性学之门"何时才能够真正地打开呢？这还需要我们做出不懈的努力。

赖希：在孤独中爆发

> 我已经超出了有着五千年文明的人类性格结构的智力框架。
> ——赖希

　　奥地利精神病学家维廉·赖希（Wilhelm Reich，1897—1957），以"弗洛伊德主义的马克思主义"之创始人、"生命论"的发现者、"性革命"理论的奠基人而闻名于世。他是最早一批将马克思主义同弗洛伊德思想结合在一起的心理学家。他同荣格、阿德勒等一样，受弗洛伊德思想的启蒙，但对人的本性、人的行为的决定因素、人格的结构，以及人格同社会环境的相互关系等问题提出了自己的见解。赖希把"性的问题"当作他的理论和实践活动的核心。他的一些理论继承、背离并超越了弗洛伊德的思想。在他企图把精神分析学与马克思主义结合在一起的时候，他的活动是如此的游离于"国际精神分析协会"和共产党各派之间，两边都不讨好。在他与"马克思主义精神分析"相纠结的一生中,他是痛苦的、困惑的、执著的,甚至在很大程度上是"无意义的"。

60年"无意义的"生命

童年悲剧

赖希出生于1897年3月24日,他的家族有着犹太血统。他出生和生活的地方是第一次世界大战结束前尚未崩溃的奥匈帝国边界省份,所以算是一个奥地利人。他的父亲是一个富裕的农场主,用他父亲自己的话来说,这是一个"富裕而显贵的,但有些妄自尊大,而且非常重视德国文化的家族"。赖希的父母几乎不允许他与本地说乌克兰语的农民,也不允许他与少数在附近说依地语的犹太家庭来往。他度过了一个孤独的童年,甚至未能和比他小三岁的弟弟成为知心朋友。"孤独"还不足以用来形容他童年的悲惨,留给他最大的创伤莫过于间接导致双亲的离去。1911年,14岁的赖希出于对母亲越轨行为的"憎恨",带着几分无知的他向父亲告发了母亲与自己的家庭教师私通的事,致使母亲在不堪中两度选择死亡。就在单亲生活3年之后,恶性肺结核又夺去了他父亲的生命。在整个世界濒临崩溃,毁灭到无法收拾的地步时,赖希在1916年离开了这片"灰色的"记忆,参加了奥地利军队,任陆军中尉。1918年战争结束后,他举目无亲,来到了维也纳,闯入了与他纠缠一生的精神分析和政治生活。

精神分析·共产党·被驱逐

在维也纳大学医学院学习医学时,赖希对弗洛伊德的著作产生了浓厚的兴趣,这使他决心投身于性学的研究中。1920年他成为"维也纳精神分析协会"的会员。在他事业的起步之初,弗洛伊德曾经将他视为最有发展前途的学生之一,并与之成为忘年之交。但这种交

精神分析学派心理学大师

往只持续了8年。赖希摒弃了古典精神分析的假说，重新对精神分析的某些概念进行了考察，提出了一些几乎很难让同行接受的观点。1927年，赖希找弗洛伊德辩论，但遭到了拒绝。赖希把弗洛伊德的拒绝当作是对他的否决，开始变得意志消沉，抑郁而得了结核病。用他第一任妻子的话来说，"他从此成了堕落过程的牺牲品，再也没有恢复健康。"（赖希一生共有过三个妻子，他本人不相信终生式的一夫一妻制）。在进行精神分析的工作时，赖希发现了这样一个客观存在的问题：像在柏林这样的大城市里，有几百万人在心理结构上存在着某种失常，怎么可能对他们都施展精神分析技术呢？显然，他于1928年加入奥地利共产党就是为了解决这一问题的。他认为真正的任务不是治疗而是预防；但是在现存的资本主义社会政治背景下，特别是在性压抑的制度下，预防是不可能的，只有在社会制度和意识形态中爆发了革命以后，才能为预防创造前提。在这之后，他随即与弗洛伊德的思想宣告决裂，提出了与传统精神分析不同的病因学理论。

他和四名激进的精神分析学家以及三个产科医生一起创建了有关咨询和性研究的"社会主义学会"。旨在利用他自己精神分析学家和共产党员的双重身份把马克思主义同弗洛伊德主义结合起来，并从事一些把政治革命、社会革命与心理革命、性革命相融合的社会实践活动。1930年，奥地利共产党认为赖希建立的那些"性卫生诊所"会威胁到他们的政治和经济的稳定，便勒令赖希关闭所有的诊所。在被开除党籍之后，赖希移居柏林，再次加入了德国共产党，建立了"德国无产阶级政治协会"，并开展"性—政治运动"。1933年2月，随着赖希被开除德国共产党，这场"运动"也迅速告终。由于在"运动"中赖希的精神分析见解与弗洛伊德正统派产生冲突，以致他被德国精神分析协会秘密开除，他所写的《性格分析》第一版也没有被国际精神分析出版社发行。1934年，在国际精神分析协会卢萨那会议上，国际精神分析协会以赖希背离正统精神分析学为理由将其逐出协会。这在某种意义上成了赖希的人生和他的心理学理论的分界点。

赖希：在孤独中爆发

独立·"奥尔根能"·被判刑

从 1934 年起，赖希开始独立工作了。他所面临的巨大压力和反对者的攻击并没有因为他脱离了任何组织而减少。相反，赖希的理论假设和研究变得更加大胆，同时遭到了更大范围的猜忌、敌视和攻击。1939 年，赖希在丹麦宣布他发现了一种为生命和性所独有的"奥尔根能"（orgone energy）。这是一种有可见性、可测定性和可应用性的能量。这种能量若被收集起来，可以治疗从歇斯底里到癌症等多种精神上和肉体上的病症。随后他带着自己的奥尔根能实验室来到了美国。1941 年 12 月，他因不明的原因被联邦调查局逮捕并拘禁三周。1951 年，随着对奥尔根能的进一步痴迷研究，赖希竟把这种能量从生命特有扩大到一切"实在"都从中得以发展的原材料。他从个体扩展到宇宙甚至宗教本身。他认为"自然科学用僵硬的机械法则去解释世界，从而使宇宙耗尽了它的生命力，而把有生命的东西的一切意识、宇宙的汹涌而来的力量都交给了宗教，但宗教却以一种歪曲的神秘化形式去解释这些能量。"赖希用他的奥尔根能"科学地"重新定义了基督教的教义。1954 年 3 月，赖希受到美国联邦食品和药物管理局指控，称其租给病人治病用的"奥尔根能储存器"是一种骗人的治疗装置，并勒令他销毁一切奥尔根能储存器，并销毁和扣押赖希的著作。1956 年以不服从禁令为罪名，判处赖希两年徒刑。1957 年 11 月 3 日，这位一生都颇受争议的精神分析学家，因突发心脏病而结束了他 60 年的所谓"无意义的"生命。

痛苦的人格

赖希有两种可能被诊断过的精神疾病：一是他早年的轻度躁狂；一是他晚年的妄想狂。赖希的痛苦人格起源于他的童年时期。14 岁时，他敬慕的母亲在他的无知和无意的间接作用下自杀，17 岁时父亲也去世了，30岁之前，他唯一的亲人——弟弟，也死去了。虽然在很多人看来，他是坚强的，也是幸运的，因为在他还是一名医科学生时，他就成了一名精神分析学家，而且受到了弗洛伊德的重视，但这并没有给他的学术研究和政治生涯带来任何好的影响。他是一个烦躁、精力过剩、嫉妒、猜疑和有强烈占有欲的人，另外他还无节制地抽烟和酗酒。种种心理障碍引发了他的肺结核和湿疹。赖希在生活中为自己与他人之间设立了一道道屏障，他很少与自己的同事聊起工作以外的事情。赖希总是与他人闹对立，这或许是因为在他看来，除了弗洛伊德之外，他从未从任何人那里得到过支持和鼓励。当与弗洛伊德决裂之后，他更是孤军奋战，即使有一些追随者，但相对于完全排斥他的大环境来说，也是无关痛痒的。赖希总喜欢一个人独自探索研究，他坚信自己的假设并且鼓吹它们。他研究他人的思想更为重要的目的是为自己的观点寻找支持，而不是为了向他人学习。与其说是他遭正统派和政界的双向封杀，还不如说是他自己把自己囚禁在他的防卫盔甲中。对于在运动中遭受的驱逐和后来入狱的迫害，赖希始终是将它们视为别人对他的"嫉妒"，从而进一步坚定了自己思想的正确性。

独到思想中的缺陷

赖希的"弗洛伊德主义的马克思主义"理论体系，主要是由"性高潮"、"性格结构"和"性革命"等概念构成的。

在他的"性高潮"理论中，他认为弗洛伊德后期理论不再把人的幸福与健康归结为"力比多"能量的释放，而是把注意力投向了新创立的"自我心理学"，这一转向实际上是把原来具有唯物主义因素的理论"唯心主义化"。为了阻止这一转变，他说，他正是在马克思主义的唯物主义学说的精神指导下，重新确立了生殖功能作为生理功能、生物功能的性质，并提出了"情欲亢进力"这一概念来指称

"有形的性能量"。赖希的性高潮理论主要内容可归结为："心理健康依赖于性欲高潮的能力"，所有的精神疾病都是由于生殖功能的紊乱，或者说没有达到性高潮所引起的。假如人不能获得适当的性满足，那么他不是在肉体方面就是在心理方面患病，而陷入深深的痛苦之中。性高潮的实质是被压抑的性能量的释放。用这一标准来衡量，他认为，不是所有的性交都能达到性高潮，只有那种不带有丝毫幻想成分的、有着一定时间保证的异性之间的生殖器接触才符合性高潮的标准。这种理论的解释程序是完全未经证明的，就像"鸡生蛋，还是蛋生鸡"的争议一样。即使可以证明"健康"和"性高潮"之间存在相关，但也无法得出前者依赖于后者的结论。赖希还武断地指出："心理疾病是渴望爱的自然能力受到扰乱的结果。"这在很大程度上让人对他是否学习过医学产生了疑虑。作为一个有点医学基础的人来说，不可能没有听说过由遗传、大脑损伤、新陈代谢失调、衰老等器质性躯体变化所引起的心理疾患。

"性格结构"理论是赖希对马克思主义和弗洛伊德主义相互改造的结果。赖希在弗洛伊德人格理论的基础上加以改造，提出了自己的"三层次人格论"。根据他的这一理论，在弗洛伊德所说的"本我"背后，还有一个更原始、更根本的"我"。这里蕴藏着与人类文明并不相冲突的性冲动和天然的社会性冲动，只是由于受了外部社会条件的压抑，形成了人的"性格结构"，性能量才转变成了破坏能量，形成了人的"破坏性冲动"。赖希认为一定的社会制度总是要按照它的需要，使人们形成一定的性格结构，从而顺应社会的价值体系。宗教、学校、教会等教育儿童的实质是代表社会制度，按照特定的经济发展过程的要求，强使儿童形成与这一经济发展过程相一致的性格结构。性格结构是社会经济发展过程和人的"意识形态"之间的中心环节，经济发展过程是借助于这个中心环节而变成意识形态的。又因为意识形态是"被抛进个人的性格之中的"，而性格结构又具有稳定性、自主性、独立性的特点，所以意识形态也就具有了相对独立性。

赖希强调，性格结构的概念"架桥沟通"了马克思主义理论中关于社会情境与意识形态之间的鸿沟。他指出："使得具有四五千年历史的家长制极权主义文化永存的先进人类的性格结构，是由一种反对自身中的本能和自身之外的社会痛苦的性格盔甲所组成的。性格盔甲是人的孤独、失望、渴望权利、畏惧责任、神秘的渴求、性的痛苦和无能为力的反抗之基础，也是病态类型、非本能的忍让的基础。人类对他们自身的生命存在采取敌视的态度，并且使他们从自身中异化出去。这种异化不是生理的原因，而是社会的和经济的原因。在家族制社会秩序发展以前，他们并不存在于人类历史中。""在极权主义的模式里，这种性格的形成其关键不在双亲的爱，而是在极权主义的家庭本身。其主要方式是对幼年期和青春期的性的压抑。"在赖希的观点中，所有建立在责任感上的行为来源于性格盔甲，所有建立在同情基础上的行为来源于"自然的人"。但是赖希没能在抑制和非抑制的升华中做出实质性的区分，他的社会洞察力被一种彻底的原始主义所蒙蔽。他对文化的态度更是原始而非淳朴。在他的见解中，性欲的满足是文化和创造活动的先决条件。保尔·A. 罗宾逊在他的《性激进派》一文中提到，虽然赖希的社会理论能被用来理解政治、道德和宗教是如何适应经济的现实，甚至还能用来理解经济秩序本身是如何被维持的，但他却没有制定出一套解释的方法。"他在这方面如同在许多其他的方面一样，远远落后在那些最伟大的社会理论家之后，他从未考虑到如何接近高贵的学者式的历史研究。"

"性革命"理论同样是用弗洛伊德主义"改造"马克思主义社会革命学说的产物。赖希认为，马克思的社会革命学说是一种把革命的目标仅仅说成是使无产阶级在政治上和经济上获得解放的宏观革命论。它的意义不管有多么重大，尚不能解决人类奴役和自我征服的问题。要解决这一问题必须用微观革命论，即"性革命"论对其加以补充。性革命论旨在把无产阶级反对统治阶级的权力和制度的斗争，与为改变人的性格结构、争取性解放的斗争结合在一起。他认为，革命斗争与阶级斗争是不应该被等量齐观的，阶级处境与性格结构之间不存在必然联系，"性危机"并不产生于无产阶级和资产阶级之间的冲突，而产生于自然的、永恒的本能需求与资本主义社会制度之间的矛盾。所以，真正的革命斗争应该是社会全体成员与压抑人们的本能需求的社会制度之间的斗争。

赖希的"性革命"的目标可以归结为两个方面，一方面是维护人类本能的性欲权利，提倡性自由，另一方面是反对性混乱、禁止性犯罪。显然，从逻辑上来看，这两个目标是混乱且矛盾的。如果人类按照赖希的"性自由"去行事，那么一切道德、法律、约束等都将失去对"性"的制约，从而在动物本能和人类智慧的相互作用下肆无忌惮地发生"性混乱"、"性犯罪"的现象。赖希显然是高估了人类的自我控制的能力。赖希把"性革命"视为社会进步的根本动力的观点，是与马克思主义毫无共通之处的。他不是对性问题进行客观的、科学的概括，也没有把性问题放在社会的普遍联系中来把握，因而在一定程度上扭曲了"社会革命"的真正意义。所以，他的"性革命"是乌托邦式的，根本就没有可实践性。

赖希几乎把他所有的理论都建立在"性高潮"之上。弗洛伊德的很多思想本来在当今社会就无法得到完全的认可，更何况是赖希那不带半点含蓄色彩的赤裸裸的性革命、性解放思想。我们东方社会的国情和民族传统更加无法对他的理论加以运用。我们不否认赖希在其所开辟的独特思路中对当代社会与文明困境有某些合理的揭示，特别是他对法西斯主义起源的社会心理学思考，为我们留下了很多值得深思的问题。然而，他对"非压抑的性文明"竭尽全力的呼吁，却是一种在历史性的退化中寻求对压抑的性文明进行治疗，这不免贻笑大方。由于性欲并不是生命的一切，故而赖希的纯粹乌托邦式的神话终将落幕。

存在主义与
人本主义心理学大师

克尔凯郭尔：孤独中迸发的激情

我的生活是一个巨大的痛苦。对此，许多人不为所知。

——克尔凯郭尔

　　他，被誉为"存在主义哲学之父"，他的思想是存在主义思潮的重要来源，直接影响了一代大师——雅斯贝斯、海德格尔和萨特；他，被称作是"后现代精神分析学家"，连弗洛伊德都对他的心理学洞察表示钦佩；他，又是"基督教新正统主义之父"，一个虔诚的"基督徒"，极力排斥当时的腐败宗教统治，其自成一格的宗教体系令人向往。他，就是克尔凯郭尔（S. A. Kierkegaard，1813—1855）。

　　他的家庭是丹麦首都哥本哈根一个暴发户，克尔凯郭尔——

存在主义与人本主义心理学大师

"理论的先知者",正如他的名字所蕴含的意思一样,踏上了一条孤独地寻求真理之路。不幸的是,我们对他的认识晚了一个多世纪,最初人们似乎都没有意识到他的存在。近些年来,国内越来越多的人对他的思想产生了兴趣,让我们开始更进一步探究、了解他的思想内涵。不过笔者在这里并不是要随波逐流,一味地陈述他"空前绝后的"理论体系,或是歌颂他伟大传奇的一生,而是要来揭示他的"伟大"错误,以及这些错误对后来心理学的发展带来消极的影响。传世的理论往往来源于生活中的细节,错误亦是如此,故而我们也不该放过克尔凯郭尔在日常生活中的种种"劣迹"。或许那些生活中的创伤以及他人格上的缺陷才是造成他理论上失误的根本原因。

孤独的一生

"我像一棵孤独的枞树,兀然向上,孤身只影,只有那鸟雀在枝杈上筑巢。""孤独",作为克尔凯郭尔宗教信念的首要基础条件,俨然贯穿了他的一生。作为家中的老幺,他没有受到过多的宠爱,他是父亲强暴女佣的私生子,因而从小就认为自己"有罪",过度的自卑感让他在与同龄人的交往中充满了不安与忧郁。比起跟小伙伴们一起玩耍,他更喜欢独自一人沉溺于无边无际的幻想。童话、诗歌都令他极为着迷,他学会了从阅读中寻找乐趣,文字的交流,能让他暂时忘却内心的不安,却也使他愈加脱离人群,愈加孤独。

成年之后,克尔凯郭尔变得更加"与世隔绝",他早已习惯了安静的独居生活,尽量地避免与人交往,除却和老师研讨问题,和朋友交往的必要性礼节之外,他不会去注意任何人。日积月累,我们甚至可以从他的容貌上推测出他的"隐逸"气质:苍白的肤色,消瘦的两颊,深陷的、忧郁的双眸,欲言又止般抿起的双唇,无一不散发出一种酷似墓场四周的阴郁氛围,正如其姓"Kierkegaard"在丹麦语中的意思。

克尔凯郭尔：孤独中迸发的激情

背负着如此沉重的童年经历，加之父亲严厉的教诲，造就了克尔凯郭尔的孤独性格。他的一生都在这种孤独中度过，终生未娶，朋友亦是寥寥可数（其实只有一人）。这种孤独已经成为他的一种"精神"——近乎一种病态的精神，这在他的理论中得到了充分的体现。

极度的"批判"与悲观主义

过河拆桥式的"批判"

"从童年起，我就已经成为精神。"童年起养成的孤僻性格，智力超群所养就的过于自信，让克尔凯郭尔一直都处于这种矛盾的状态中。如果从人格角度分析，他有几分像典型的分裂样人格障碍。在性格极度孤僻的同时，又极具攻击性。在大学时，他的杰出批判才能和沉默寡言就给老师们留下了深刻的印象。

在克尔凯郭尔的年代，黑格尔的哲学思想是占统治性地位的，他自然也受到很大影响。他在他的学位论文《论苏格拉底的反讽概念》中，引用了诸多黑格尔的评论作为自己评论的理论基础。谁都不能否认，克尔凯郭尔许多思想都是从黑格尔的哲学理论中受到启发的，他的"非此即彼"理论，关于"有限与无限"的联想，都可以在黑格尔的哲学体系中找到根源。然而随着理论的发展变迁，黑格尔的理论受到了来自多方的质疑和反对，克尔凯郭尔的导师诸如西本、缪勒尔在后期都转向为批判黑格尔主义。而在这期间，克尔凯郭尔也对黑格尔主义有了更深层次的了解，他越来越发现黑格尔的哲学体系已经无法满足自己的需求——"天哪，我是一个多么愚蠢的黑格尔主义者。"他这么评价自己的学位论文，很快便理所当然地加入了导师们的行列，全盘否认了黑格尔哲学所解释的世界。他认为黑格尔的哲学是"不诚实的"，并与之划清界限。自此，克尔凯郭尔与黑格尔仿佛成了敌人。

存在主义与人本主义心理学大师

这就是克尔凯郭尔。他把自己的人生喻作"让人人知晓的预言性警句"。他的批判毫不留情,甚至近乎于无理,有着早期存在主义者典型的非理性气息。一旦进入"批判"状态,克尔凯郭尔脑中似乎就满载了被批判者的错误,对于他们的优点一概视而不见,完全否认了他人理论的正面影响与启示。

另一个跟黑格尔一样遭到克尔凯郭尔"冷遇"的是柏林大学的教授谢林。克尔凯郭尔曾经一度非常热衷于谢林的讲学,课程一节不落,并且记有完整的笔记。他通过谢林的课程更进一步地确立自己的存在主义的哲学思想,同时谢林对黑格尔的一些反对论述也愈发坚决了克尔凯郭尔对黑格尔主义的批判之心。然而渐渐地,克尔凯郭尔觉得谢林的思想过于老化陈腐,已经无法满足自己哲学思辨的成长。他在给哥哥的信中这样写道:"谢林简直是在胡说八道,还没有哲学家会像他这样厚颜无耻……"我想谢林如果读到这封信一定会伤心欲绝。一个曾经尊敬崇拜自己的优等生竟转而如此评价自己的讲学,为人师长,最受伤的事莫过于此了。尽管谢林的一些理论在当时看来已落后于时代潮流,但他仍不失为黑格尔死后资格最老的哲学家。他的授课中关于存在哲学的部分,提到了"存在的无限能力",还有对理性所涉及的"现实对立面"理论,都曾引起了克尔凯郭尔的极大兴趣,这些也都成了他日后理论发展的牢固基石。不过克尔凯郭尔显然不在乎这些,他对谢林的批判毫不留情,不仅是理论上的,更是人格上的,这着实让人有些惊讶。古人云"过河拆桥",莫过于此。

"我的上帝,我的上帝……"

"存在主义眼中的人,不是一般的人类,而是具体的人类个体;不是个人的物质存在,而是个人的纯粹主观性;这个人纯粹的主观性不是指人的理性观念,而是指个人的情绪体验;这种非理性的情绪体验不是积极向上的,而是个人阴郁低沉的非理性的情绪体验。"

这番话很好地诠释了克尔凯郭尔非理性主义论调。正如前面所

克尔凯郭尔：孤独中迸发的激情

述，他一直被悲观忧郁的消极情绪所支配，他把童年时代的创伤和对外部世界的绝望，都转向了自己的内心世界。他甚至还把这种畏惧和绝望泛化至所有的人：人总是有罪的。人内心深处所隐藏的焦虑、冲突及不平衡，最终导致绝望。

"忧郁和阴暗才是生活的本质，生活归根结底是沮丧的。"克尔凯郭尔把人的存在归结为内心的体验，并且把这种内心的体验片面地理解为恐惧、厌烦、忧郁和绝望等痛苦的感情集合。当然，我们并不难理解克尔凯郭尔为什么会有这样的理论构型，这是因为在他的一生中，孤独悲伤的足迹无处不在，从幼年的情感创伤，到父亲的死给他带来的心灵震撼，还有众人皆知的他和蕾琪娜的婚约。不过，克尔凯郭尔仅凭自己的人生经历就对人生的乐观、积极向上的一面一概否认，这是有欠公允的。生活中的希望在他眼中也变成了不幸，因为他认为自己不可能获得希望的满足，他不可能在希望中维持自己。面对生活中的苦难，克尔凯郭尔选择了逃避，他用悲伤来掩饰自己，他沉默，寻求退隐；他用假名著书，除了宗教作品之外，他的大多作品都采用假名发表，有时候他甚至不愿承认某本书的著作权；他冷眼待人，对自己也漠不关心；他说他"无法给蕾琪娜幸福"，故而取消婚约。种种行为无不表现出他对现实的逃避，他称这是自己企图通过"间接交往"的方式来传递给他人信息。事实上他是在害怕，害怕向世人展现出自己真实的情感，他也根本不曾尝试去那么做。克尔凯郭尔被自己的畏惧笼罩，他一直生活在自己的"罪"中，并且把自己的一切行为都解释为一种赎罪。尽管他将绝望视为通向自由的唯一途径，个体获得自我的动力，但在现实中，他仍然过于沉溺于自己的过错，为生活中的不安、彷徨、痛苦所包围，他畏惧自己，畏惧他的生活，畏惧他的爱情。事实上，"存在"并非只是单纯的痛苦与绝望，痛苦只是存在的某一个侧面。克尔凯郭尔过于执著于自己痛苦的经历，忽略了存在的喜悦与幸福，并将这种忧郁积聚起来，作茧自缚，最终越陷越深。

存在主义与人本主义心理学大师

也许有人会说，我们可以通过各种手段来劝说克尔凯郭尔改变他的这种悲观主义思想。笔者认为这简直是无稽之谈，原因很简单，克尔凯郭尔的主观性决定了他这样的性格。他人的规劝对他来说如同耳旁风，吹过即逝，这也是下面就要进一步论述的他的"主观性"论题。

"谁也不会比我更强调生存"——主观性

沉思与写作中的克尔凯郭尔

生存和主观性是克尔凯郭尔哲学中的两大主题。关于存在的真理，其实质就是"主观性"。克尔凯郭尔笃信"上帝"。他是一个"虔诚的基督徒"，他无法依照世界的本来面目来认识这个世界，而是用自己的主观性去解释世界，并且倾向于把这种主观性指向于内部，贬低外在的活动。他那主观性的宗教观蒙蔽了他的双眼，致使他对科学进步及文明昌盛强烈不满。"所有的腐败都来自自然科学。"这真是一个不得了的论断！你不禁会怀疑，说出这句话的克尔凯郭尔是否在与教会的争斗中昏了头。

科学的进步已是客观存在的事实，尽管它不属于克尔凯郭尔最为重视的主观性范畴，然而他片面地认为自然科学的存在只会带来人性的腐败，这本身就是极度非理性的说法。他眼中的世界，仅仅是他从个人主观的角度观察到的世界，并非事实真理的全部，正所谓"管中窥豹，可见一斑"。他以偏概全，仅以自己所见的"一斑"就否认了全部，这种主观性的理论实在过于极端。

更进一步地，克尔凯郭尔认为"个人并不因其社会性才有意义"，而"信仰是个人的事情，它意味着单独个体作为罪人孤独地面对上帝"。在否定了我们所处的社会之后，克尔凯郭尔又进一步地发展了自己的"孤独"言论。他极度厌恶这个社会,在他眼里,社会由这样一群无个性、无创造性的人组成,正所谓"乌合之众",他们的存在毫无疑义,所以他们创造出来的科学文化也是腐败而无意义的。看来克尔凯郭尔并没有被争执冲昏头脑,他完完全全就是在清醒的状态下说出那番话的!他始终对"孤独"念念不忘,认为那才是他终身所追求的真理。

从某种角度来说,克尔凯郭尔之所以会对"个人主义"如此着迷,和他的生活经历是息息相关的。除却幼年创伤以外,他出生成长的家庭及社会地位也值得我们探究一番。克尔凯郭尔从小就衣食无忧,就当时动荡的丹麦国情来看,能够像他这样在物质生活上可以奢侈无忧的贵族还是不多的。即便是父亲去世之后,他也继承了一大笔遗产,平日的生活花销根本无须担忧。克尔凯郭尔的烦恼,是富人才有的烦恼。他从一个贵族的立场出发,过度地抬高个人的地位,无视且贬低了占大多数的平民。这也正是最初他的理论无法为多数人所接受的原因之一。他的苦闷是别人所无法理解的,当别人还在为自己的衣食住行奔波之时,克尔凯郭尔却抽着雪茄手执笔杆考虑着他的"孤独个体"。不仅如此,他自己也是矛盾的。他也渴望得到幸福的生活,尝试着去接触他人,却惨痛地失败了,那就是他的爱情。

"激情是存在的唯一标准"——爱情

克尔凯郭尔从来未曾忘记过蕾琪娜——那个曾经跟他有过婚约的女孩。他对她的爱是深沉的,正因为那是真正的爱,他才选择离开。

"没有她,男人会是什么?许多人会由于一个姑娘而成为一个天才;会由于一个姑娘成为一个英雄;会由于一个姑娘变成一个诗人;会由于一个姑娘变成一个道德高尚的人……"克尔凯郭尔对蕾琪娜一见钟情,他全身心地投入了恋情。蕾琪娜是他心中的"女神",他在日记中写下对她的满腔热情。在《一个引诱者的手记》中,主角

存在主义与人本主义心理学大师

仿佛就是克尔凯郭尔的化身，他无可救药地陷了进去，甚至不惜抛弃自己的一切。他积聚于内心的压抑终于爆发了，并把这份激情化作了实际行动——他向蕾琪娜求婚了。他向往幸福的生活，向往和蕾琪娜构成一个幸福的家庭，但是他似乎忘了什么。

但克尔凯郭尔很快就后悔了。与其说是后悔，不如说是畏惧了。当他沉浸于自己的激情不能自拔之时，他忘记了自己一直追求的"个人主义"，忘记了那些曾经的悲伤往事，忘记了他的"罪"。"我比墓地还要孤寂"。他突然意识到他无法给蕾琪娜幸福，他命中注定是孤独的，他害怕自己会像父亲一样对母亲始乱终弃，他害怕把自己的罪施加于蕾琪娜。于是他退却了，"存在的唯一标准"——激情，输给了绝望。

克尔凯郭尔漫画像

和蕾琪娜的诀别带给克尔凯郭尔的打击是巨大的。他从未曾怀疑过自己对蕾琪娜的爱，但是这种爱"既使我快乐，同时也使我悲哀"。经历了这次惨痛的教训之后，他开始对女人满腹牢骚："……如果这个姑娘被他弄到手，他就不会成为一个天才，因为她，他只能成为一个顾问官；他也不会成为一个英雄，因为她，他充其量只是一个将军；他也不会成为一个诗人，因为她，他充其量成为一个父亲；他也不会成为一个道德高尚的人，因为他没有得到任何改变。"他把

克尔凯郭尔：孤独中迸发的激情

这作为自我安慰，多少有些一厢情愿，他自作多情地认为蕾琪娜和自己是一样的心情，仍然深爱着对方，会为对方保持贞操。可是他错了，蕾琪娜不久就和另外一个人订婚，生活在了一起。克尔凯郭尔怎么也没想到蕾琪娜这么快就"变心"了，这对他来说又是一大打击。

在克尔凯郭尔的爱情观中，女性始终是弱的一方，被动的一方，女性生来就是要被男性追求的，"献殷勤"就是一个男人追求女人所采用的最普遍的方式。克尔凯郭尔把这种献殷勤上升为"引诱"——间接地献殷勤。《一个引诱者的手记》中，男主人公假借另外一个男人的献殷勤为借口，接近他的"女神"，想尽各种方法讨好她，引诱她。女人在他看来不是完美的，不折不扣地代表着性欲，正所谓"窈窕淑女，君子好逑"。尽管他对女性的爱情近乎于一种崇拜，但他在本质上对女人是蔑视的：女人是男人的附属品，一种像私有财产一样的存在；尽管他对女人呵护有加，实质上他则认为女性是无能的，女人只能受到男人保护，无法自己做出选择。更何况他对蕾琪娜并不温柔，他的毁约便是对她最大的伤害。既然蕾琪娜是他心中的"女神"，他发誓要守候她，他就不应该背弃她。他最初的激情已经被自己的忧郁孤独冲淡，自此以后，他似乎也无法对自己的存在进行重新定位。

事实上，蕾琪娜所代表的女性才是坚强的一方，她从失恋中重新站了起来，并且找到了真正可以托付一生的人，而克尔凯郭尔仍生活在自己的幻想之中，通过自己的笔墨来表达对蕾琪娜残存的爱，至死也不能忘怀。最终落得孑然一身。

拨开心中的乌云

克尔凯郭尔在中国

"至丹麦哲人契开迦尔（即克尔凯郭尔——引者注）则奋发疾呼，谓惟发挥个性，为至高之道德，而顾瞻他事，胥无益焉。"在中国，最早接触克尔凯郭尔思想的人应该是鲁迅。他抓住了克尔凯郭尔的批判精神，并在这个基础上结合当时中国自己的国情，从而构成了他的"中国国民性批判"。

克尔凯郭尔批判当时的社会，他意识到自己所处的时代虚伪，缺乏激情，个体愚昧无知。与此相对，鲁迅则是对中国国民性中普遍存在的精神信仰进行了批判。旧中国社会无处不充斥着迷信、非真理的言论，让人难辨真伪。鲁迅用笔杆子作武器，毫不留情地抨击了中国人的迷信，缺乏信仰。此外，他在"孤独个体"、"群体"、"信仰"等问题的理解上也与克尔凯郭尔不谋而合。他认为，群体由个人组成，而个人本身的个性又会被群体所吞噬，这样一来，个性就被抹杀了。而人民群众的集合充其量也只能算是"庸众"。

鲁迅通过批判骂醒了中国人，他站在了意识觉醒的前沿，引领整个中华民族意识到应当克服当前的不利境况，奋发图强。批判的另一面，也反映了他对我们民族文化的热爱之情，也就是克尔凯郭尔所谓的"激情"。也正是怀揣这样一种爱国激情，促使鲁迅成为了捍卫中华民族的战士。

"存在是乐观的，因为归根结底是人自己发现自己"

在中国，近些年来也有越来越多的人开始关注克尔凯郭尔，并对他的思想进行了研究。然而这些研究目前仍处于起步状态，且一些研究者总是偏好从好的方面来阐述他的思想言论。其实，大师们也是人，他们是伟大的，却也会犯伟大的错误。如果我们忽视了这一点，便不能全面了解大师们的思想；只有从各个方面、各个角度全面地知悉他们的成败，才能更好地把他们的理论运用到我们现实的生活中。

鲁迅先生对克尔凯郭尔的理论表示了高度的认同，但也不是盲目地追随。相较克尔凯郭尔过于悲观主义的论调，鲁迅的基调更倾向于积极向上。正如继承了克尔凯郭尔思想的塞特所言："存在是乐观的，因为归根结底是人自己发现自己。人能够自己拯救自己，创造自

克尔凯郭尔：孤独中迸发的激情

己。尽管我们注定无法完全摆脱烦恼、焦虑和死亡，但是我们能够以自己的力量在这些体验中学会生存。"克尔凯郭尔一生都生活在痛苦和绝望之中，这在很大程度上源于他自己的悲观存在主义，并把这种痛苦的情绪体验转向内部，通过逃避来使压抑情绪得到释放。我们作为新一代的心理学工作者，万万不可像克尔凯郭尔那样把自己的痛苦无限扩大，指向内部，周而复始造成恶性循环，最终郁郁而终。与此同时，我们也要唤醒潜藏在内心深处的激情，因为只有激情，才是"存在的唯一标准"。

爱情的迷失

尽管我们所知的克尔凯郭尔孤独冷漠、隔离尘世，但他也曾疯狂地爱上过一个纯洁的女孩，爱到神魂颠倒、不能自拔。在这场精神与肉体的激战中，他那基督徒的激情表露无遗。只可惜，这个陷入热恋中的男人不是其他人，正是克尔凯郭尔，这也注定了他和蕾琪娜的爱情不会有圆满的结局。

克尔凯郭尔有自己独到的爱情观，他把自己的反讽精神渗透到其中，认为在爱情和依恋的关系中，"反讽"是一种隐蔽着的、不可捉摸的基础。他诱惑蕾琪娜爱上自己，而这些诱惑又多出自于反讽。他固执地认为这才是爱的真正表达方式，而事实上，在蕾琪娜看来，他的爱情表白或暗示都不包含承诺，随时可以抽身走开，让她抓不住任何把柄，正如她说的"您不是我的，但我是您的"；"我就是您的，您跑不了"。蕾琪娜的话早已说得如此坦白，克尔凯郭尔却仍不为所动，最终还是选择了离开。这种行为在当下看来，纯属"流氓行径"——欺骗了姑娘的感情，还将她一甩了之。

恋爱，首先就是要建立在双方相互信任的基础上，如果一方为了引诱对方，无所不用其极，尽说些虚无缥缈、不切实际的话，势必会让对方产生不适感和不安全感，终将导致对方离你而去。只有双方互相坦诚相待，才是达成恋爱共识的基础；再者，恋爱双方应该处在同

存在主义与人本主义心理学大师

等的地位上。克尔凯郭尔的观点是比较教条且陈旧的：男性总是追求的一方，女性则是受到呵护的一方。这种观点显然已经被颠覆。女性也应有同等的权利，也可以追求自己喜欢的男子；最后，也是最重要的一点：千万不要让你的激情之火被胆怯冲灭。一旦坠入爱河，就应当即刻释放出你的激情，让自己自由地驰骋于爱情的海洋中。不要忘了，激情，才是存在的唯一标准。

探究西方心理学大师的失误，着实是一件很困难的事情，因为我们以往学习心理学史，偏重的是前人的正确理论，往往都是接近真理的陈述。在心理学的教科书中，我们也常常把他们塑造成"完人"的形象，这显然是不符合历史事实的。在这篇文章中，笔者的目的就是要把一个真实的克尔凯郭尔展现给大家，告诉大家他究竟是怎样一个人，他也有"大师级的"烦恼和错误。

叔本华：整个世界的蔑视者

痛苦对生命来说是本质性的，所有的生命就是痛苦。因此，每一部生命史也就是痛苦史。

——叔本华

一个曾经"胎游"英吉利，也差点儿出生在那里的德国哲学大师、西方近代哲学史上第一个大唯意志论者阿瑟·叔本华（Arthur Schopenhauer 1788—1860）于1788年2月22日诞生在德国但泽的一个世代为商的家庭，他的诞生可谓历尽千辛万苦。而正是这么一个好不容易才来到人世间的天才，对人世间却充满了深刻的蔑视。他蔑视同行者、蔑视女人、蔑视爱情，甚至蔑视整个人类。他对人类没有信心，他要的除了哲学还是哲学，它对周围的一切都看不惯，他只欣赏自己，自负的同时还超级自傲。他的哲学，他的思想，他所创立的意志主义在哲学和心理学的发展史上以至今天看来仍然产生着深远的影响。尼采、柏格森、詹姆士、维特根斯坦、杜威、萨特、弗洛伊德等人都以不同的形式主张过意志主义，在他们的思想中也都打下了意志主义的烙印。叔本华的意志学说在人类思维发展进程中占有很重要的地位，但是这个大师的思想在他那个时代却没有为人们所接受。他忧郁地生活了一生，也孤独地生活了一世。

许多人认为，伟人大多都是怪人，而哲学家则被称为是"怪人中的怪人"，叔本华作为一位影响深远的哲学心理学大师，更有着我们所不能理解的怪异之处。

自以为是——以天才自居，蔑视同行者

叔本华常常有一种心理上的优越感，以天才自居，甚至认为自己的长相都是天才必备的生理条件。而他的长相又实在没有什么特殊之处：肩头宽大，颈短脖粗，脑袋大而方正，眼睛湛蓝。据说他的两眼的间距比一般人要宽，以至于不能戴普通镜架的眼镜。这就是叔本华所谓的"天才长相"，恐怕在现在的社会中能找到不少这副长相的普通人吧。

他轻蔑一般的"俗人"，也瞧不起一般学者，难怪他一生中都没有什么朋友，可也正是这样，他自我安慰说："具有高超智力的人，特别他们是天才的话，很少能有几个朋友。"

就连他在饭量上较别人吃得多，他都有自己的解释：消耗和供给是成正比的。他吃的是别人的三倍的时候，智力也比别人高三倍以上。他喜欢喝酒以激发灵感，于是就说："酒是一个人的智力的测验，一个酒量大的人，决不会是个傻瓜。"毫无疑问这是个谬论。如果我们相信他的这一"理论"，那么那些酗酒者就一定是天才了，酒可以测验智力？这话大概也只有叔本华能说得出来吧！

叔本华认为自己的哲学思想也是无人能比的。他的《作为意志和表象的世界》一书的初稿刚完成，就委托出版商出版，并声称自己的作品是"一种新的哲学体系，一系列迄今为止还无人想到的思想"，"这本书今后将成为数百年著作之源泉与依据"。但当时的理性时代里人们只相信理性，并不相信他的意志哲学。结果出版了一年

之后，总共销售不到 100 本，其余大部分都被当作废纸卖掉了。

他曾经获得柏林大学编外讲师的资格，当时他充满自信，甚至有些狂妄地把自己讲课的时间故意安排在和黑格尔同时，而黑格尔是当时哲学的君王也是柏林大学的校长，可他硬是要跟黑格尔较量一番，他认为自己一定能跟黑格尔一比高下，可是结果是他输得很惨，几乎没有赢得听众。于是他只好以极其失望的心情离开了原以为可以让他大展宏图的柏林大学。

在叔本华那里，既然世界不是围绕着他旋转的，那他也不愿围绕着世界旋转，他的内省沉思都集中在他的大写的"我"上。他那种自命不凡、过度的自信、自以为是，却又不被人接受的思想在他的一生中没有改变过，他似乎受到打击也感觉不到，只认为自己是最好的，甚至到他临终前半年还曾写道："几乎所有的人都有着某种不可克服的或慢性的毛病……而我却没有。"他果真没有他所说的毛病吗，还是他关于"毛病"的概念出了问题？这个大概是不言而喻的吧！

不曾有"恋母情结"，蔑视女性也称一绝

没有母爱的童年

叔本华的母亲约翰娜·叔本华生性活泼开朗，喜欢交际，又极富才情，她的生活中常常需要一些新的刺激，孩子的出生给了她不少牵绊，她没有给孩子充分的母爱。在这种情况下叔本华也就没有形成一个男孩子对母亲的正常依恋，而是随着年龄的增长，在心灵上愈发能接受父亲亨利希·弗洛利斯·叔本华，认为父亲是自己唯一的朋友。如今，依据弗洛伊德的观点，我们知道叔本华在他的童年时期"恋母情结"发展不善。

父亲的突然自杀身亡让他开始了对母亲的仇视，因为，他一直认

存在主义与人本主义心理学大师

青年时代的叔本华

为是母亲只顾享乐生活，忽略了父亲，而导致父亲的心情抑郁引发了意外。虽然后来由于母亲答应不再让他学经商而改学自己感兴趣的哲学，他曾对母亲有过感激，但由于母子性格完全不相吻合，导致二人矛盾重重，争执不断。母亲没有办法忍受叔本华的忧郁以及对人类悲苦的思索，而叔本华则对母亲交际花般的生活也看不上眼，认为母亲应该在父亲死后老老实实地履行一个寡妇的本分职责。他甚至还认为母亲有了新的情人，这更激起了他心灵深处的怒火。但在这个方面我们或许可以说，是他在嫉妒他的母亲，因为他当时过着孤独的生活，没有一个朋友。

这样的母子关系，大概在人类历史上都很罕见。母亲给他的印象是恶劣的，由此他得出了女人没有一个好东西的结论，导致他一生对女人的厌恶。

"空前的"女性观

在他眼中女人是一钱不值的。他认为女人"介于儿童和男人之间，只有男人才称得上真正的人"，女人"有着近乎疯狂的浪费倾向"，"唯一所思虑的，不外是如何恋爱，如何虏获男人"，"不重视大问题，只喜欢那些鸡毛蒜皮的事情"。女人天生就有谲诈、虚伪的本性……在他的《论女人》中，我们处处可见他那种深深的对女人的消极观念。

一个对女人持这种观点并有着坚定的哲学思想的人，有了这样的女性观，我们还能奢望他对爱情、婚姻有什么积极的态度吗？在叔本华看来，爱情是骗人的东西，由爱情而结婚的人，必定在悲哀中生活，一个有理智的人，不可能去做与女人恋爱这样的蠢事。但是我们不能理解的是，一个强烈自以为是的人，在说这些话的时候怎么没有想过自己呢？他蔑视女人、厌恶女人，而年轻时叔本华却又想要女人，"我对女人也是迷醉的，如果她们要我的话"。可见那时不是他不要女人，而是女人不要他。

他对待女性的态度，别说是对于哲学家，即使按普通人的标准，都会觉得丢人。当他站到自己所喜欢的女人面前时，他会不会仍坚持这样的女性观，抑或说他的女性观也仅仅是表面的说说而已？

独身也能做"父亲"

据说这个强烈反对恋爱的大师后来竟然也有过几次恋爱，而且还做过父亲。他曾在佛罗伦萨结识了一个出身高贵的女子，甚至和她订了婚，但当听说对方生过肺病时，就以此为由解除了婚约；在德累斯顿时曾和一个年轻的婢女有染，还因此有过一个私生子，这在叔本华那里成了负担，但后来出生不久的孩子夭折了，这本来是一件让人伤心的事情，可叔本华却觉得这件事减轻了他的负担；在柏林曾经深爱过女演员、女舞蹈家卡罗琳娜，但是却对对方不停地猜疑，卡罗琳娜在他旅行在外的时候生下了一个儿子，据说是他的私生子，但他拒不承认，因此还和她分手了；1831年，40多岁的叔本华曾向一位17岁的少女求婚，很滑稽地告诉对方自己有多少财产，而对方则很不给面子地予以强烈的拒绝。

真搞不懂，如此反对爱情、蔑视婚姻的人怎么会口口声声说不要结婚，却不停地在爱情中徘徊；不主张繁衍后代（产生新的个体只是延续痛苦），而自己却曾经不止一次有私生子。作为大师为什么总是言行不一呢？看来他的"禁欲"也只是在说给大家听，要求别人去做，而自己只是在观察别人，至于自身怎么做那就是另一回事了。

精神分裂——抑郁、刻板、迫害妄想

　　叔本华曾强调自己的性格遗传自父亲，但我们知道这一点事实上没有什么可骄傲的。他的家族上有精神病史，祖父死于精神病，两个叔父也有和父亲一样的孤僻、严厉、阴沉、忧郁的变态心理，而且父亲又是死于自杀。他本身当然也知道他遗传了这种性格，但是后天环境的进一步"塑造"，让叔本华那敏感的心灵也找不到理由不去发展他那变态的心理：抑郁、刻板、强烈的迫害妄想，甚至还有莫名其妙的疯癫。

　　父亲的自杀曾一度让他深深地陷入痛苦中无法自拔，四个月过去后，他依然不能从那种丧父的悲伤中走出来。抑郁！我们不得不这样说。而他也曾经回忆说，他的悲伤已和真正的抑郁相差无几。我们可以想象，当一个一向都自以为是的叔本华都愿意承认自己抑郁的时候，那他的抑郁也可能就不仅仅是"相差无几"了吧！由此可见，叔本华当时年纪轻轻就承受着抑郁的煎熬，每天锁在家里不出去见人，独自一人长年累月地在自己的思想里徘徊。

　　长期的孤独生活和后来学术道路上的不得志，使得叔本华的性格更加暴躁、乖僻、多疑，并产生了一种病态的恐惧心理——迫害妄想。他常常被恐惧和邪恶的幻想所困扰，极其没有安全感。睡觉时身边总是放着上好子弹的手枪；听到传染病的谣言便拔腿就跑，吓得要死；不放心把自己的脖子交给理发师的剃刀，常常都是自己刮脸；票据总是藏在旧信封中，就连硬币也要藏在墨水台下，时时处处提防着被人谋财害命；一生多次搬家，每次都住底层，而且住进去的第一件事就是仔细看一下有没有最便捷的安全通道，一旦有危险，便可以第一时间脱身逃命。甚至在他的哲学思想没有被人们接受的时候，他就扬言是那些哲学家在跟他作对，做了什么阻止别人去接受他的哲学思想的事情。从这里我们看得出叔本华有着严重的迫害妄想。

叔本华：整个世界的蔑视者

叔本华严重的刻板严谨也很让人难以想象。他每天早上七点起床，而起床的第一件事竟然是洗澡！然后不吃早饭就去写作。下午四点他和他的小狗会准时出现在同一条大街上漫步，并总是不耐烦地用手杖敲打着路面，嘴里不停地还在说着什么，并且目不斜视。还有一点让人更难以忍受：在人行道上，如果谁不是按照交通规则从他的右侧走过，他就十分生气，骂别人："白痴，难道你永远也学不会怎样规矩地走路吗？"让人觉得莫名其妙，不得不说他心理有问题。

和小狗一起散步的叔本华

作为一个哲学家，有着这样的性格，我们不难想象他那时而哲学家式的疯疯癫癫：有时他站在路上，看到某种花草树木，就会喃喃自语"这一些奇形怪状的树木向我启示什么呢"？在那些时候他甚至不知不觉地手舞足蹈，旁人都以为他是疯子；有段时间，他还常到集市去看一只猩猩，而且当着许多人的面，神情恍惚地说"我亲爱的，我很懊悔不能早一天与你相识……"

社会退缩、迫害妄想、刻板、时不时地疯疯癫癫，这些不得不让我们想到精神分裂。叔本华是天才，天才与疯子有着很大的关系，连叔本华自己也承认它们之间仅仅是一步之遥，或者仅仅在创造性或创造性的某些方面存在着区别，所以我们说叔本华是一个处于精神分裂边缘的天才。

"前所未有、无人能及"的思想

有拼凑嫌疑的哲学思想

叔本华在其主要著作《作为意志和表象的世界》中,告诉了我们关于他的主要哲学思想:世界就是我的表象和意志。他用世界是我的表象替换了康德关于"现象界"的论述,用世界是我的意志改造了康德关于"自在之物"的学说,认为自在之物就是意志,并说万物皆有意志,万物的运动就是意志的表现,就是意志的客体化。这些观点足以让他自己坐在意志主义创始人的位置上。这一点我们不得不加以肯定。

但是,当我们再往下看,涉及主体和客体的关系时,叔本华的拼凑嫌疑就无处隐藏了。他曾经很坚决地论证过主客体不可分割的关系:"作为表象的世界有两个根本的、必然的、不可分的部分。它的一半是客体……另一半则是主体……"而他又歪曲主客体之间的关系,他否认客观世界的本质是物质,把意志看作世界的主体。他一边在论证主客体不可分的关系,一边又在康德的影响下说:"一切客体的那些基本的、普遍的形式……即使离开客体本身的认识,仅从主体出发,也能够被发现,也完全能够得到认识。"从这里可以看出,那种主客体的不可分割的关系在他那里又变得不成立了。

作为一个哲学天才(至少是他自认为的天才),意志主义的创始人,却未能将自己的思想加以整合,总有着前后不一,似乎只是在看到前人的观点,自己一味地相信,然后换一种说法,将前人的观点拼凑起来(但他本人却从不认为如此)。

意志、压抑、直观

前面我们说过,叔本华思想的精髓就是以他"世界的本质就是

叔本华：整个世界的蔑视者

意志和表象"为标志的意志主义观点。在这里他认为万物皆有意志，意志既是每一特殊事物的内在本质与核心，也是全部事物的本质与核心。他明显夸大了意志的作用，夸大了意志的外延。如果万物皆有意志，那么处在我们周围的每一片树叶，每一粒尘土都有意志……世界该多么精彩！可是一些没有生命的东西哪来的意志呢？

在当今心理学领域中，虽仍然沿用这么一个词汇，而意义却相差甚远。当今的意志是人自觉地确定目的并支配其行动以实现预定目的的心理过程。只有人才有意志，动物是没有意志的，更不用说那些没有生命的物体了。叔本华的"万物皆有意志"中的"意志"一词或许是后来心理学中"认识"、"意识"的概念基础，但是又不同于这二者。他的意志观给了后人更多的思考，人们在不断地推翻其"意志"的过程中，不断发展着心理学。精神分析大师弗洛伊德在其学说中所阐述的人的心理结构的组成部分：潜意识、前意识、意识，首先也就来自叔本华的意志说。但是他在给后人启示的同时，同样也留下了很大的束缚。

在叔本华对性的看法中，他很早就提出了"压抑"这么一个词，这也给后来弗洛伊德反复强调的性压抑的观点埋下了种子。弗洛伊德自己也承认他在这方面受到了叔本华很大的影响。在叔本华思想的影响下，弗洛伊德又结合自己的临床经验把一切心理创伤都归结为性的压抑。在我们今天看来，这不是一种科学的解释，所以我们说，叔本华的思想通过弗洛伊德这种过渡性的学说愈加影响我们当今心理学的发展。

叔本华还认为，对意志的认识不是靠科学和理性，而是靠一种神秘的直觉。不管"直觉"这一概念是否首产于叔本华，但他多少也算是一个著名的直觉主义者。受叔本华影响的人很多，这个"直觉"，在有些场合是可以依赖的，或许可以被人们看起来有一定的合理性。试想一下，如果后来的心理学家没有否定他的这一点，而是沿着他的"直觉"观走下去的话，将是多么的危险。

蔑视人类——永远的悲观主义

在叔本华的童年，虽然没有受到过父母的虐待，但由于父母的感情不和谐，他在家中没有见过一份潇洒，也没有领略过相互信赖的温馨气氛。这样的童年经历，给他忧郁的性格提供了条件，而且在那战争连绵不断、人们整天看不到和平的社会背景下，他似乎找不到一点温暖，于是他就一辈子躲在自己的思想空间里，从没有想过给予和接受人间的温情。他曾经写道："在我的少年时代，我就郁郁寡欢。有一次我想，那时我大概十八岁吧，有个上帝创造了这个世界？不，宁肯是一个魔鬼。"可见，年轻时代的叔本华就已经对这个世界抱有悲观的态度了，一种完全看不到希望的悲观。

在他的视野中，"人生如钟摆"，永远在痛苦和无聊之间摆动，这个世界就是一个痛苦的世界。他常说"人的一生"就是"被希望愚弄着，舞向死亡的怀抱"，"最后每个人都在船沉桅倒后划向岸边"，人类的生活就是一种"融多种多样的痛苦于一身，完全不幸的状态"；人类世界是个"地狱"，而人类在里面"既是受折磨的灵魂，又是魔鬼"。总之，生命"充满悲苦，毫无值得期望之处"。在叔本华眼中，乐观是一种"罪恶的思想方法"，是"对不可名状的人类痛苦无情的嘲弄"。而更有甚者，他认为不仅仅是人类，所有的生命都屈服于痛苦之下，在"无底洞"的痛苦中，世界"终将破产"，这个世界是"不应存在的"。

从叔本华的悲观主义思想中，可以看出他完全是用自己那忧郁、自大的头脑对这个世界做出自认为"真正的哲学"。他从来不承认乐观，他似乎是要求人类不要对任何事情怀有期望，人类本身就是没有希望的，人类只能走向灭亡。如果真的如此，那么生存于人类社会中的每个个体，为什么还要选择继续沿着痛苦的人生道路走下去呢？叔本华同时又反对"自杀"，他竟然找到了解脱痛苦人生的方法，这是不是在自相矛盾？一方面，人类的痛苦都是没有办法逃脱的，另一方面在他那里却又可以找到这样一条途径——彻底否认生存意志，要通过艺术和禁欲来实现。我们不禁有疑问，一个口口声声说这些话的人，为什么却在不停地追求素食餐厅里的美食，在哲学思想上战胜同行，在爱情上还不停地追求女人，这是不是他所拥有的"期望"？在他那绝对悲观的思想之外，竟对自己的哲学抱有很乐观的态度，为什么完全痛苦没有希望的人类世界中又奇怪地出现了希望呢？是不是意味着他在不停地对人类提出要求的时候，把自己当成了"例外"？

悲观会让我们的激情冷却

叔本华大肆渲染了生存的痛苦，在客观上不失为对当时社会种种黑暗的一种淋漓尽致地描绘，但他大力宣扬悲观主义，给历史的进程、社会的未来抹上了一层黑色，使很多人都似乎看不到希望何在。这显然对人类的生存是无益的。他总是走极端，根据资本主义给人带来的痛苦和灾难，根据自己个人悲观的生活经历，他否定了一切现实生活；根据乐观主义思潮曾经有过的失败，他又否定了乐观派。他只看到事物的悲观层面，不可能以一种积极的心态去生活。在人类的生活中，如果真的没有希望，也就没有了动力，那么人类的生存还有什么意义呢？如果我们去看一下当今叔本华的"粉丝"就会发现，他们大多以一种消极的态度来对待周围的一切，对自己的失败不介意，不努力从失败中走出，而是过着"做一天和尚撞一天钟"的生活，没有追求，没有理想，甘于失败，甘于平庸。试问这样的生活态度对我们的人生能产生什么样的影响？今天我们学习心理学知识就是要让人们生活得更有激情，能在更多的场合中找到幸福，可是叔本华的思想却会在很大程度上侵蚀人类的心灵，让人们无进取，无追求，甚至可以说：叔本华的思想是失败者的庇护所，是堕落者的天堂。这显然对人类的心理健康是不利的，对人类的生存同样也有着

存在主义与人本主义心理学大师

极大的反向冲击力。所以，在我们肯定叔本华的思想的同时，甚至在有些时候我们与叔本华的思想有着很大的共鸣时，仍要清醒地认识到，人生是充满希望的，不要误入叔本华的绝对悲观、没有希望的思想歧途。

当我们反复阅读叔本华的著作后会发现，叔本华，作为一位哲学心理学大师，在其思想中，他是那么的鄙视人的身外之物，而通过对其生活事件和习性的了解，我们又发现在现实中他又是如此渴望外在的赐予。可以这么说，很多时候叔本华是一个言行不一的人。在他的书中，他是一个"伟人"；而在现实生活中，则是一个地地道道的"凡人"！

尼采：矛盾冲撞中的狂人与天才

> 我不是一个普通人，我是一颗炸弹。
>
> ——尼采

1900年8月25日，尼采疯狂地漂泊了一生后，终于在孤独中离开了人世。这位总是留着大把倔强的胡子的伟大思想家、哲学家、精神分析的先驱，用他高迈的神采与奋发的精神，写下了许多充满挑战与激励的文字。它就像一把冰锥，刺入读者的心灵，用最清晰而锋利的文笔留给了我们一个"尼采的世界"。

生命之初

弗里德里希·威廉·尼采（Friedrich Wilhelm Nietzsche, 1844—1900）出生于德国莱比锡近郊的一个牧师家庭。小时候，尼采受到了家庭的较多影响，据说他家七代都是牧师，而小尼采更是在10岁

存在主义与人本主义心理学大师

的时候就能诵读圣经使听者感动流涕。他自小身体娇弱,性格也略显孤僻,从小喜欢"沉思"。

尼采的父亲很早就离开了人世,而且死于精神分裂。这样的病症在某种程度上,对尼采幼小的心灵产生了影响,而且让尼采过早地感受了死亡。

尼采在学业上非常优秀,也是从那个时候开始,他表现出在作文与音乐上的天赋与爱好。他在课余写了大量的诗歌,14岁已经完成了"自传",并喜欢为赞美诗谱曲。

但是,在如此浓重的宗教信仰气氛中成长起来的尼采,从中学开始却渐渐远离家庭的信仰。他突然拒绝参加家庭的祷告,并离基督教越来越远。之后,竟大胆说出"上帝死了"的寓言,这在当时的西方社会可谓惊世骇俗。尼采批评基督教为"颓废人生的道德",并说"一切宗教都是离弃生命的,贬抑本能与肉体"。在几乎被宗教支配的西方世界,尼采可以说是个异类!

在进入大学学习后不久,尼采便放弃了神学,全身心地投入到西方哲学中。他鄙视神学家利用人性的弱点宣传教义,怀着满腔的愤慨和自己所赋予的对人生与人类的高度责任感,站在了宗教的对立面。

在将自己与基督教对立起来之后,尼采在哲学的教学方面却初露锋芒。在未拿到博士学位时,他就经推荐成了巴塞尔大学的一名讲师。这是尼采生命中志得意满、令人艳羡的10年,他在教学中赢得了不小的威望,但正是在这10年中,他渐渐对自己的专业产生了深深的怀疑。加上剧烈的头痛、眼疾与心理上严重抑郁的多重折磨,让他不得以离开了已经得到的教授之职,而开始了他漫长的漂泊生活。

教师生涯结束后的尼采,没有固定的工作与经济来源,没有爱人和家人的陪伴,没有朋友的关心,他孤独地漂泊,其足迹遍及欧洲大陆的许多地方。

尼采的文笔是犀利的,他说:"基督教一切心理上的发明是为病态的情绪所激发出来的。"他反对基督教的自我否定、禁欲主义、在

尼采：矛盾冲撞中的狂人与天才

感觉世界涂上浓烈悲观的色彩。但是另一方面，他一辈子所奉行的禁欲——特别是性压抑——几乎到了自虐的地步，他的同学称他为"受折磨的人"。他常年都逼迫自己用冷水洗澡，这种禁欲苦行一般只有基督教的信徒才能坚持，但在尼采身上，禁欲苦行却伴随他一生。

同时，尼采的身体虚弱至极，头痛、胃痛、眼疾交替地侵袭着他，使他难以像他笔下所写的那

尼采和她的母亲

样"强大"地生活。尼采承认在父亲死后，他们一家为了维持体面而假装天真、深沉和忠诚，贫困潦倒而漂泊不定。尼采反对基督教的悲观色彩，却无法回避在现实生活中延续悲剧。也许这种"强大"与"无力"的矛盾正是尼采最大的痛苦所在。如尼采在《查拉图斯特拉如是说》中"影子"一章里，发现了事实上弱小的自己与想象中强大的查拉图斯特拉不可调和的矛盾，"它是那样的细瘦、黝黑、空洞、苍老"。然后，他看着查拉图斯特拉高大的身影微笑着远离自己，像风吹微尘一样散去了。他曾说，现代文化有如一种生理驯化的力量，将自由奔突的身体动态限缩于死寂的范型，造就了一个羸弱、萎靡、沉闷和消极的身体。这的确在他的身上得到了很好的应验。

尼采是作为一个古典语文学家开始其思想生涯的。在早期作品中，可以看到他的古典人文气质，却近乎偏执。在12岁时，他读到古罗马历史学家李维的一段记述："左撇子英雄"斯凯沃拉在伊斯特拉坎国王波塞纳围攻罗马城时主动请缨，前去行刺国王，结果未能如愿，斯凯沃拉被俘。在敌人面前，为了表示自己毫不畏惧，斯凯沃拉把右手伸进祭坛圣火，任由熊熊烈火把右手烧焦。这一惊人之举让敌

人肃然起敬,波塞纳只好将他释放,并与罗马人讲和。尼采对此深受感染,为了验证这一记述,他点燃一把火柴,像斯凯沃拉那样把手伸进火中,结果灼伤了手掌,幸亏被人及时发现,才免于一场更大的灾祸。正如弗伦策尔在《尼采传》中说的那样,尼采的生活"从一开始就包含着某种怪癖的东西,具有孤独和不被人理解的特色"。

与瓦格纳的友谊

在尼采转入哲学之初,便遇上了一面"镜子",一面把尼采的人生与世界最真实的东西映现出来的镜子。当尼采偶然间在书店发现叔本华的时候,立刻被他的悲观色彩深深吸引。叔本华的悲观,甚至在黑夜的恐惧、无故的沮丧及暴跳如雷等神经质都令尼采为之疯狂。

尼采在发展叔本华的思想过程中成为精神分析学派的先驱。尼采认为,每个人都有动物本性,每个人都有试图将这种本性压抑在潜意识里以满足文明的需求。人有攻击性。他和弗洛伊德一样,都把人类的文明看作是本性的转化或升华。尼采第一个道出了被压抑的冲动在梦中的象征性满足。他也认识到"自我"的各个组成部分处在矛盾之中,他还意识到"自我分析"的种种危险。弗洛伊德曾赞扬尼采说他比其他任何人都更深切地了解他自己。

因叔本华对生活的过度消极态度,尼采把他看作衰朽的哲学家。而他本人则争做一个"复兴的"哲学家,希望怀着悲观精神对生活持积极乐观的态度。

尼采把叔本华当作心灵上的知己,崇拜这个"阴郁的天才",并希望超越他。同时,尼采在音乐世界中又找到了另一个天才——瓦格纳,德国后浪漫主义的音乐奇才。尼采第一次听到瓦格纳演奏时,"激动得身上的每一根神经都在颤抖"。瓦格纳反对意大利式的纯技巧表现的歌剧,他强调音乐的思想比技巧更重要,而这种思想正是叔本华思想在音乐上的演绎。尼采经常与瓦格纳一起聊叔本华,并透过

尼采：矛盾冲撞中的狂人与天才

瓦格纳的音乐去感受叔本华的悲观主义。那段时间里，尼采与瓦格纳保持了相当亲密的朋友关系，经常共度节假日，这让尼采感到了幸福家庭的温暖与乐趣，但是这种"幸福"在瓦格纳搬到拜罗伊特后宣告结束。尼采说，友谊完全像爱情一样，也同样会产生危机。

瓦格纳在拜罗伊特建立了一座国家歌剧院，邀请尼采前来观看他的新作。尼采兴奋而去，却没有看到他想要的"叔本华"，而是堕落的基督教色彩！于是，他失望而归。

就此，尼采与瓦格纳的友谊宣告破裂，但他们的关系并没有因此画上句号。他们相互攻击，反目成仇，甚至用谩骂揭丑来平息自己的失望或者愤怒。尼采称瓦格纳为"狡猾的响尾蛇"、"典型的颓废者"，而瓦格纳的攻击则更为恶毒，他幸灾乐祸，散布谣言说尼采的病是由于过度手淫造成的！顺便说一下，在19世纪，手淫被视为导致失明和疯狂的根源之一。

尼采因此极度伤心。之前，他为瓦格纳跑前跑后，几乎像对待父亲一样尽心尽力，把瓦格纳奉为"英雄"。这在一定程度上满足了尼采因早年丧父而无法满足的父亲崇拜情结，同时也是他对音乐无比热爱的表现。但是瓦格纳的自私以及对尼采音乐天赋的不屑一顾，让尼采的自尊心大受打击，也令他异常痛苦。

在1882年发表的《快乐的科学》中，尼采这样描述他与瓦格纳的友谊："我们被迫成为敌人，但仍维持着星星般的友谊。"可以看出，他与瓦格纳的反目并非只是痛恨。后一年，瓦格纳去世，尼采表示如释重负，他"终于卸下了6年来一直反对自己崇拜的人这样的包袱"。1888年，尼采写了《瓦格纳事件》，这被誉为一篇"颠倒的悼词"，也可以看出尼采仍不能对这段友谊做到真正的释怀。那段时间，尼采一个人独自住在都灵，尽管他写给母亲的信中表现得他生活的宽裕和人际关系的友善，但事实并非如此！在那年的生日，他只收到一张母亲寄来的生日贺卡。邻居回忆说，尼采常在房间里一连几个小时弹奏曲子，近似疯狂，而弹的几乎都是瓦格纳的作品。

尼采与瓦格纳从惺惺相惜到反目成仇，使尼采的脆弱与疯狂再次猛烈的相互撞击。这种撞击让尼采不断地遭受折磨，坠入孤独的深渊。

除了友谊上的破裂使尼采体会到生活的孤独之外，在学术上的冷遇更是让他倍感孤独。他的第一部作品《悲剧从音乐精神中诞生》在专业领域不是无人理睬，就是遭到激烈反对。在辞去教师职务后，他以常人无法想象的速度不断抛出新作，却几乎没有反响。1880年《悲剧的诞生》问世，古典语言学老教授大都冷眼旁观。有一位教授批评它为"完全胡说"，另一位语言学家还写了一本小册子讥讽此书。当《查拉图斯特拉如是说》也无人理睬时，尼采写道："这样一声来自心灵最深处的呼喊得不到哪怕一丁点的回声，这真是一件可怕的经历。"1885年，《查拉图斯特拉如是说》的最后一部出版，尼采更是自己掏了钱。而尼采对于他这种无法满足的自尊需要，仍然甘于它的孤独。他更加充满激情地写，将肉体的生命加到思想生命的行列中，用创作来麻痹自己的神志。

与瓦格纳决裂在尼采一生中是一个重要的转折点，从此尼采的身体开始出现各种病症。他后来的精神分裂可以说是一个象征：要想从自己的"精神母胎"中脱离出来，不仅需要精神的勇气，也需要身体上的完全消耗。然而正是这个毅然决然的分离，尼采才得以走向自己精神上的独立。从此后，他要走上一条孤独的道路，穷苦的道路，被人遗忘的道路，完全没有导师指引和依附的道路。

女人与鞭子

一般看来，尼采是"反女性主义"者。他虽肯定人的本能冲动，并承认"女人是真理"，但却同时持有反女性主义观点，认为女人应附属于男人，女人争取独立、追求解放是自身的堕落，女人是"所有物"，是"可关在屋子里的财产"。

尼采：矛盾冲撞中的狂人与天才

在他的作品中，多以恶性地反对女性为主。在他看来，女性是一种神秘的、寓言似的动物，这种动物是难以理解的，从不暴露"自己的基础"；女性是一个谜，一种幻想，她在远处施加影响，凭借风格和各种手段而在远处进行诱惑。尼采在《快乐的科学》中关于"论女人"的格言中说："我认为世界充满了美丽的事物，但是，当美丽的时刻到来，所有这些事物都暴露出来时，它就变得非常贫瘠。不过，也许这就是生活最大的魅力：它被一条金丝面纱所遮盖，一条充满美丽的可能性，闪烁着诺言、抵制、羞怯、玩笑、怜悯与诱惑的面纱。是的，生活就是女人。"尼采在《善恶的彼岸》的前言中说："真理就是一个女人。"

尼采曾经狂爱的女人——莎乐美

当人们还没有记住尼采的名字时，他那句"你要到女人身边去吗？请别忘了带鞭子！"已经流行起来。他借《查拉图斯特拉如是说》表现对女人的态度，并不知疲倦地责骂女人。但是生活中的尼采，却并不像他的作品所展现的那样。

由于尼采的父亲早逝，他的童年一直是在女人的包围中度过的——祖母、母亲、妹妹以及姑妈，这也是尼采的柔弱与敏感的来源。他既受到女人们无微不至的关怀和照顾，又受到女人们的约束和限制。他是性情中人，生性中有女人的气质：敏感而细腻、多情而浪漫，但他对男子汉的个性有着非常的渴望：果断，成就大事业。然而，在具体行动上却显得对女人并不了解，女性在他的心目中通常被神圣化。

尼采年轻时，曾被误带入妓院，"被半打浓妆艳抹的动物包围"，他完全惊呆地站在她们的面前。此后，他爱上了一位演员，但是这次

存在主义与人本主义心理学大师

初恋仅仅是激情和冲动,而非深思熟虑的爱,当然结果是失败的。直到 1876 年,孤独的尼采认识了一位荷兰少女,在短暂的交流之后,尼采便大胆地写信道:"我们生活在一起,岂不比各自单独逗留着要好些吗?"当然这种贸然的举动仍然没有得到好结果。1882 年,尼采遇到了他生命中一个重要的女人——莎乐美。

卢·莎乐美出生于沙皇俄国的贵族家庭,有法、德、丹、俄四种血统,她容貌出众,又喜欢哲学。尼采对莎乐美几乎一见钟情,"一个伟大的灵魂就在瞬间被征服"。在尼采和莎乐美相处的 5 个月中,他们彼此交流对西方颓废文化的批判,在宗教、哲学方面进行深层的沟通。尼采曾多次为遇到这样一个与他的思维方式如此相似的人感到庆幸。但是他在感情上莽撞前行的同时,却又无法免除地自卑而退却。他不知道如何表达爱意,甚至不敢碰她的手,而是托了一个情敌向莎乐美发出信号,莎乐美明确表示她不结婚,只接受没有性的友谊关系。尼采早期得过梅毒,虽然做过治疗,但是这注定他不能体面地结婚,怕传染给妻子。而莎乐美的"无性主义",正好让尼采解决了这个问题,也符合他的禁欲主义,于是他接受了与莎乐美、保罗·雷三人近乎"三角"的情感的关系。

虽然尼采对女人和性的经验很少,但他似乎对这方面有着特别的洞察力。尼采曾写道:"在上层社会女性的教育中有些特别惊人和反常的东西,那就是所有人都认为女性应该对性了解得越少越好,应该对性有强烈的羞耻感。"这话在当时是何等的震撼!而更震撼的是,尼采几乎没有什么性经验,是完全依靠他的爱情本能得出来的。

尼采苦苦地等待,直到莎乐美离开,他们的关系可以说是不欢而散。绝望的尼采,开始迁怒于莎乐美,对她大加鞭挞:"那个无耻的女人,居然想把一个有史以来最伟大的哲学家据为己有!她会后悔的,她会无助地痛苦,而这难道是我造成的吗!我痛恨浅薄的东西,而她偏偏要我浅薄!"他痛骂:"你得当心……你想想,那种猫式的自私自利,那种自私使得人没有爱的能力,使得生活的感觉成为一片空

尼采：矛盾冲撞中的狂人与天才

白，这可是你信奉的，而这正是人性中令我最厌恶的，它比某些恶更糟糕。"经过一场恋爱大战后，带着受伤的心灵，尼采回到他那更深的孤独、绝望和痛苦中。从此之后，尼采不再和女人打交道，在他的著作中，也开始出现许多反对女性的语句，并声称莎乐美把最伟大的天才玩弄了。女人不仅愈来愈招人厌烦，而且堕落了："女人想得到更多东西，她学会了要求，对她的满腔同情和尊敬终于令人感到不那么舒服；她喜欢为得到权力而竞争，其实更喜欢争斗本身：一句话，女人正在失去贤淑和端庄。她正在抛弃对男人的恐惧……正是这一原因促使女人堕落。"女人希望独立也"暴露了本能的堕落，是一种低级的趣味"，这种堕落导致了"非女性化"。尼采也由此得出，男人到女人那里去时要"带上鞭子"。

尼采一生都把女人与"真理"放在同样的高度上，他试图追求女人正如追求真理，他试图理解女人正如理解真理。然而，正如解构主义大师德里达指出的："他既不了解真理，也不了解女人。"罗素对尼采的反女性主义也深为反感。他认为尼采对女人的经验，几乎仅限于他妹妹，他很少与别的女性有来往。尼采一生都没有结婚，这位思想上的超人，被指为手淫狂并在嫖娼的时候染上了梅毒。

说到尼采身边的女人，还不得不提的是其妹妹伊丽莎白——这个一直在尼采身边算计着他的女人。伊丽莎白讨厌莎乐美，这在一定程度上影响了尼采与莎乐美的关系。尼采没有经验去处理这种复杂局面，因而助长了他的怀疑和积怨。而他们兄妹俩之间也曾几次关系破裂，尼采曾表示他"永远不可能和满腔仇恨的复仇信徒犹太人的鹅子说话"。当尼采决定抛弃瓦格纳时，其妹妹仍然因为瓦格纳与权贵的关系而与之保持交好，这令尼采异常气愤。在尼采发疯后，伊丽莎白开始了她对尼采的最大的"贡献"，她尽她的能量利用尼采得到了巨大的金钱与名誉。

纳粹的利用

尼采在精神生活世界里，经历了几次爱与被爱的折磨，以及求婚遭拒绝的沉重打击……女人思想上的浅薄，性格上的柔弱，这一切使他感到极大的失望。从此，他远离异性，抛弃了不可抗拒的诱惑与享乐，在痛苦和孤独中扩张着他的生命。

他把自己与叔本华、海涅、瓦格纳一起归为歌德死后德国艺术界最重要的人物。他的自传叫《瞧这个人》，这个名字的来源是《圣经》，而"这个人"则指的正是"钉在十字架上的人"——耶稣。在这本自传中，到处都是"我为什么这样聪明"、"我为什么这样智慧"、"我为什么写出这么多的好书"等类似的话语。他还以恺撒大帝的口吻说，"要在罗马开国君会议，以决定将来年轻的德国皇帝枪毙于此"。他把自己看作19世纪"第一个哲学家"或者更甚，他说自己最重要的任务是把人类历史分成两个部分，自己的使命是迫使人类做出"未来的决断"。这种自吹自擂，或者在他的自传中随处可见，或者出现在他的作品中，借他笔下人物之口道出自己的"强大"。但要理清哪些是尼采自己的观点，哪些是尼采的夸张修辞非常困难！这位自命为陶醉于狂喜的酒神狄奥尼索斯先知，用全力赞美着自己的伟大，甚至会让人不知这种疯狂的自大来源于哪里。

对自己的身体状况失望透顶的尼采，一边深信江湖骗子的治疗方法，疯狂地一一尝试诸如稀奇古怪的水疗、冷水浴、可可和干面包——当然这种骗子的把戏一点用处也没有。另一边，他用强劲的笔与难以理喻的思想把自己当作神一般的歌颂，将自我意识无限地扩张。我们不禁怀疑，这么纤弱的身体是否能承受这种疯狂的表现。

终于，尼采因无法承受的生命之重——在都灵的街头，倒下了。

尼采疯了。他精神错乱地抽泣着拥抱一匹被马夫虐待的马，胡言乱语中被人送回旅馆，然后被送进巴塞尔维勒医生的精神诊所。住院

尼采：矛盾冲撞中的狂人与天才

单上这样写着："弗里得里希·尼采，巴塞尔教授，年龄23，1866年，感染梅毒。"有人说尼采疯了是因为那个查拉图斯特拉。他把毕生的经历和感情放在了那位莫须有的"挚友"身上：他有时与查拉图斯特拉对话；有时和他融为一体进行哲学演说；有时却化身为查氏身后的影子，不停地跟随、追逐他。

后来，尼采被母亲带回家。这时尼采的妹妹伊丽莎白出现了。

1889年，伊丽莎白夺取了尼采所有作品的著作权，包括其发表的和未曾发表的作品，以及尼采的所有信件。她将整理过的尼采传记发表后所得的稿费大部分转入自己名下。当然，伊丽莎白为尼采整理作品的目的并不仅出于这些蝇头小利，更重要的是她要为她的"民族主义"寻找理论支持。

伊丽莎白利用尼采的著作发挥她惊人的宣传天赋鼓吹种族主义。她把尼采的"权力意志"概念完全误导，在她的笔下，尼采成了"反犹太的德国民族主义和帝国主义德国的先知"。若脱离具体的语境，尼采的很多术语如"白肤金发碧眼的畜生"似乎真的很有纳粹味。伊丽莎白的误导确实给尼采带来了许多声誉，也让尼采遭到了许多误解。伊丽莎白还在瑙姆堡买房子建了博物馆，而展品就是疯掉了的哲学家哥哥。参观者看到沉默反而更加崇敬；伊丽莎白的生活也就此奢华起来。

同时，因为尼采的强权思想对希特勒的影响巨大，使得英美的许多学者指责尼采是"纳粹思想的温床"。希特勒一生都在把一句出自尼采的话作为自己的格言："强人的人格，别理会！让他们去歇歇吧！夺取吧！我请你只管夺取！"而当希特勒把尼采整套著作作为贺礼送给墨索里尼时，全世界对尼采的误解达到了顶峰。这使得二战期间《查拉图斯特拉如是说》在德国畅销一时，成为士兵们行军囊中的必读物。美国的杜威，法国的柏格森，英国的罗素和劳伦斯都把尼采作为"纳粹野蛮主义"的发布人。

伊丽莎白让尼采所欣赏的"强大的贵族"概念，完全误导成令

存在主义与人本主义心理学大师

人恐惧的残忍。这也是为什么尼采在死后许多年所呈现的大多是反面形象;此外,对尼采造成误解的另一个原因是他著作的独特表达方式。

尼采的思想都以隐喻式的散文或散文诗来表达,他总是以格言、警句,撕开他敏锐捕捉到的文化上、道德上的发展趋势而展现在公众面前,这就增添了对他的文本进行解读的难度。他晚年的一首诗这样写道:"现在——我在两个虚无之间,曲弯着身体。一个是疑问符号,另外一个是疲倦之谜。"你能把这样的文字解读得很清晰吗?

病中的尼采

尼采著作的另一个特点就是极端的个人主义。他过分强调个人,忽视社会的共同基础。他往往有改变世界的雄心壮志,要求自我的不断提升,但是却过分夸大自我,难免在面对人世时显得势单力孤。而且,他把自己的"精神"无限地提高,造成了他与公众很大的距离感,显得极端的愤世嫉俗。用他自己的话说,他"距人和时间的彼岸六千尺"。当他的作品被冷遇时,他觉得是他的思想与世人离得太远——这种距离之感让他感到孤傲。我们可以说,尼采不属于他的时代,或者说,他自弃于他那个时代。

海德格尔：上帝和撒旦的宠儿

> 跨越人生并不像跨越一片田野那么简单。
>
> ——亚历山大

麦氏教堂（Messkrich）是位于德国西南部巴登地区的一个乡村小镇，坐落在博登湖、施瓦本山和上多瑙河之间，是阿雷曼地区和施瓦本地区交界处的一块贫瘠而穷困的土地。阿雷曼人的沉稳持重，性情忧郁；施瓦本人的性格爽朗，坦率，而出生在这里的人的性格往往是兼而有之。麦氏教堂这个名字源于这个小镇上的天主教教堂，教堂的司事叫弗里德里希，同时也是一名制桶工匠，妻子约翰娜·肯普福是一个乐观开朗的妇女。1889年9月26日，这个平凡的家庭迎来了

存在主义与人本主义心理学大师

第一个小生命——马丁·海德格尔（Matin Heidegger，1889—1976），随后的87年岁月，这个生命让这个小镇名震四海。

海德格尔的父母都是虔诚的天主教教徒，家庭中宗教气氛非常浓厚，遵循古老的文化习俗，这在相当长的时间影响着他的发展道路。海德格尔小时候在母亲老家生活过一段较长的时间，可能由于这段经历加上麦氏教堂惯有的平静祥和，海德格尔一生崇尚大自然的宁静与和谐，眷恋故土，渴望平静的生活，乡土气息深深地融入他的血液与思想并伴随他一生。他还曾在一篇《乡间小路》的短文中描述过家乡的一条宁静的小路，海德格尔的一生也犹如走在这样一条"林中路"上，充满了转折与岔路，在每一个岔路口海德格尔都做出了自己的选择——或对或错。命运注定他不能如愿当上一个牧师，也不能一生平静……"此在"的生活总是如此。

伯乐与红颜

由于出生于宗教气氛如此浓厚的地方，海德格尔中学毕业后很长一段时间里是沿着神学的方向发展的，1909年进入弗莱堡大学，前两年主攻神学，辅以哲学，1911年他决定放弃牧师的前程而专攻哲学。正所谓"塞翁失马，焉知非福"，1913年海德格尔以《心理主义中的判断理论》在弗莱堡大学获得博士学位，非常希望能够留校当上正式教授。在弗莱堡大学出现教授空缺时，海德格尔曾与自己的好友克雷布斯明争暗斗，结果两败俱伤。因祸得福的是该职位由从外边聘请来的胡塞尔担当，当时胡塞尔和他的现象学已经驰名欧美。胡塞尔非常欣赏海德格尔的才华，把他当作自己的得力助手，并为海德格尔破例争取到助教补贴使其生活条件一直不错。1920年海德格尔申请马堡大学教授职位失败，当1922年马堡大学再次出现教授职位的空缺时，胡塞尔凭借自己的声望大力推荐，并做了一系列的具体工作。对胡塞尔的大力推荐，马堡大学的决策者那托普非常为难，因为

海德格尔：上帝和撒旦的宠儿

海德格尔在这之前没有发表什么论文。胡塞尔连忙推搪说海德格尔关于亚里士多德的专著马上就会发表，但那托普要求看到这部书的纲要，于是海德格尔花了3周时间一气呵成一篇导论。1923年6月海德格尔正式接到聘书，于毕业7年之后终于做上了正式教授。1924年弗莱堡大学出现空缺时，胡塞尔非常想让海德格尔回来当教授帮他。为此他与哲学系的同事发生了激烈的争吵。芬克在事后回忆时说道："我们不得不听一个奥地利人在这里吵吵嚷嚷。我在一生中从未是反犹太主义者，但是今天，我不得不是一个反犹太主义者了。"可见胡塞尔为了让海德格尔调回来甚至有点失态了。在胡塞尔的一再坚持下，他退休后的正教授职位也由海德格尔接替。从老师的角度，胡塞尔真可称得上是为人师表的典范。他很器重这位学生，常称"现象学，海德格尔与我而已"。

海德格尔在马堡担任教授期间认识了汉娜·阿伦特，从此之后两个人的命运就纠缠在一起，剪不断理还乱，个中滋味恐怕只有当事人才明了。汉娜·阿伦特当时只有18岁，来自寇尼斯堡一个已经被同化了的犹太人家庭，留着短发，衣着时髦，不少人对她青睐有加。人们从她身上感受到一种张力，一种对目的坚定的追求，一种对本质的探索，一种深刻，这一切赋予她一种魔力。1924年2月两人开始了一段极为隐秘的爱情，没有人知道此事，包括汉娜·阿伦特最亲近的朋友，甚至是雅斯贝斯也是几十年后才知道自己的两个朋友曾经相恋过。汉娜十分辛苦地严守着这个秘密，不仅对海德格尔的夫人，同时也包括整个大学和那个道德约束极强的小城，维护着海德格尔的荣誉与尊严。但是这种关系持续的时间越长保守秘密也就愈加困难，1925年海德格尔主动提议让她离开马堡躲到雅斯贝斯那儿去。汉娜顺从了一切的安排，但同时也感到非常痛苦，而海德格尔从来没想过要负什么责任。如果说前期海德格尔的行为尚不足以过分指责，那之后的事是越来越让人伤心。由于二战爆发，身为犹太人的汉娜逃离德国，两人从此失去联系，再见面是17年后的事了，那时，命运讲述的却已经是另一个故事。

你我的"存在"

现在对海德格尔的批评大多基于他支持纳粹主义的行为，尔后才反观其思想。其中有较为中肯的，也有比较偏激试图否定海德格尔所有哲学的，其中以沃林为先锋。他坚持认为海德格尔哲学中隐藏着纳粹色彩和民族主义，认为字字句句中都包含着纳粹思想。笔者认为这未免言过其实了。准确地说应该是海德格尔错误地理解了纳粹，把它当作了自己预言的"此在"，把国家社会主义看成与自己的存在哲学有本质联系的东西，使他坚信，以当代哲学之王的方式"引导元首"是他的责任。当然，这也与他哲学中的缺陷有关，但不能就此说海德格尔早就预谋着纳粹主义，并有着根深蒂固的民族主义。

在《存在与时间》——海德格尔最重要最著名的著作中，海德格尔描述了本真与非本真的存在并详细阐述了与此有关的概念——"烦"、"畏"、"死"、"此在"、"沉沦"、"良知"等。海德格尔用"烦"来表示此在存在于世界之中的整体关系的方式。烦有两种——"烦忙"与"烦神"。"烦忙"是指此在与世间存在者（物）的关系；烦神是指此在与世间其同类存在者（他人）的关系，包括与他人共同存在的一切形式，如爱、恨、冷漠、包容，等等。在烦神中，"此在"的存在是一种平均状态，听任"常人"的决定，和其他人的生活陷入了一种日常生活之中，被中间一些日常话语所充斥，而这些无聊的事便入侵成为一个人的全部，使人认为自己只是日常关系或平庸的人事交往中的一员，而忘记了自己的独特性，将自己的"自我存在"降低成为一种社会存在，以一种由他人决定和他人共同形成的通常方式来体验和知晓这个世界。生活在匿名状态中，不就其未来的现实倾听自己的存在，而只让自己作为芸芸众生之中的一个单元来照面——海德格尔称其为"沉沦"，这种存在便是非本真的存在。我们

海德格尔：上帝和撒旦的宠儿

便是以这种方式躲避畏惧。畏惧把此在从沉沦中带回来，并使此在被迫面对自身，不能再躲藏在"常人"之后。海德格尔聚焦死亡以便在"此在"的整体中理解此在。当人们承认他们自己的必死性，他们就可以自由地享受当前，因而能尝试那些他们先前从未尝试过的事物。他们变得自有主张，而先前则是被"常人"的想法纠缠而彷徨无主。由于死亡，每一个瞬间都变得珍贵，每一个决定都在他本身适当的合意中来看待。海德格尔说，在这种自由中，此在能够听到良知的呼唤。良知的呼唤出现本真存在的"此在"，摆脱常人的束缚，超越常人的"沉沦"之上。

但海德格尔并未对如何区分本真与非本真的存在提供一个标准，甚至有时让人觉得，存在于世无法从常人的行为规范中脱离出来，除非我持续地作为一个知道自己将会死去的人来生活，否则我就无法逃脱非本真的、偶然的和被耗损的存在；存在的意义是时间，但时间似乎没"占有"任何意义。另外，海德格尔对良心的呼唤的讨论也非常隐晦。在提出良知从何而来，这一呼声的特定内容，或是如何来认识它的问题时，海德格尔用相当的篇幅来强调这种呼唤的模糊性，强调从人的知性立场出发它的不可理解性，强调其作为相对于普通能力而言的"超验"事物的地位，这么看来，难道说只有神灵之显现可与之相提并论？

《存在与时间》中很多概念存在这种模糊性，有些主观任意，而缺少具体的价值和规范性。换而言之，海德格尔向我们描述了一个具有积极向上的生活态度与方式，却没有提供具体可观的指导，无法在现实中明确地辨别；向我们描述了一个美好的圣地，但没有人知道如何去那里。所以海德格尔本人听到希特勒那富有煽动性的演说，看到希特勒对民族的"热爱"，才会误认为这就是受到良知呼唤而回归本真存在的"此在"。在《追问技术》未发表的最初手稿中，海德格尔把食品工业、在集中营煤气室产生尸体、封锁和饿死一些民族，与生产氢弹相提并论，认为这都可以利用存在的历史来解释。哈贝马斯曾就海德格尔不肯删除在 1935 年的讲稿《形而上学导论》中"国家社会主义的内在真理和伟大"这句话，在《法兰克福汇报》上发表公开信，质问海德格尔"甚至我们所有人今天都知道的有计划地屠杀千百万人，能用存在的历史来理解为是一个命中注定的错误吗？难道它不是那些要对它负责的那些人的一个重大的罪行——整个一个民族的伤天害理吗？"每当用自己的哲学面对纳粹主义，海德格尔的结论似乎总也不对，看来他也不是很知道怎样才是通向本真决断的途径。

海德格尔早期哲学的特征是唯心论的。这使海德格尔陷入非理性主义普遍面临的危机：由于他们诉诸个人的感觉、意识，反对一切普遍确定性，使他们自己的整个理论也难以立足，因为他们无法反对与自己不同的他人的感受的真实性。非理性主义者常常难以使自己的理论获得普遍有效性的意义。

往事不堪回首

1933 年 5 月 27 日，海德格尔作为弗赖堡大学新任校长进行就职演说，《德国大学的自我认同》这个从题目上就已经反映出浓厚的纳粹主义色彩，后来每当涉及海德格尔与纳粹的关系，经常最先被问到的就是这个演讲。在这篇文章中，充斥着十分强烈的"民族"色彩，多次出现民族的命运、国家的命运、追随者与领导者、使命等字眼，海德格尔宣称"要使学生同德国民族的精神使命联结在一起"，"劳动服务、国防服务和知识服务——同等重要"，要在纳粹运动提供的新可能性中"彻底改造德国大学"。听完之后让人觉得耳边回响斯宾格勒类似的宣告："我们不需要原则，我们需要我们自己。"海德格尔于不久后宣布加入纳粹党，并一直没有退党，在不需要为纳粹呐喊的日子里，他也从未表示过对纳粹的不满。这一短暂的历史却给他留下了极不光彩的一页，作为学术界最有威望的人皈依纳粹事业的典型，海德格尔这一行为造成了极大的社会影响。

海德格尔：上帝和撒旦的宠儿

这段时期，在海德格尔的言行中首先注重的是要显示出纳粹那样的战斗思想和态度；即使与自己无缘的决斗大会他也要去露一面，讲述一番决斗中得到的价值，为表示他的态度，还乘校长的公车去见非正式的军事教练。他认为自己已成为给德国人民带来美好新世界的纳粹革命的哲学之王，他那时的自我感觉实在太好了，相信自己有力量引导这个运动。作为示范，这年的秋天他自己带头以学生和教师为对象在托特瑙举办了以按照德意志精神和纳粹主义改革大学为目的培养领导人的集训。要求参加集训的师生身着纳粹突击队或禁卫军、铁兜团的服装，从弗莱堡步行20公里到托特瑙。那时的海德格尔认为德国的新时代来到了，但不知道新的未必就是好的。

他在《呼吁德国全体学生》的发言结束时说："不要让命题或观点成为你存在的原则。元首只有元首才是德国的现实和未来。"他声称"这场革命将给德国存在带来彻底的改变"。可以说，海德格尔对希特勒的信任是因为当时他认为希特勒的出现证明了自己哲学中的"此在"概念。海德格尔认为"此在"最先并且在大多数情况下以"常人"的方式存在。作为"常人"的"此在"，是"离己在外"和"出离自身"的，想"常人"之所想，为"常人"之所为，海德格尔称这种状态为"此在"的"沉沦"，这时"此在"的存在是"非本真的"。而良知的呼唤使"此在"回归本真的存在，立足自身而面对可能性开放的生存，可以不断筹划，选择自己，创造自己，超越自己，而希特勒富有煽动性的宣传让他认为这就是本真存在的现实例子。

在最初恐怕没有人会料到纳粹所带来的灾难性后果，20世纪30年代初的德国，经济萧条，人心低落，眼前似乎摆着一千种可能的选择但又仿佛毫无出路。政治成了全民族的首要问题。作为一位哲学家，海德格尔以为自己看到了真正的希望，这些的确可以给予海德格尔最低程度的原谅，但作为一位哲学家，警觉自己的观点可能产生的误用和滥用，其行为才能被认为是好的。

与犹太人的恩恩怨怨

在二战期间，海德格尔与他众多的犹太朋友关系破裂，其中包括他的一直对他爱护有加的老师胡塞尔、情人汉娜·阿伦特，还有好友兼著名哲学家雅斯贝斯夫妇，等等。关键在于，这种不帮助、袖手旁观不是建立在无能为力，而是海德格尔本人对于纳粹对于希特勒的信任。

至于海德格尔与胡塞尔的关系更令人疑惑。作为老师胡塞尔对海德格尔的帮助非常大，这一点毋庸置疑。海德格尔在弗莱堡大学博士毕业后两人的矛盾首先出现在学术观点上。海德格尔《存在与时间》出版后，胡塞尔阅读后发现海德格尔背叛了他的现象学，并对他非常失望。其实学术上的分歧本无可非议，但自从海德格尔任职弗莱堡大学校长加入纳粹党之后，两人的矛盾迅速激化。胡塞尔在1933年5月4日的信中说："近几年来，他任凭反犹主义滋长，甚至到了拿来对付自己忠诚的犹太学生，他在过去几个星期的做法已经严重破坏了我存在的基础。"不知道这封信究竟针对什么事，但可见胡塞尔作为一个犹太人，显然受到了一定的迫害，而这迫害与海德格尔有或深或浅的关系。对于海德格尔是否以"是犹太人"为由，禁止当时已经荣誉退休的胡塞尔进入大学图书馆的事历史上一直争论不休。笔者认为此事基本可以认定是子虚乌有，最有力的证据来自海德格尔前情人、后来的著名哲学家汉娜·阿伦特出版的《何为存在哲学》，书中否认海德格尔曾利用自己的权力为难自己的老师。但海德格尔确实做过几件无可争议的忘恩负义的事。1941年海德格尔的名著《存在与时间》发行第5版时，扉页上明明写有给胡塞尔的献词，但后来又删掉了。另外，在胡塞尔患重病期间，作为其亲密助手和好友的海德格尔却从未来看望过，甚至1938年胡塞尔去世后的葬礼海德格尔也没有参加，对此，连海德格尔本人多年后也承认是自己"人性的过失"。胡塞尔对自己的这个弟子可谓疼爱有加，为他争取职位，把自

海德格尔：上帝和撒旦的宠儿

己的书交给他编辑，凭借自己的威望提拔他，却没有得到一丝回报的确令人觉得寒心。

二战期间，作为犹太人的汉娜并没有等到当时已身为校长的海德格尔的帮助，两人关系彻底破裂。她四处逃亡，一路辗转，先去了法国后来又移居美国才安定下来。1950年从美国返回德国后，汉娜已经是一个国际闻名的政治哲学家，刚刚出了一本名为《极权主义的基础与起源》的书，她表现出极为宽广的心胸，令人非常敬佩。在早年的信中，海德格尔曾说没有第二个人能够像她那样理解他，确实如此。回国后，她主动与海德格尔和解，并修正早先的批评，尽自己最大努力弱化海德格尔亲纳粹的成分，并以自己的国际知名学者地位帮助海德格尔将他的书在美国的翻译和出版。老年的海德格尔又一次写信告诉她，没有人像她一样理解他。相比之下，海德格尔早年对汉娜的抛弃与袖手旁观是多么的自私狭隘、不近人情。汉娜曾说过这段见证了彼此一生的感情带来了太多的伤害。汉娜去世后半年海德格尔也随之而去。

年轻貌美的汉娜

据雅斯贝斯回忆，海德格尔以前从未流露过纳粹思想。所以，当1933年春海德格尔突然对纳粹运动大感兴趣时，雅斯贝斯吓了一跳。春季的一天，海德格尔带了一张纳粹宣传唱片到雅斯贝斯家来放，并号召大家都投入纳粹运动。雅斯贝斯认为这种热情是很愚蠢的，但同时并没有太把纳粹运动当一回事，所以也没怎么劝他。但这却是海德格尔最后一次拜访雅斯贝斯了。后来海德格尔卷入得更深，雅斯贝斯私下向海德格尔表示不快，海德格尔没有回答。于是雅斯贝斯以反犹为例力证纳粹之恶劣，海德格尔的回答是："然而犹太人确实有一个十分危险的国际联盟。"当问到像希特勒这样一个没受过教育的粗人如何能领导德国的时候，据说海德格尔的回答是："教育根本无关紧要，你就看看希特勒那双手，多了不起的手。"雅斯贝斯没有继续与他争辩。他的夫人是犹太人，他害怕纳粹势力的迫害，二战期间他与夫人一直随身携带毒药以防被抓后遭受纳粹的折磨。两人的来往从此中断了很久。1937年，纳粹政府取消了雅斯贝斯的讲座资格，海德格尔未置一词。1945年后，海德格尔被战后的法国政府剥夺了教职权利后心急如焚，校方似乎想拿他做例子向新政府表忠心。海德格尔情急之下顾不得脸面写信给雅斯贝斯请他为自己写一份鉴定材料。所幸的是，雅斯贝斯多年后也主动与海德格尔握手言和，并为解除对海德格尔的教学禁令做出了努力，但在国家社会主义问题上雅斯贝斯还是无法同意海德格尔那种不知道从哪里来的看法。

尘埃落定

因为海德格尔与纳粹的这段牵连，1945—1951年期间，法国占领军当局禁止他授课。1949年在清除纳粹运动中，根据海德格尔在二战期间的表现定为"胁从分子"，这个罪名已经算是比较轻的了。1951年解禁后不久，海德格尔就退休了。不过他仍作为荣誉教授在弗莱堡授课和领导研究班。1959年退休，以后极少参加社会活动，避居在家乡黑森林的山间小屋，只和很少一些最亲近的朋友一起讨论哲学问题。1976年5月26日，海德格尔逝世于麦氏教堂，他的一生始终保持着对土地、自然的眷恋之情，生于斯，葬于斯。

海德格尔的哲学的确有一些不足之处，但不能说他对人生和死亡的思考全是错误和空洞的。他所提出的人本真的存在，发挥自己的意志，自主选择并能通过选择获得自身实现本真的存在的想法还是鼓励了后来人本主义心理学的发展。当然种种概念的不确定性以及指导的无方向性，也正是因为人本主义过分强调了的人的主观能动性，似乎人是无所不能的。

萨特：时势造就的错误

诚实可靠的人的行动，其最终极的意义，就是对自由本身的追求。

——萨特

让·保罗·萨特（Jean-Paul Sartre，1905—1980）是法国当代著名作家，哲学家，存在主义心理学的主要代表人物。他一生笔耕不辍，为后人留下了50卷左右的论著，他的作品和他的存在主义思想影响了法国乃至全世界整整两代的思想家和文学家。他在世时，有无数的人对他顶礼膜拜。1980年4月萨特逝世时，《世界报》用了8版的篇幅介绍他的生平和著作，《费加罗报》把他称为"法国思想的最后一位大师"，法国总统德斯坦到医院看望他，并静静地在萨特的灵柩旁守候了一个小时，送葬队伍行进途中巴黎有超过5万人站在街道两旁为他送行……这些都足以证明他生前的著作和思想所产生的巨大影响。

玉中的瑕疵

"绝对的"自由

萨特认为人的自由是绝对的。人的环境、人的境遇、人的过去、他人甚至死亡等都不构成对人的自由的限制。他说:"假如存在确实是先于本质,那么,就无法用一个定型地形成的人性来说明人的行动,换言之,不容有决定论。人是自由的。人就是自由。"但我们从实际情况来看,一个人的自由无论如何都不可能摆脱环境、经历以及他人的限制。萨特曾举例说,一个人受刑时,完全可以决定自己是反抗还是屈服。所以,来自他人的限制对个人来说,只是"外部的"限制,在自由内部是碰不到的。但是,死囚在受刑时,绝对不会产生自在地与别人在高级餐厅吃饭的想法;在无数次反抗失败后,临刑一刻这样的念头就不会消失。这就像是在寒冷中,我们不会产生扇扇子的想法一样。在特殊情况中,我们的想法会受到环境的影响,这时我们的心理是不自由的,是要受到某种限制的。

同样,人的过去经历、经验也会对人造成不可磨灭的影响,人无论如何都不可能完全摆脱自己的过去。人的过去经历不仅影响到人的性格的形成,进而还影响到人的思想、观念的产生,导致人失去思想上的绝对自由,而且,过去成功或者失败的经历也会对现在的决策产生影响,这是不可抹去的。经典条件反射和操作性条件反射最能说明这一切。在斯金纳的鸽子操作条件作用实验中,我们可以看到,在后期,即使鸽子没有获得食物,它依然会主动地敲击按键,这不是鸽子的"意识"能够控制的。此时,鸽子的"意识"就失去了自由。

"先验的"东西

萨特是否认"先验的"东西存在的。他说:"人在把自己投向未来之前，什么都不存在。"一般来说，"先验"是指人们在对事物的认知之前就预先具有的一般概念。这个思想最早由柏拉图和笛卡尔提出，但最先是由康德赋予其含义的。在现实生活中，"先验的"例子有很多，比如我们去超市购买东西时，我们会根据自己先前搜集的信息来判断哪家超市比较便宜，而不必把每一家超市都逛过去。我们在学习新的概念时，很多时候都会运用到先验。比如我们在学习到"水果"这个概念时，我们用不着把每一种水果都尝过，而在面对一种新的、我们仍然没有见到过的水果时，我们就会判断它是水果。在此判断前，我们并没有以先前的对这种水果的具体经验作为依据，但我们依然能够正确做出判断，这就是"先验"在起作用，并且先验对人的经验的形成起到了极其重要的作用。因此，萨特否认任何"先验的"东西的作用，是过于简单和武断了。

依仗"本能"

萨特认为："为了达到真实的存在，只有依靠非理性的直觉，即通过烦恼、孤寂、绝望等非理性的心理意识直接体验自己的存在。"萨特因此而否定了理性和科学的客观实际意义。他喜欢说："情感真正把我推向哪个方向，那就是我应该选择的道路。"这就使得他的理论难免带有个人主义和主观主义的性质。我们知道，每一个人都是社会的人，我们不能把个人的自我价值和主观价值作为判断的唯一价值，而忽视了社会价值和客观价值。萨特这种思想的形成或许是由于他童年丧父。根据弗洛伊德理论来分析，他似乎不具有弑父夺母即"恋母情结"的倾向。因此，也正如他自己所做的自我分析那样，他不具有"超我"。

爱情观

萨特认为在爱情中是不可能存在平等的。要么产生施虐狂，要么产生受虐狂，而女性只是为了来填补男性"敞开的裂缝"。这就表现出萨特在两性关系上的不平等意识。在他的文学作品中，他把性高潮描写为像"寄生虫一样"的、"阴险的甜蜜的女性报复"。可见萨特要求男性在爱情和性活动中居于主导地位，而女性只是被动的接受者。萨特的这种观念来自于童年时期寄居外祖父家中的经验：外祖父极其威严，在家庭中起主导作用；而自己的外祖母和母亲则扮演着懦弱和被动的角色。这导致了萨特滋生出事事要求绝对主动的念头；他渴望控制别人，而不允许被别人控制。

专制的皇帝

打击异己

尽管萨特推崇自由，但他在思想上却十分专制霸道。如果有可能的话，他会不遗余力地打击自己的对手，丝毫不留情面，哪怕对手是自己的好友。我们在萨特的童年时期就可以隐隐地看到萨特具有暴力和无情的倾向。萨特从小就喜欢打架，会轻易地为了一件小事大打出手，并逐渐喜欢用这种方式来解决问题，这在萨特的自传中也有提到。为此，他很喜欢拳击运动，并经常和别人切磋。

萨特画像

萨特的传记作家们曾提到这么一件事情：萨特答应给让·热内的作品写序言，以《圣热内》的题目出版。在这篇序言中，他在把让·热内吹捧成一位英雄的同时，又肆意地取笑他，以此来抬高自己的地位。1964年，让·热内感觉到自己已毫无隐私可言，被完全暴露在世界面前，由此而导致了他连续6年再也无法创作。

　　萨特和加缪的分道扬镳在历史上也是一个谜。他们曾经彼此欣赏，并在相识以后的几年中友好相处，甚至一起在宴会上私下开一些下流的玩笑，这几乎让人无法理解两人后来的紧张关系。引起冲突的原因是1952年《当代》编委会对加缪的书《反抗者》的评价。由于评价非常差，加缪对此提出反驳。萨特为此写了封公开信回复他。我们可以十分肯定的是，这封信充满了严厉的措辞和恶毒的攻击，这封公开信严重地伤害了加缪的自尊。之后，他们多年的友谊就此终结。我们不否认加缪性格暴躁，一旦受到批评就会暴跳如雷。但萨特公开而又恶毒地攻击好友，这种行为简直可以说是极端的残忍。

吹捧斯大林

　　在1952年以前，萨特对苏联是持批评态度的。但在此之后，他突然开始为苏联说好话，猛烈地抨击起美国来。当人们开始认识到苏联政权以及劳改营的极端做法时，他却开始为苏联辩护起来。在1954年访问苏联之后，他在"左倾"刊物《解放》上发表了自己的采访记，谄媚地称赞斯大林，并宣称在苏联有批评政权的"绝对自由"。这显然是在歪曲事实。1956年，他甚至批评赫鲁晓夫诋毁斯大林。萨特这样无视客观事实而为斯大林辩护，这种行径与他所鼓吹的存在主义论调正好相反。

　　我们在萨特身上还可以看到一些颇具讽刺意味且有趣的行为。1940年6月，萨特作为一名法国士兵被德国人俘虏并被关了一年，但是他却深深地被德国思想家海德格尔吸引，并且继承和发展了他的存在主义思想。这的确具有讽刺意味。

混乱的情感生活

萨特和母亲

萨特和他的母亲彼此对对方都具有独占的想法，这与他从小丧父并与母亲相依为命的生活有关。萨特的母亲安娜－玛丽是一个大美人，直到80岁身材还保养得十分苗条、修长，戴上帽子走在街上时，仍有男子向她回眸。在萨特成长的最初10年，他们一同睡在单人间的一张双人床上。母亲照顾萨特的一切生活，而萨特也总是把她作为小说中英雄保护的对象。在萨特12岁的时候，母亲改嫁，这对萨特是个极大的打击。萨特仇视他的继父，因为他占有了自己的母亲，这也直接导致了萨特一生都不喜欢已婚的成年人，他自己一生都不愿意结婚。

根据萨特自己的回忆，他的继父在家时，两人经常大吵大闹。继父是一名工程师，厌恶文学和艺术。虽然家里有钢琴，但是继父讨厌听见钢琴声，而萨特最喜欢的事情就是在继父不在家的时候母亲弹着钢琴，自己和母亲一同唱歌，他感到这时母亲才是属于他一个人的。继父反对萨特从事文学创作，而萨特从事文学创作的最初动机就是来源于对继父的反叛。尽管母亲给萨特零花钱，但是萨特不喜欢花母亲给的零花钱，而喜欢花自己从母亲口袋里偷来的钱，因为他认为母亲给的零花钱实际上是继父的钱，他不愿意接受继父的施舍，而自己偷来的钱就是自己的，虽然他知道偷钱是不对的，但他乐此不疲，直至被母亲和外公发现。萨特的恋母情结直至他自己住校后，远离了母亲和继父，并在学校接触了其他女生才有所缓解，但萨特一直是以自己的母亲作为自己的择偶标准的。

萨特的母亲也同样希望独占萨特，实际上她的再婚完全是为了萨特。她说："尽管我结了两次婚，但在精神上我仍然是一个处女。"

在她的一生中，恐怕唯一爱恋的人就是萨特。因此她不喜欢萨特的女朋友，尤其是波伏瓦。

萨特和他的情人们

除了母亲外，萨特不对任何女人具有情人之间一般都有的独占心理，这不禁让人怀疑，萨特真正的情人是谁。即使是对波伏瓦，萨特也不具有独占心理。除了彼此外，他们各自都有其他的情人，并且他们之间也互不隐瞒什么，哪怕是萨特和其他女人做爱的细节，他都会写信告诉波伏瓦。

萨特和波伏瓦对情感的不专一，对他们各自的情人们造成了很大的伤害，波伏瓦甚至还介绍她的学生奥尔加和郎布兰给萨特作情妇。萨特的美国情人多洛莱斯多次要求萨特留在美国，她甚至愿意为了萨特放弃自己在美国的事业去法国，但都被萨特拒绝了。多洛莱斯为了萨特两次到法国并要求留在法国，都被萨特赶了回去，

萨特和波伏瓦

萨特甚至为此和她争吵谩骂。而波伏瓦也同样如此地对待了她的情人奥尔格伦。

郎布兰是萨特的另一个情人，她还是波伏瓦的学生。在她的《丢人的风流韵事》中，讲述了1939年春天被萨特带到一个宾馆过夜的经历。萨特用"开玩笑的、沾沾自喜的语调"对她说："宾馆服务员非常吃惊，因为我昨天刚刚夺取了一个少女的贞操。"她还评说萨特的做爱方式非常粗暴野蛮，以此证实萨特的神经质——无法真心爱任何一个女人。

"真诚"是萨特的伦理道德的核心。萨特要求人们要真诚地对待自我，按照自己的本能来行事，拒绝他人给自己制定的角色。但是在

萨特一生中，却从未真诚地对待他身边的女人，他能够轻松地占有一个女人然后轻易地抛弃她。萨特一生的情人数不胜数。有人说："女人是萨特的缪斯。"

萨特和养女

1965 年 3 月，萨特收养了自己的情人阿莱特作自己的"女儿"。萨特这么做，实际上是为了满足自己的乱伦欲望。萨特在情感中一直存在着乱伦的欲望，按精神分析的观点，这也许来自于对母亲占有的欲望不能满足。对于乱伦的欲望，萨特在他的自传《词语》中直言不讳地这样表达："大约 10 岁时，我读了一本名为《横渡大西洋的客轮》的书，十分着迷。书中有一美国小男孩和他的妹妹，两人天真烂漫，彼此无猜。我总是把自己想象为这男孩，由此爱上小女孩贝蒂。很久以来我一直梦想着写一篇小说，写两个因迷路而在寂静中过着乱伦生活的孩子。在我的一些作品中不难发现这种梦想的印迹：《苍蝇》中的俄瑞斯忒斯与厄勒克特拉，《自由之路》中的菠里斯与伊维什，《阿尔托纳的隐居者》中的弗朗兹与莱妮。只是最后这一对才有实际的行动。这种家庭关系吸引我的，与其说是爱的诱惑，不如说是对做爱的禁忌；火与冰混杂，享乐与受挫并存。我喜欢乱伦，只要它包含着柏拉图式的成分。"

时势所造就的错误

客观地说，尽管萨特在思想和行为上存在种种的错误和不足，但毕竟瑕不掩瑜。他的错误和不足也只是占据他光辉的思想和行为中很小的一部分。他强调人的独立性、独特性，人自己选择了自己，自己创造自己，人具有绝对的自由，必须对自己所做的一切负责——"在光辉的价值领域内，我们后无托词、前无辩护，我们是孤身独立地无可辩解"。这些哲学思想使得战后的人们从机械和科技对人的控制的精神危机中摆脱了出来，重获人的尊严。可以说，是时代选择了他的思想，包容了他的错误，并使他的思想得以广泛传播。因此他的存在主义心理学思想有着相当程度的历史进步意义。

马斯洛：越不过理想的巅峰

> *如果我们对人类的心理学感兴趣，我们就应该限于选取自我实现的人、心理健康的人、成熟的人和基本需要已经满足的人作为研究对象，因为他们比通常符合一般标准的或正常的人更能够真实地代表人类。*
>
> ——马斯洛

如果你现在很饿，那么你会表现出寻找食物的行为，当填饱肚子的需要尚未满足时，你不会想要获得一份爱情或是去实现自己的伟大理想。当然，基本需要获得满足之后，你才有可能去关注其他。你是否对此有着深刻的体验？这就是马斯洛"需要层次理论"最通俗的表达。马斯洛敏锐地发现了人类生活中最现实的问题，但他的思想却幻灭于理想的阶梯。功与过、是与非，走近马斯洛，也许你会得到一份属于自己的答案。

20世纪60年代是个喧嚣的时代，在美国行为主义和精神分析异常盛行，它们构成了当时心理学的两大势力。但由于它们忽视了人的存在的重要属性,因而强调人的积极性、创造力和情感性的心理学便应运而生,成为"第三势力"心理学——人本主义心理学。

说到人本主义心理学,马斯洛当属不可不提及的人物,被称为"人本主义心理学之父"的他,使人本主义心理学成为心理学的一个正式分支。

作为"自我实现者"的马斯洛

1908年4月1日,亚伯拉罕·马斯洛(Abraham Maslow,1908—1970)出生于纽约的布鲁克林。马斯洛是7个孩子中的老大,他的母亲是个很迷信的人,冷酷、无知,对孩子毫无爱心。他对母亲的恨一直延续到成年,从来就没与母亲和解过,在他所有提及母亲的话里没有表现出一丝温情或爱,甚至拒绝出席她的葬礼。他的父亲嗜酒成瘾,喜欢女人和打架。这就使得他的家庭充斥着严重的不和谐气氛。父母是俄裔犹太移民,孩提时的马斯洛成为布鲁克林一个非犹太区里唯一的犹太孩子。由于与父母的关系冷淡,再加上种族背景,马斯洛生性孤独和害羞,只能逃避到书本和学习中去。为满足父亲想要他成为律师的期望,马斯洛进入纽约城市学院法学院就读。发现自己不适合学习法学之后,马斯洛便转入康奈尔大学师从铁钦纳学习心理学的基础知识。马斯洛在他20岁的时候就和他的大表妹贝莎·古德曼结婚了,之后他在威斯康星大学获得学士、硕士及博士学位,并且成为著名实验心理学家哈洛的第一个博士生,在哈洛教授的指导下主要对猴子进行研究,撰写了关于猴子的性征(sexuality)特点与主导特征的博士论文。获得博士学位并在威斯康星大学任教了一段时间后,马斯洛去了哥伦比亚大学当桑代克的研究助手。除此之外,他开始研究人类的性行为,他在这项研究中所发展出的"面谈技巧"为他后来研究心理健康个体的性格做好了准备。

20世纪三四十年代,纽约是个十分特殊的地方,许多著名的欧

存在主义与人本主义心理学大师

洲心理学家为了逃避纳粹的恐怖政治而来到美国，这使马斯洛有机会接触到了弗洛姆、韦特海默、霍妮、阿德勒和本尼迪克特这样的伟大人物，通过关注这些伟大人物，马斯洛萌发了建立人本主义心理学的想法。

马斯洛成为人本主义心理学的领袖是在担任布兰迪斯大学心理学系主任的职位之时，后来由于身体状况欠佳且对学术活动的兴趣减弱，马斯洛接受了 Saga 管理公司提供的研究员职位，因为这个职位可以为他提供自由思考和写作的空间。1970 年 6 月 8 日，马斯洛在慢跑时由于突发性心脏病而永远地离开了这个世界。

人性洞察的贡献

作为人本主义心理学的奠基人，马斯洛和他的心理学理论在西方心理学界得到了公认，在社会应用价值方面也取得了很大的反响，为世界范围内的心理学作出了巨大的贡献。

首先，马斯洛把自己的研究对象定位在健康人的身上，探究健康人的心理。马斯洛相信，人们如果不理解精神健康也就无法理解精神病态。纵观心理学的发展历史，各个学派的心理学家所选取的研究对象是各异的。行为主义者研究的是外显行为，注重客观性和可测量性，他们总是倾向于研究平常人，特别重视统计方式，以研究动物的模式来研究人；而精神分析学派仅仅围绕着神经症和精神病患者来进行研究……马斯洛则冲破了传统研究对象定位的束缚，把健康的、具有真正社会意义的人作为研究对象，探究健康人的心理。但他并不全盘否定华生和弗洛伊德等人，而是力图将两学派中有意义的理论整合起来。

其次，马斯洛提出将人类内在的、积极向上发展的潜能和价值作为人和动物在本质上的间断点。美国功能主义学派都持有人与生物界的连续性的观点，而马斯洛认为这种观点把人和动物等同了起来，因此，他的理论从间断性观点出发，强调人是特别具有精神追求的。

再次，马斯洛的心理学理论对现代管理学和行为科学产生了极大的影响。马斯洛的需要层次理论是西方管理学和行为科学建立的理论基础。行为科学根据需要层次理论提出人的行为的发展要受到需要层次的制约，低层次的需要满足了，高层次的需要和行为才得以出现。要使一个人充分发挥创造才能，必须先满足他的一系列基本需要，因为创造才能是一种高层次的需要。在西方传统的管理学中，存在着"经济人"（强调经济目的）和"社会人"（强调对人际关系之和谐目的的追求）两种关于人性的假设。马斯洛认为人除了经济目的和人际关系和谐目的外，还有一种更高级的需要即"自我实现"的需要，产生这种需要的人就是"自我实现"的人。据此他提出了"自我实现人"的人性假设：这种人追求的是充分挖掘自己的潜力去实现自我价值。他的这种观点不同于传统的人性观，给西方管理学注入了新的启示：物质生活的基本需要是不可或缺的，人的高级需要更应受到重视，因为高级需要是激起人的活力和创造力的源泉。

马斯洛用心洞察人性，洞察未来

最后，马斯洛关于人类潜能和发挥的研究，其理论意义与实用价值兼具。当今世界，各个领域都在追求自主创新，因此怎样发掘创造潜能便成了人们共同关注的话题。马斯洛关于"自我实现者"的研究为开发人的潜能指出了方向和前景，具有鲜明的时代特征。他设计了自我实现的途径，使人们看到自我实现并不是那么遥不可及，增强了人们超越自我的信心。此外，马斯洛开拓性地扩大了心理学的研究范围。马斯洛倡导并建构了以人为中心的心理学研究范式，在保留心理学自然科学取向的合理性的同时，将非主流的人文科学取向重新纳入心理学。在心理学的具体研究方法上，马斯洛在"问题中心论"的旗帜下，积极倡导"优良样本"的研究和"成长尖端统计学"，开辟了"自我实现者"研究这一新领域，为价值、人性、动机、健康人格的研究积累了事实材料。

很显然，马斯洛的贡献是前所未有的，功绩是巨大的。但是，由于其理论基础和研究方法上的局限性，他所建构的理论与实证材料存在一定的距离，因此马斯洛的心理学体系也存在着种种缺陷。

深陷理想化的泥沼

未解脱生物决定论的束缚

一种学说的提出有其所依据的理论前提或基本假设，马斯洛虽然反对弗洛伊德的本能决定论，也反对像行为主义那样把人变成机械结构的环境决定论，但是他还是将自己心理学理论的逻辑起点置于"似本能"（quasi-instinct）这个基本假设上，而该假设难以得到经验事实的证实，因此缺乏坚实可靠的实证依据。

马斯洛的心理学总体上是一种对人的本性（Human Nature）的研究，关于基本需要乃至人性的似本能假设可以被认为是他全部学说的理论基础。但究竟什么是似本能呢？它和本能又有什么区别？马斯洛认为，似本能就是微弱的、残存的、不完全的本能。如此看来，似本能和本能属于同一范畴，在本质上是没有区别的，只在量度和力度上有所差别而已。本能是纯粹先天的东西，那么似本能到底是先天的东西还是后天的东西？是心理的东西还是生理的东西？恐怕至今谁也说不清楚似本能到底是什么，而要想证实它就显得更加不可能了。

马斯洛的似本能理论假定人与动物具有连续性的同时，更要强调人与动物的区别。马斯洛所提出的似本能，不像弗洛伊德的本能那样不学而能、不可变更，似本能受到先天因素的作用较小，这可以说是纠正了弗洛伊德关于本能与社会、理智与情欲、意识和无意识之间割裂、对立的观点。似本能假设也不同于行为主义摒弃本能的存在，坚信诸如环境教育这样的后天因素决定一切的万能论，强调了内在因素在人性发展中的重要作用。但是，马斯洛的研究重点不在于生活在社会中的、具有社会意义的人，而在于人的本性的自然基础或人先天就具有的生物学本性。马斯洛将人的社会性动机、真善美价值的追求看作是"内在生物性的"，认为人类的基本需要是由遗传和体质决定的，因此他将健康人格的形成看作是一个由似本能驱动的、从基本需要到高级需要的自发展现的过程。马斯洛把似本能看作是影响健康人格发展的决定因素，并没有阐明人的基本需要产生和发展的客观前提，因此他的理论没有完全跳出生物决定论的基本框架。

忽视社会条件的决定和制约作用

由于"似本能"的假设未能摆脱生物决定论的羁绊，马斯洛必然会将人性看作是由先天的、内在的因素决定的，人性的生成和实现仅仅取决于先天的遗传作用，而忽视社会条件的制约和决定作用。特别是在他的自我实现理论中，他脱离了社会现实生活和社会关系，把"自我实现的人"置于乌托邦中。马斯洛认为自我实现的人应该生活在"真正良好的"社会中，而现实社会并不是各方面都很完备的社会，因此要由自我实现的人去创造一个真正良好的社会。这就使得他自己陷入了一个思维的怪圈：一方面，人只有在真正良好的条件下才可能自我实现；另一方面，良好的社会又必须由自我实现的人去创造。

崇尚个人中心论

马斯洛强调个人价值、个体潜能的自我实现，忽视社会价值的实现，在一定程度上把个人的自我实现同社会价值的实现对立起来了。

他还过分强调人性"善"的一面，片面夸大人的自我认识、自我调节、自我管理和自我选择的能力，强化了个人主义和自由主义。马斯洛的自我实现理论渗透着"个人本位"思想。与我行我素和利己主义的个人本位不同，马斯洛提倡崇高的精神价值实现，但他的出发点和落脚点是从个人考虑的，以个人价值的充分实现和完善为目的。但是，自我实现并不是在孤立系统中自我完善的过程，而需要自我与他人、与社会的相互作用，其整个过程是开放的、动态的。而一个人只有在与社会的互动中，才能知道自己真正需要的是什么，在具体实践中才能发现自己的潜能有多大。所以只有在社会环境下，个体自我的实现才能成为可能。

"完美"理论的背后

马斯洛的整个理论体系都是基于似本能这个假设，因此在他的需要层次理论中，他将人的精神需要看作是与生俱来的似本能倾向，从而在揭示需要的产生和发展时忽视了社会生活和社会历史发展的作用。这就使得他对各种需要的层次排列上显得有些刻板，特别是遗漏了在社会生活条件的影响下需要的层次位置会发生变化的可能性。他主张需要的满足是逐级上升、不可越级的。只有满足了低级需要，才能为高一级需要的满足创造条件。但实际上，低水平需要未满足的同时，高水平的需要决定人的行为的情况也是可能的。如艺术家可以在温饱尚未解决的情况下继续追求艺术创作，因为他的理想和信念在支撑着他。相反一个衣食无忧的富家子弟不一定会有去干一番事业的想法，他的头脑里不存在对高级需要的追求。而且马斯洛需要层次论的观点还会造成一种误解，认为社会性需要是从生物学需要中派生而来的。其实不然，社会性需要是在社会中形成的，只能从社会中派生而来。况且，需要层次的主次关系的改变可以通过思想教育来实现，英雄人物的事例可以充分说明这一点。另外，用需要层次理论去揭示动态发展的人格，往往会将人格的健康发展视为某种"族类特征"的展露。

在自我实现理论中,马斯洛关于"自我实现"的定义比较模糊,他大致把它描述为"对天赋、能力、潜能等等的充分开拓和利用。这样的人能够实现自己的愿望,对他们力所能及的事总是尽力去完成"。反过来说,自我实现就是没有心理问题、神经症和精神病的倾向。但马斯洛发现,被他称为"不断发展的一小部分人"是少有存在的。对马斯洛来说,他不能因为一个错误、缺点或陋习就把某些人排除在自我实现者的队伍之外;他也不能把完美无缺作为自我实现者的特征,因为没有任何人是完美无缺的。我们可以说,马斯洛所认为的自我实现者的特征可能是根据自己的理念或价值观建构的,而并非是现实的人所能具备的特征。因此,马斯洛的自我实现理论带有脱离现实的理想主义的色彩。

"内在价值论"是马斯洛心理学研究的中心目标。尽管他将以往心理学研究所排斥的人文科学取向纳入到研究的行列中来,但仍难以避免折中主义之嫌。尽管他试图将心理学传统中的科学主义与人文主义整合起来,但他的"整合"只是一种无视差异存在的统一论式整合观。他的整合根基不牢,整合范围狭窄,整合的成就也就有限。马斯洛只强调了个人价值选择顺应似本能的生物倾向,忽略了社会生活的要求也制约着个体的价值选择,也没有注意到道德准则是个体价值观的重要来源;他只强调个人价值实现对社会价值实现的单向作用,而忽略了社会价值实现是个人价值实现的前提条件。

此外,马斯洛提出的"高峰体验"并非只有心理健康的人才有,绝大多数人都会有,而且每当人们实现了自己的一个目标,就会有高峰体验。

揭开"精英研究"的面纱

弗洛伊德对病态人的研究、行为主义对"平均数人"的研究显然不能涵盖心理学的全部领域，马斯洛只对人类"精英"进行研究也有类似的局限。由于自我实现者的数量较少，马斯洛的研究取样依赖于小样本的个案研究，包括访谈、问卷、临床观察、被试的内省报告和文献资料的分析等一些被"正统"心理学家所排斥或忽视的方法，缺乏成熟的研究方法和技术借鉴。而且研究对象都是来自于西方国家，不具有跨文化的一致性，这就使他的研究难以保证统计上的信度与效度，难免发生以偏概全的谬误。对自我实现者的模糊界定给马斯洛的研究蒙上了一层主观色彩，并非所有成功、天才的人都能被描述为心理健康的、成熟的或自我实现的，一些非常著名的人的心理并不健康，如拜伦、凡·高、瓦格纳，等等。由此看来，自我实现者的特征只能是马斯洛依据他自己的理念或价值观建构的，是他心目中的"理想人格"。马斯洛的部分观点是在没有搜集事实之前，仅凭着自己的预感、直觉就提出来了，有的观点至今仍缺乏充分的经验证据。因此，可验证性就成为马斯洛学说的又一大问题。虽然肖斯顿（Shostrom）在20世纪60年代编制了个人取向量表（POI）来测量个体身上所表现的自我实现程度，但作为一种自陈式量表，缺陷十分明显，难以验证马斯洛自我实现论的有效性。

失误留下的启示

马斯洛对心理学的研究给我们留下了许多遗憾，但正是由于这些遗憾的存在，才使后续研究者有了更广阔的思考和发展的空间。毕竟，任何一种理论都有其创立背景和适用范围，不能以完美作为恒定的标准，只能在不断地发展中得以完善。

作为管理心理学建立的理论支柱之一，马斯洛的需要层次理论被广泛用于中国的企业管理中。不同于传统的管理学把人作为物和机器来看待，马斯洛的需要层次理论给当代管理科学的启示是把人作为"人"来管理。人有自己内在的精神世界，有超越物质需要的精神需要。运用马斯洛的需要层次理论，不但能了解员工的心理活动和需要，而且可以进一步发现员工的当前需要，这样就可以有针对性地采取一定的措施，调动员工的工作热情。如管理者可根据员工的不同需要来制定各项奖励政策，对促进员工的积极性、提高工作效率可发挥巨大作用。但马斯洛的心理学理论仅在西方的文化情境下得到了验证，它是否具有跨文化一致性还有待后续研究的证实。因此，管理者在运用需要层次理论时不应该按部就班，而应该根据中国的文化和国情进行变通，使之变得更有效，如需要理论中各层次的排序是否符合中国的实际情况，等等。一方面，中国心理学家有必要对需要层次理论在中国的适用性进行验证；另一方面，他们应该为管理者在需要层次理论的应用中提供科学的指导。自我实现理论是根据对"精英人物"的研究而提出的，而且这些人物都源自西方国家，在中国是否具有普遍适用性也有待进一步证实。

　　马斯洛的失误给中国心理学家留下了很多值得思考的问题。在研究的初始，理论假设一定要有合理性，概念的界定一定要清晰，选取研究对象时应该具有普遍性，即所选取的样本要能代表总体，否则得出的结论只适用于一部分人，从而造成理论的局限性。研究的结果应该能够被重复验证，这样才能保证理论的可靠性。马斯洛在对当时仍然在世的人的研究中，因不能把他们的名字公布，故而不可能满足科学工作通常的两个要求：可重复进行调查以及公布结论由之而出的材料。尽管他通过对历史人物的研究，以及对能公布于众的年轻人和孩子们的情况作补充研究，但也只是部分地解决了这个问题。在理解马斯洛的理论时，我们应该明白，要想在一生中得到不断的发展，应该以自我实现为己任，不安于生理需要的满足，因为满足生理需要只是发展的最低层次，它仅仅是实现更高需要的基本前提。要想使自己向着自我实现的目标靠近，就应该以自我实现者的特征要求自己，使自己的内在价值得以充分地体现。在经历一次又一次的高峰体验之后，你会猛然发现，你正在一步一步迈向人生中那座自我实现的高峰！

罗杰斯:"冷漠的"咨询师

书是音符,谈话才是歌。

——契诃夫

　　罗杰斯作为人本主义心理学的重要领袖之一,对当代心理学,尤其是心理咨询、学校教育等领域的影响是不言而喻的。然而,和其他任何理论一样,罗杰斯所提出的人格理论,以及最为著名的来访者中心理论,都不可避免地存在这样那样的问题。同时更值得我们关注的是,作为一名出色的心理咨询师,罗杰斯本人却在人际交往中存在着严重的障碍,甚至有人称他为"冷漠的"心理咨询师。那么,罗杰斯的"冷漠"是怎样形成的呢?它又是如何影响到他的咨询理论和临床实践的呢?

罗杰斯："冷漠的"咨询师

敏感的少年

清教徒的家庭

1902年1月8日，卡尔·罗杰斯（Carl Rogers，1902—1987）出生在美国芝加哥郊区一个名叫橡树园的地方。罗杰斯是6个孩子中的老四。罗杰斯的父亲和母亲都在威斯康星大学受过高等教育，当时，大学教育对大多数人来说还是极其奢侈的事情。罗杰斯出生时，父亲沃尔特作为一位土木工程师和承包商，生意正红火兴旺。这样的家庭环境，使得罗杰斯从小就有机会接受良好的教育。

罗杰斯从小的家庭生活中宗教气氛相当浓厚。沃尔特夫妇俩不仅虔诚信教，还热衷于地方的宗教事务。沃尔特还曾经担任地方公理会筹款委员会的第一任主席。罗杰斯很小的时候就养成了爱读圣经故事的习惯。正统的清教徒加上良好的教育，这样的家庭顺理成章地强调传统，刻板保守必然是基本家风。家庭成员之间联系密切，罗杰斯夫妇对孩子的关怀无微不至，但又是合乎礼教的——有分寸的。整个家庭被一种严格的宗教和伦理气氛笼罩着，家里的管束非常严格，规矩非常多，尤其是对社交生活的限制。罗杰斯的父母坚持认为，自己一家人与周围的人不同，周围人的行为，比如抽烟、打牌，都不合他们的口味。

人生的转折地——农场

罗杰斯12岁时，他们一家搬到芝加哥以西30英里处的一个大农庄，因为沃尔特夫妇希望自己的孩子们远离城市生活中种种使人堕落的诱惑。当然，那时罗杰斯的父亲生意非常成功，这为他们的搬家提供了经济基础。然而这样一来，罗杰斯就更难有机会与同龄人交往了。在整个高中阶段他一共有过两次与女孩子约会的机会。

少年时代的罗杰斯体质文弱，身体瘦弱，而且还情感丰富，喜欢流泪，这对于一个男孩子来说似乎不是那么的光彩。受管束太严，不能和别的孩子玩耍，使得罗杰斯有些敏感、内向。罗杰斯的兄弟姐妹们这样形容他：敏感、内向、羞怯，而又感情丰富，常常耽于幻想。由于他的这些性格特点，常常遭到他兄弟们无恶意的嘲笑，对此，罗杰斯总是不自在，有时甚至会感到很愤怒，这又更使他倾向于独处。再加上年幼时的家庭教育使他养成了不屑与人为伍的态度。整个少年期，他没有亲密的朋友，与其他人只是泛泛之交。

不过，农场的生活却使得罗杰斯有机会发展对科学的兴趣，他开始迷恋上了农场的飞蛾。1919年，罗杰斯进入父母的母校威斯康星大学学习农业。但不久就发现农业丝毫没有挑战性，于是他选修了一门心理学课程，但也觉得乏味，最后他决定学习宗教。1924年罗杰斯不顾家人反对，和青梅竹马的海伦结婚并离开了威斯康星大学，去了纽约"联合神学院"，准备做一名牧师。然而事实证明，牧师这一职业并不适合他，虽然他乐于帮助他人，但牧师这样的职业难免使人在思想上受到限制，这恰恰是罗杰斯最不希望的。"我希望找到一个领域，在其中我能够保证自己思想的自由不受限制。"最后，他再次不顾父母的反对，离开教堂，去哥伦比亚大学继续学习心理学。这个决定对罗杰斯一生的影响非常之大。

"冷漠"的治疗师

1931年，罗杰斯从哥伦比亚大学师范学院获得临床心理学和教育学方面的博士学位。1940年他开始涉足学术领域，先后在俄亥俄州州立大学、芝加哥大学、威斯康星大学从事教学工作。在这段时间里，他建立并完善了自己的理论和心理治疗方法。

罗杰斯一生共写了16本书，发表了200多篇论文，并获得了很高的荣誉，其中包括杰出科学贡献奖。诚然，罗杰斯的贡献是重大的，影响是深远的，但是其理论仍旧遭到许多学者的批评。罗杰斯理论最大的问题，就在于一些概念和术语没有明确的定义，例如，什么是"自我实现"、"心理和谐"等。同时，概念之间的关系也不是很清晰。大部分心理学工作者都是严谨的研究者，所以不大轻易地接受人本主义概念，这就使罗杰斯理论的作用受到很大的限制。随着对这个理论越来越深入的了解，我们可以看到它有一个主要的缺点，那就是没有足够的"发展"余地。

无为而"治"

罗杰斯深受存在主义和现象学以及戈尔德斯坦机体论的影响，对人的自然性与社会性的关系尚缺乏完全准确的认识，加之他从事实际应用研究和临床治疗较多，而在基本理论研究与理论体系的建构方面略显不足，因而他的人格自我心理学也自然有其缺陷。

罗杰斯从存在主义和现象学的立场出发，坚持人的"存在先于本质"，强调人的"先验自我意识"和"此时此刻"的心理体验，突出人的"绝对自由"，重视自我选择、自我设计，而在一定程度上忽视了人的心理和行为的社会制约性。从某种意义上来说，罗杰斯的理论缺少对他人的责任感。这个理论似乎是要把个人引到完全自由和自我放纵的生活状态上。其重点完全放在自己的体验、感受和生活状态上，而没有放在除了"我"和"我的"这每一瞬间的新鲜体验之外，对事业、目标的热爱或对他人的义务上。他所谓的"机能完善者"似乎是世界的中心，而不是世界中一个相互作用的、负有责任的参与者。他所关心的事情似乎仅仅是人们自己的生存，而不是促进他人的成长和发展。如果说这种自我中心或个人至上的价值取向在美国还有人批评的话，那么在重视社会价值、重视个人的社会责任感的东方（特别是中国文化）就更难以被接受了。

在罗杰斯看来，人对生活价值的选择和评价，既不根据他们对这种选择的正确性认识，也不根据逻辑的合理性，而主要依靠"情绪体验"。这就是说，他把人的主观经验世界特别是情绪感受摆在第一位，而理性的力量则被置于次要的地位。难怪心理学史家舒尔茨指出：那种浸透罗杰斯的全部见解的东西，表现为反理智偏见。这种重情轻"理"的倾向，遭到了西方学者的许多批评。

由于强调"有意识的经验"，罗杰斯也被批评为忽略了无意识的东西，并且没有详细地指出意识经验怎样能排除无意识的影响。当罗杰斯的这种理论运用于临床心理治疗时，同样也存在其局限性。总体上说，他的理论只适用于那些智力和文化背景都与他的理论相协调的人。诚然，这个理论从临床实践中发展出来，正因如此，它建立在人类经验的基础上，有很好的实践性，但也可能并不是对所有人来说都能被理解。一些批评者认为，来访者中心疗法只对一小部分希望通过治疗解决问题的人有帮助。创设恰当的氛围有利于人的成长，这可能对罗杰斯的许多来访者有效。罗杰斯在大学里所遇到的来访者，主要的问题大多是适应不良，相对来说这些来访者的心理障碍并不是太严重。但是对那些心理障碍严重的人来说，帮助就显得很小了。同样，思考人生的价值和目标对一个受过良好教育的来访者很有帮助，但是对那些生活在艰难、动荡的环境中，或者挣扎在心理疾患中的人有帮助吗？另外，来访者中心疗法似乎给人一种"无为而治"的感觉，它或多或少轻视了咨询师在心理治疗过程中所起的重要作用。

人际交往中的障碍

罗杰斯以"来访者中心疗法"而闻名于世。作为一名心理咨询师，当他专注地聆听另一个人的内心倾诉时，会很容易进入另一个人的内部世界，并很容易体验到对方的感受。他是杰出的倾听者，能让来访者感到信任、温暖。然而在家庭生活和社交场合当中，罗杰斯的表现却不是那么尽如人意。罗杰斯同母亲的关系一直比较紧张，他认为父母的教养方式是僵化古板的。他有点像母亲的性格，都有点固执。他甚至不愿意接受家人的帮助。在社交场合，罗杰斯通常是沉默的，而不像一般大人物那样容易成为众人注目的中心。他在应付社交场合时始终是比较拘束的。甚至是经常让人感到不易接近。有时与他亲近的人甚至会说："我几乎不认识他。"也有人说，与他的著作中所表达的信念相反，罗杰斯的为人是比较"冷漠的"。前面我们已经表明，这与他童年时期的经历有关。

一场不折不扣的灾难

芝加哥大学的教学生涯

1945年，罗杰斯受聘于芝加哥大学，受命组建一个心理咨询中心。自此，开始了他在芝加哥大学长达12年的教学、研究和咨询实践生涯。

在芝大工作期间，罗杰斯开始尝试将他的"以人为中心"治疗理论应用到教育上。"假如来访者是值得信任的，那么，我为什么不可以创造一种与学生相处的气氛并促成一种自我指导的学习过程呢？所以在芝加哥大学我决定试一试。"这种努力的结果导致了他的"以学生为中心"的教学理论的形成。

"以学生为中心"的教学理论将教学的关注点放在学生的学习过程而不是教学内容上。教师在学生的学习过程中扮演着一名促进者的角色，学生根据自己的情况——兴趣、基础，等等——在老师的帮助下确定自己的学习计划，由学生自己对学习计划负责。应该说罗杰斯的这种教学观念对传统的、权威式的教学提出了极大的挑战，并且在很大程度上改变了人们对教学的看法。但是，这种以学生为中心的教学方法，仍然存在许多不足之处。

首先，由于罗杰斯深受存在主义和现象学的影响，对人的自然性和社会性之间的关系缺乏全面科学的认识，因此，与罗杰斯其他许多理论一样，"以学生为中心"理论在世界观上也许是成问题的。存在

存在主义与人本主义心理学大师

主义强调自我意识和人的绝对自由,却又对人类的前途悲观失望,因此有人又称之为"危机哲学"。存在主义的基本命题在罗杰斯的教学思想中得到了体现。罗杰斯对世界未来的发展感到悲观,于是他只强调"此时此刻"的体验,而过去的经验和将来可能发生的事情都是没有意义的。然而,忽视人的行为同他过去经验的因果关系,无视社会环境对学生的影响,将学生看作一个完全孤立的个体显然是不正确的。事实上,学生经常处于社会情境之中,是社会情境的一部分,同时社会情境也是"他"的一部分。正是罗杰斯这种不当的世界观,导致了他对教学活动片面的理解,即将教学活动仅仅理解为"经验之流"的随波逐流。

其次,"以学生为中心"的教学理论直接套用罗杰斯在心理治疗实践中发展出来的理论,忽视了学校教学过程所具有的特殊性。罗杰斯忽视了一些最基本的事实——教学中的目的和心理治疗当中的目的是不同的;教学活动中学生的特点和治疗过程中患者的特点是不同的;教师的角色和治疗师的角色也是不同的。因此不能通过简单的类比就将心理治疗中的方法直接运用于教学中。例如,罗杰斯自己曾提到,在治疗实践中来访者有一个特点:在刚开始接受治疗时,来访者感到自己是没有指望的和没有用的人,对自己的看法是消极的。这当然是符合治疗实际情况的。但是在学校里,学生在入学之初或上课伊始时,却是充满着希望和热情的。他们相信自己在接下来的学习中将会掌握知识,学好本领。如果确有罗杰斯在心理治疗中提到的那种"消极感"的话,也是极个别的,绝不能作一概而论。

最后,"以学生为中心"的教学理论忽视了理性的作用,并进而轻视了知识在教学中的作用。尽管罗杰斯在提出"以学生为中心"这一教学观念之时,强调了"知情合一",认为"情"和"知"同样重要,而我们传统的教学则仅仅关注了"知"这一方面。然而遗憾的是,罗杰斯自己却又走向了另一个极端,他过分强调"情"的作用,实际上他完全摒弃了理性的方法,摒弃了知识的传授。在他的

罗杰斯："冷漠的"咨询师

"非指导性的"教学方式中，有一种贬低知识的倾向。诚然，人类的认知活动是复杂的，尽管我们还不能完全弄清人类认知的机制，但忽视理性，因而在教学中忽视知识的传授和教师在教学活动中的组织作用，显然是行不通的。学生由于生理和心理上都尚未成熟，有时并不能像罗杰斯所期望的那样有效地从事自我选择、自我控制等。倘若一味地纵容学生，则很可能会导致学习进度缓慢，教学效率低下，甚至有可能重蹈历史上"进步主义教育"失败的覆辙。

一次不当的选择

1957年，罗杰斯辞去了他在芝加哥大学的职务，转赴他的母校——威斯康星大学，担任心理学和精神病学教授。在离开芝大之后，罗杰斯给他的同事写了一封长信，在信里他提到，之所以离开芝大回到自己的母校，是因为他认为自己此时正在顺风头上，他对自己的理论充满信心，并且渴望有更好的发展。罗杰斯渴望将他的理论传播给更多的听众，而此时芝大心理咨询中心已经不足以让他施展身手。而在威大，他将有机会同时在心理学系和精神医学系任职，可以借此机会把两种专业背景的研究生集合到一起开展研究工作，从而实现扩大影响的抱负。然而，事实表明，迁职威斯康星大学，不管对罗杰斯本人还是对其理论的发展，都是一场不折不扣的灾难。罗杰斯想让心理系和精神医学系联手开展研究的初衷在威大无法实现，因为研究生们整日忙于没完没了的考试，根本无暇顾及他的研究。而罗杰斯自己很快也卷入了人事纠纷当中，跟同事尤其是心理系的同事相处不和睦，最后他不得不辞去心理系的职务。我们可以推测，假如罗杰斯一直在芝大工作直到退休，或许对他的发展会有利得多，来访者中心疗法的发展也能走得更远。这次不当的选择或许是罗杰斯我行我素的性格的又一例证。

晚期的失误

"会心团体"运动

早在1946—1947年间,罗杰斯还在芝加哥大学担任心理咨询中心负责人的时候,就接受了"退伍军人管理局"的委托,为该机构培训一批人事辅导员。因为当时二战刚刚结束,大批退役的军人从战场上回到自己的祖国,退伍军人管理局急需大批的人手来做事业辅导工作。在深入分析情况之后,罗杰斯决定尝试以强化的团体经验方式来达到培训目的。这一辅导方式后来发展成为风靡一时的"会心团体"。罗杰斯本人最早的团体经验可以追溯到他大学一年级时参加乔治·汉弗雷教授领导的在星期日午间开展的活动小组。现在看来,那次经历与罗杰斯在数十年后对团体活动的热情不无关系。20世纪60年代后半期和70年代前半期,罗杰斯以极大的热情投入到这一活动中。在今天,"会心团体"这样的运动在美国早已过时了。当我们再一次冷静地审视"会心团体"这一运动时不难发现,事实上,会心团体也有风险和失败的教训。在一次对参加者的问卷调查中,有四分之三的人认为这个活动"非常有帮助",但仍有4%的人认为这是"非常无效的、胡闹的或混乱的"。其中最主要的问题是,行为变化往往不能持久,有时表现出"旧病复发"的现象,更有甚者会产生消极的变化。比如有人深深陷入自我表露之中,却留下无法解决的问题;又比如,原本掩盖着的婚姻紧张关系因为公开化而威胁到婚姻关系的维持。

人性之争

虽然罗杰斯并不热衷于谈论人性善恶的问题,但就以人为中心这一体系的性质来讲,却注定无法回避这个话题。作为人本主义心理学的杰出代表之一，罗杰斯必然被要求对此问题发表自己的看法。其中最著名的一场辩论当属1981—1982年罗杰斯同罗洛·梅之间的论争。罗杰斯认为，社会文化透过父母、教师的教养活动，使得儿童产生了一些被歪曲的经验，致使儿童成长之后远离自己的本性而为"恶"。正是在这一点上罗洛·梅与罗杰斯存在着根本的分歧，他质问罗杰斯："社会文化不就是你和我这样的人塑造出来的吗？……难道你我都不必为不良影响和不公不义负有责任吗？文化并非冥冥中的命运之手造就的，亦非某个人强塞给我们的东西。"罗洛·梅认为文化中的恶乃是人性中的恶的反映。虽然在这场辩论当中我们尚不能轻易断言孰胜孰负，但实事求是地说，罗杰斯在社会历史和文化这些领域里的造诣不是很深，因而他很少从社会发展的角度去思考"恶"这类现象的来源。

人本主义心理学的软肋

最后我们来看看，罗杰斯作为人本主义心理学杰出的领袖之一，他所代表的人本主义心理学应该如何得到评价。首先，人本主义心理学过分强调"经验范式"的重要性，尚缺乏有力的实证性检验和支持。本来，人本主义心理学家提出要把实验范式和经验范式两者整合起来，这听起来是一个很好的方法论构想。但遗憾的是，在实际研究中，人本主义心理学家大多偏重于现象学的描述和经验性的分析，仅停留于横向研究而缺乏纵向研究的检验。样本较小并且实验又较少，信度和效度也不无问题，因此有力的实证支持显然不足。尽管罗杰斯努力去评估以人为中心疗法的有效性，但他还是过分依赖自己的直觉。应当承认，"意识"过程的研究要比一般认知过程更复杂，更难进行实验的控制和分析，但毕竟还是可以进行实证性检验的。如果人本主义心理学反对将传统的科学方法论作为评价人性假设的手段，那么应该以什么方法取而代之呢？如果仅仅用直觉或反思，那么这个事

存在主义与人本主义心理学大师

业就不应被称为心理学,而应更确切地称之为哲学心理学。难怪有人把人本主义方法常常看成是退回到过去的"前科学心理学"。

人本主义心理学至今依然游离于公认的心理学思想体系之外的另一个原因是:大多数人本主义学者工作在临床领域,而不是在大学里。不像学院心理学家那样,工作在私人治疗实践中的人本主义心理学家,不能像学院心理学家那样在同等程度上从事研究、发表论文,或者培训新一代的研究生继承他们的传统。罗杰斯自己也认为:"人本主义心理学并没有对主流心理学产生重要影响。我们仍然被认为只具有相对较小的重要性。"

在一定意义上说,罗杰斯的理论,之所以能被世人接受,或许是因为它容易被理解,并且应用起来也不难。咨询师不需要通过培训,似乎也能够做到罗杰斯说的"促进成长的气氛"的三个条件:真诚、倾听和无条件积极关注。罗杰斯之所以赢得如此高的声望,可能是由于他对人类本性持乐观的看法,他坚持认为人是可信赖的。也许我们中的大部分人,更喜欢听到对我们人类潜力的肯定,而不是对人的恶性进行指责。

罗杰斯生命中的最后15年,主要致力于研究如何解决社会冲突与世界和平的问题上。虽然也获得了一些成功,但其影响远不及他对当代人格理论和心理咨询的发展的影响。

罗洛·梅：没有实证支撑的爱

前两次的婚姻的失败使我很难再次步入婚姻。

——罗洛·梅

罗洛·梅（Rollo May，1909—1994），美国心理学家，心理治疗学家，存在主义心理学理论取向的创始人和领导者，被誉为"美国存在心理学之父"。他的最大贡献是深化了人格心理学的理论研究，促进了存在心理治疗临床实践的发展。

罗洛·梅剪影

罗洛·梅1909年出生于美国俄亥俄州的埃达。他童年的家庭生活并不快乐，他是父母6个孩子中的大儿子，有一个患精神病的姐姐。父母没有受过良好的教育，而且对子女的教育也不太上心。他认为父母对她的教育是建立在维多利亚式的禁律和卫理公会信仰的基础上，是很严厉的。由于父亲和美国中西部人共有的普遍心态，致使他的童年一直处在反理智主义的氛围之中，这也许给他将来的学术取向埋下了伏笔。罗洛·梅在这样的童年氛围的影响下，与后来他作为存在主义心理学家、思考人的存在意义的哲学家相矛盾的是，他害怕"过多思考"，后来更痛恨地称此为一种"疾病"，认为这是非人性的和破坏性的。也许，心理学家并不都是遥不可及的圣人，正如罗洛·梅，他可能有不光彩的童年，有不利于思考与学习的头脑和习惯。

罗洛·梅最初所受的高等教育是在密歇根州立大学，主修英语。然而因为他编辑一份激进的学生杂志，被勒令退学，中止了学业。后转学到俄亥俄州的奥柏林学院主修英国文学，1930年他取得了第一个学士学位。

大学期间，他对古希腊艺术和哲学很感兴趣，多年以后他把这描述为"对古希腊精神一往直前地执著的爱"的开端，比他童年时在中西部地区培养起来的反理智主义更带有"精神性"，更真实。这种兴趣终生伴随着罗洛·梅，形成了他独具艺术特色的存在心理学。基于对希腊的强烈好奇心，大学毕业后不久，他随同一个美术旅行团漫游欧洲，自幼爱好艺术的他先后到维也纳、希腊、土耳其以及波兰等地学习绘画，并在希腊萨洛尼卡市的美国公学任教三年，创作了大量的绘画，并研究土著人及其艺术。

到这时，24岁的梅还未接触到后来他终其一生从事和热爱的事业——心理学，只是有着对古希腊哲学的爱好，以及文学修养作为将来成为心理学家的一点儿基础。但是就在他欧洲游学期间，参加了弗洛伊德的高足阿德勒在维也纳一个避暑胜地举办的短期研讨班，并与阿德勒进行了热烈的讨论。他的人格理论中对未来因素的重视就可追溯到阿德勒的影响。后来他回忆这段经历时强调，正是在欧洲的这三年，尤其是与阿德勒的交流使他懂得了自己所喜爱的正是神话、希腊文化和心理学。这是罗洛·梅把兴趣转向心理学的一个重要转折点。

　　罗洛·梅在1933年回美国后重返密歇根州立大学，任职学生心理咨询员。此年，他却考入了纽约市联合神学院，他称自己"想通过研究生学习来理解真正人类的生活维度"。与他一同进入神学院的是后来和他同为人本主义心理学家的罗杰斯，他们二人在日后的生活中因学术问题频有接触，偶尔还会碰撞出激烈的火花。在此期间，他深受两位德国学者的重大影响。通过聆听神学存在主义哲学家蒂利希的讲课，使他对海德格尔的存在主义哲学发生了兴趣。他认为存在主义提供了理解人的最基本假设，并逐渐把存在主义作为自己心理学的理论基础。自此，罗洛·梅才确立了他心理学的研究方向。

　　在神学院的日子，他也并不安分，辍学两年，最终于1938年取得了神学学士学位，这也给后来他的著作中反复出现的宗教和神学色彩提供了依据。接着，罗洛·梅在新泽西州的维罗纳担任两年卫理公会教区的牧师，但很快他就发现自己对心理学的兴趣高于宗教，于是他又考入了哥伦比亚大学。在撰写论文期间，他因患肺结核再次中断了学业，直至1949年，他才从哥伦比亚大学校长的手中领取了他的临床心理学的博士学位，而且还是以满分的优异成绩！

　　如此骄人的成绩，分析其原因，除了他攻读博士年限长外，由于当时肺结核难以治愈，在面临着死亡的威胁时，他研读了两部有关焦虑的书籍：弗洛伊德的《焦虑的问题》和克尔凯郭尔的《恐惧与颤栗》，他日后有关焦虑问题的着重探讨与这不无关系。多年后，罗洛·梅称："面临死亡是一种有价值的体验，因为在这种体验中，我学会了面对生活。"

　　博士毕业后，罗洛·梅应聘到纽约州立大学学生心理治疗及心理分析研究所。同时，他还在纽约市威廉·阿兰逊·海特学院攻读精神分析学。实际上，罗洛·梅的存在心理学深受"新精神分析"，尤其是"存在分析学派"的影响。1950年，罗洛·梅出版了博士论文《焦虑的意义》，许多学者认为这部使他得到满分成绩的巨著奠定了他的学术地位。

他一生著作丰硕,主要强调人的创造力、自由和责任。在他的著作中,《爱与意志》更为心理学家和社会各界人士所推崇。此书荣获"爱默生"奖,同时被美国出版协会推荐为最佳著作。《爱与意志》已成为美国心理学界的畅销书之一。

罗洛·梅将发源于欧洲的存在主义引入美国,开创了美国本土的存在心理学,对美国存在心理学的创建乃至人本主义心理学的发展起到了重要的作用。他的《存在:精神病学与心理学中的一个新概念》的发表开始了存在心理学和存在心理治疗在美国的迅速传播。此外,罗洛·梅推进了人格心理学的理论研究,他严肃批判了西方人格心理学中的自我理论,认为其中的"主客二元关系"从本质上反映了某些力量的被动承受者这一普遍倾向。当然,由于存在主义哲学的历史局限性,正如其他心理学家一样,罗洛·梅的理论也必然存在其难以克服的缺陷。从历史的观点看,伟大功业的缔造者,伟大思想、学说的创立者,也会有其缺陷和理论上和方法上的不足,也会有其生活中的失败之处。

罗杰斯在美国加利福尼亚州的住所外

缺乏实证性的检验和支持

罗洛·梅的存在心理学研究,主要采用描述性的或"现象学的"方法。它是通过对人的基本特征进行描述性的解释,以人的存在的生活经验为依据,为心理治疗提供理论依据的。这种现象学方法从不同角度扩展了心理学研究的视野，使人类存在的某些特殊结构（如价值、选择、创造力、爱与意志等）得到了充分的理解和研究。

存在心理学家尽管做了大量的案例分析和研究，有许多令人叹服的成就，但他们的理论观点大都是描述性的——既缺乏科学实验的精确性，又无法进行重复验证"心理具有不同于自然现象的独特性"。罗洛·梅自己也承认，他更趋向于是一位哲学家而不是心理学家。也许，罗洛·梅缺少科学性的研究方法，与他对科学技术的偏见不无关系。在《爱与意志》中，他指责科学技术的广泛运用导致人的活动意义的丧失和人际交往的困难等问题。我们可以说，他对科学技术的指责甚至是不负责任的，如果一味地把现代社会尤其是美国这样的资本主义社会中存在的矛盾简单地归咎于科学技术的发展，这对整个人类社会的发展都是不利的。这种偏见显然也是他的理论中需要进一步修正的地方。

"主体化的"本体论

无论在研究抽象的理论，还是与社会生活密切相关的现实问题上，罗洛·梅都始终围绕着"存在本体论"而展开。诚然，存在本体论是存在心理学的理论基石。罗洛·梅的存在本体论包括自我核心、自我肯定、参与、觉知、自我意识、焦虑等概念，以及重视人的生存、本质、尊严、价值和自由等问题。它促使人们去思考人生的意义，同时揭露了现代西方社会的某些弊端。例如，他在《爱与意志》第一章"导论：我们的分裂性社会"中，开宗明义地直指现代社会离婚率的增高和性关系的开放、爱与意志的缺失、人际冷漠的加剧等问题。罗洛梅的最大贡献在于他的理论特别适用于解释我们当代社会的境况。

然而，罗洛·梅的存在本体论认为，存在着的不是客体而是主体，存在是作为意志或行动主体的个人的存在，是个人的存在而不是社会关系中人的具体存在。他认为社会关系中的"普通人"并不是真正的存在,因为"存在先于本质"。个人是首先存在着的,然后才规定和选择自己的本质。因此,罗洛·梅的存在本体论是一种以人的存在为核心的"主体化的"本体论,这种主体化的本体论与东方的道家自然主义、个人本位主义精神有些类似。

非理性主义倾向

近代西方思想界是理性决定一切的理性主义盛行的时代。理性主义者对人类行为的解释通常强调逻辑、系统、理智的思维过程的重要性。理性主义哲学家笛卡尔、莱布尼茨是其主要代表人物。但是随着现代西方社会各种矛盾和危机的出现,两次世界大战的爆发,以及科学技术负面后果的显露,人们日益发现理性并不能支配人的行动,而人类的情感比理智更为重要,人的需要、欲望、情绪、意志才是人的行为动力。这样,传统的理性主义就被宣扬情感、意志、意向性、直觉决定一切的非理性主义所取代。而罗洛·梅的存在心理学以及一般人本主义心理学就是在这种非理性主义的背景下产生的。

罗洛·梅反对弗洛伊德的泛性论,崇尚人的意识、意向性和自我意识。在他看来,作为"人的科学"的心理学并非探索外在空间或者无生命的东西,而是研究有心灵的人或主体的内在世界,其中人的直觉、体验、情感和意志居于首要地位。似乎外表理性之下的欲望与意志,才是人真正毫无伪装的"自我";对这样的"自我";绝不能单纯用理性或逻辑方法来规定,而必须用直觉、体验等非理性方法来把握。在他看来,没有通过对烦恼、孤独、绝望等非理性状态的直接体验,就不能领悟自我的内心世界。

另外,强调人的意识的作用,是罗洛·梅非理性主义倾向的另一个主要表现。他在反对弗洛伊德潜意识的作用时,主张意识的作用要高于潜意识的作用。但是,他的意识观却具有一种浓厚的非理性主义的倾向。从意识的来源看，罗洛·梅认为意识是一种非理性的"原始生命力"。他在《爱与意志》中指出，原始生命力是能够使个人完全置于其控制之下的自然功能。它既可以是创造性的，也可以是毁灭性的。原始生命力是一切生命肯定自身，确证自身，持存自身和发展自身的内在动力。原始生命力需要指引和疏导，要把非人格的原始生命力转化为人格化的原始生命力。人的心灵融善与恶为一体。如果一味地压抑原始生命力，则必然导致它以暴力形式进行反击。关键在于如何引导原始生命力，以达到善恶同一的水平。人类社会中的许多恶行都是这种原始生命力的作用。这样，人类所有的理性行为均要受制约于这种非理性的因素了。

从意识的构成来看，罗洛·梅认为意识的主要成分是"意志"，自由选择能力的主宰者也是"意志"，而意志的核心成分，则是作为人内心深处的一种潜在结构的"意向性"。它们具有自发性和随机性，往往不受限制，每个人对自己的本质都有绝对的选择自由。在《爱与意志》第十章中，罗洛·梅专用一节来讨论人的自由问题。他认为，人的自由既不是盲目的，也不是被环境决定的，而是在"自由选择"中进行的。显然，这种不受外在规律制约的意志理论，也是其非理性主义倾向的一种突出表现。

神秘主义倾向

前面曾提到，罗洛·梅在纽约市联合神学院获得了神学学位，还有过牧师经历。他所接受的神学教育，又使他的学说具有一定的宗教神秘色彩。他不仅在早期极力为"上帝"、"基督"的存在寻找心理学根据，而且还把"宗教紧张"作为人格构成的六大要素之一。罗洛·梅认为理想人格就是人的新的宗教信仰。人格心理最终结构的描述就是上帝的心灵和原则。只有宗教和世俗的圣人，以及具有巨大创造力的伟人，才能生活在理想人格的水平上。显然，这种观点具有一

存在主义与人本主义心理学大师

定神秘主义的色彩。

婚姻的失败

罗洛·梅在学术上非常成功,在生活上却并非同样顺利。1938年,他首次步入了婚姻的殿堂。为什么称其为"首次"?实际上在他的生命中,先后有过三次婚姻经历。这第一次的婚姻最终以离婚收场,留给他的是三个孩子,其中一男二女。

罗洛·梅在接受专访时摄于他女儿所作的画旁

耐人寻味的是,《爱与意志》作为罗洛·梅的名著,为心理学家和社会各界人士所推崇。此书荣获"爱默生"奖,同时被美国出版协会推荐为最佳著作。而它的出版和他的离婚却同时发生在1969年9月。离婚之后,他孤零零地搬到了旧金山。

他的第二次婚姻,从1971年维持到1978年,同样也以离婚收场。1988年,他终于勇敢地第三次步入婚姻的殿堂,直到1994年逝世。他在一次采访中说,"我的婚姻不成功。我认为这很大程度上和我母亲是一个'婊子'的事实有关。我的姐姐是一个精神病患者,

罗洛·梅：没有实证支撑的爱

她多次住进精神病院。我一直有好朋友和情人，但是我害怕结婚。我可能在几个月后结婚，如果我可以从害怕中恢复过来的话。我目前正和一位我深爱的女人关系稳定。但是前两次婚姻的失败使我很难再次步入婚姻。"罗洛·梅武断地认定他母亲的古怪行为和他姐姐的精神病是他两次失败婚姻的原因。

作为一位研究"爱的意义"的心理学家，罗洛·梅在婚姻生活上的失败可以说给他的学术形象蒙上了一层阴影。如果说，正是他第一次婚姻的经验，给他《爱与意志》的写作提供了生活经验和创作灵感，那么第二次的离婚可能就是他的理论缺乏科学的实证支持和检验了。研究爱情，却在婚姻上屡遭失败，这的确具有讽刺意味！也是他学术生涯的一大遗憾。

从罗洛·梅失败的婚姻生活中可以发现，即使他的存在主义心理学在理论上已经扎根，但在运用他自己的存在主义心理治疗时，还是会有难以克服的矛盾。在目前我国心理学界，有许多学者追求学术研究的前沿化成果，却忽略了切实联系自己的生活实际，连他们本人都无法自如地运用自己的理论。这给我们的启示是，在不断完善理论上的合理性的同时，也要多考虑它的应用性。当代西方心理学界的许多有识之士，都大声呼吁放弃"标准化的追求"，从生活的意义出发，考虑人们的真实感受和需求。

认知主义心理学大师

维特根斯坦：哲学思考的受难者

> 对于我们所不能说出的，就必须保持沉默。
> ——维特根斯坦

他就像是一个幽灵，在当代哲学舞台上无处不在，无时不有。

他是当代哲学中无法跨越的重要台阶，可是却不为大众所知晓。

他被视为哲学史上的奇才，同时创造出两种不同的，而且互不相容的哲学。

同时，也有人评论，像他这样的人根本不值得后人的如此厚待。甚至有哲学家用他的名字命名了一种现象，即把原本并不伟大的人或物说成是"伟大的"现象。

如此复杂的一个人，便是我选择要探索的对象——维特根斯坦（Ludwig Wittgenstein，1889—1951）。使我感兴趣的是，一个不为大众所知的哲学家，在他有限的岁月里竟创造了两种不同的哲学思想，他究竟是谁？而面对褒贬不一的评价、枯燥的语言分析理论，我也走上了探索维特根斯坦之路，犹如走进一条神秘的通道，企图寻找他人生

认知主义心理学大师

中的不完美,给当代心理学家指明一条路,同时也了解他的思想对后人的珍贵启示。

维特根斯坦,何许人也?看到这个名字也许你会感到很陌生。尽管越来越多的人开始知道维特根斯坦了,但却至今也不了解他究竟做了些什么,这些事情为什么重要。所以,我希冀通过简单地对维特根斯坦的学术、人品方面的介绍和分析,使读者对他有个清晰的认识,尤其是他奇特的个性和理论上的失误。

孤独寂寞的一生

维特根斯坦一向被视为哲学史上的奇才,而大凡奇才或天才,其思想和行为总有与常人不同的怪异之处,有时甚至难以见容于世人。维特根斯坦个性孤僻,难以接近,因此他的一生都是孤独的。然而他的独身生活在其身后也引起了无数的猜疑。

有的人指出维特根斯坦有着同性恋的倾向,并且曾经有段时期有过同性恋的经历,比如维特根斯坦的伟大传记作家瑞伊·蒙克(Ray Monk)。虽然如此,但他仍不能从中得到快乐,于是他就总把这些事写进日记,想要回避,可是总也做不到。他曾过着腐化堕落的生活,经常对自己作近乎残酷的自我谴责,比如他曾给罗素写信说:"不夸张地说,在我的头脑中充满着最丑恶和卑劣的念头。到现在为止,我的生活是一团肮脏的烂泥。因为我的卑鄙和堕落,已经沉沦到了最底层,我时常要结束自己的生命。我在道德上已经灭亡了,我的生活是无意义的,充满着徒劳无益的事情。"

但是有的研究者澄清了这种"错误的"看法,认为维特根斯坦虽然执著,易怒,有时甚至神经过敏,经常闷闷不乐,他苛责自己也苛责别人。在他的一生中,几乎没有与女性交往的经历,更没有体验过爱情。忧郁,悲观,孤寂伴随了他的一生。但是,也不能因为他有一些年轻的男性朋友就说他是个同性恋,而那些自我谴责的话,也不

维特根斯坦：哲学思考的受难者

能作为维特根斯坦由于堕入这一"坏习惯"中不能自拔而作的"忏悔"。

但是不管怎样，我们可以确定的是，维特根斯坦的一生都是孤独的。他没有太多朋友，爱情婚姻也都终生无缘。他其实比一般人更迫切地需要他人的温暖和情谊。但是，究其原因，便可发现都是与他那偏执的个性、执著的理论有关。维特根斯坦似乎对女人目不斜视，就像一个不食人间烟火的圣人。对于朋友，又过于苛求，很少有人能和他保持友好的关系。从理论上来讲，维特根斯坦的哲学是从数理逻辑起步的，他试图通过一套严密的符号逻辑系统推出整个宇宙和人类的真理。他一辈子都沉浸在这种幻想中，很少关心外在的世界，进行正常的人际沟通与交流——如同其他天才一样，只活在自己的世界中。

怪癖自负的性格

维特根斯坦非常厌恶人的虚伪和做作，因而他的刚直就显得不通人情，不谙世故。对于自己或是别人的错误，他总是毫不留情。比如，在他的课堂上，他是一个令听课者惧怕的人，很急躁，容易发火，生气。如果有人对他正在讲的内容有异议，他会激烈地坚持让人把这种异议表达出来。在俱乐部和同事们聚会讨论问题时，他经常猛烈抨击或嘲笑别人的观

维特根斯坦的漫画像，严肃、古板

点，弄得别人很尴尬。有时候，当他正在力图说出他自己的一个观点时，他会用一种断然的手势来禁止任何提问或议论。

他对人对事都难以宽容。他不能容忍任何人误解他的思想。他容易生气，吹毛求疵。常常疑心别人的动机和品性。他对生活的要求太

高，难以容忍人性的丑恶。所以，他也总是不能平心静气地面对任何事，从而使自己的心灵备受折磨。

此外，他还是一个极其自负的人，《逻辑哲学论》是他的第一本书，但也只是一本薄薄的格言式著作，但那绝对可以称得上是一部出言不逊之作。在书的前言中作者声称："我认为所有哲学问题的最后答案都包括在本书中了。"他后来的行动与他这种自我评价是一致的：一旦完成了《逻辑哲学论》，他竟然有10年左右时间放弃了哲学研究。

可是到了后期，他又推翻了自己早期的思想，这与他当初完成《逻辑哲学论》时说的话完全矛盾。在他的早期哲学里，"意义"被看作是用图像表示的关系。而在其后期哲学里，意义被看作是一种工具的应用：一句话的意义被看作他所拥有的所有意义的总和。他的后期著作《哲学研究》的很大篇幅是对他早先学说的批评。他批判了自己早先那种认为"命题"归根到底是简单的这一观点，强调简单总是与某一次特定的研究相对而言的。另外，他也否定了自己过去的观点，认为哲学不应当提出理论；哲学应当逐渐地清除混乱，而不是提出普遍适用的一般原理。哲学的任务不是去干涉语言，而是去纠正在实际中应用的语言。

"海纳百川，有容乃大。"笔者认为，真正聪明的学者要会及时更正自己的错误，汲取天下之精华，勇敢地承认自己的错误，不断改进。而绝不是闭关自守，盲目地把自己的理论捧上天，却认识不到其中的缺陷。

悲观抑郁的一生

维特根斯坦是一个理想主义者，面对不可能尽如人意的世人和社会，他对自己和人类的未来都感到绝望，认为自己所处的时代是黑暗而没有前途的。他怀抱真、善、美的理想，却又经常因为自己不能净化道德而沮丧、绝望，他的心灵不能不忍受折磨。

他的一生始终抱持深刻的悲观主义思想，在精神和道德上承受了巨大的痛苦，曾多次产生过自杀的念头。这是他的家庭悲剧性影响的结果。维特根斯坦有四个哥哥，三个姐姐。父亲学识渊博，意志坚强，但专横、独断。他强迫酷爱音乐的长子汉斯进技术学院，汉斯被逼离家出走，因生活潦倒而自杀。两年之后，次子如笛也因不堪忍受精神折磨而自杀。三子科特在一战服役时，为避免被俘而自杀。维特根斯坦四个哥哥中有三个自杀的悲剧，在他的心中笼上了终生难以抹掉的阴影，他不断地想到自杀。在他年轻的时候，通常会深夜来到罗素的房间，几个小时像一只笼中的老虎不停地走来走去。他还曾告诉罗素，当他离开他的房间时他就会自杀。但他却一次次从死亡线上走了回来。

他希望自己在成为逻辑学家之前，首先能成为一个真正的"纯粹的人"，但这是一个难以达到的理想。由于以这样严格而纯粹的道德准则来要求自己，维特根斯坦时常为自己做了一件别人看来是微不足道的错事而不能饶恕自己。维特根斯坦确信，我们生活在一个"黑暗的时代"。

日常生活中引起他注意的东西，几乎没有一样令他愉快；他对那些每天在世界上表演着的愚昧和残忍、人心的虚伪、自负和冷漠感到懊丧。甚至在散步的时候，他都会停下来叹道："啊，我的上帝！"

维特根斯坦的一生都在哲学的思考中度过，他给自己提出了很高的要求，试图理清逻辑之间的关系。他一次次地努力尝试着，从未放弃过。可以说，他的一生都活在哲学的苦难中。维特根斯坦读的哲学书并不多，他更多的是思考。决不愿浅尝辄止，而是要探究哲学的底蕴。他只有解决一个问题才能摆脱一个问题，这就使思考在他那里变得异常艰巨，甚至于使思维成为一种巨大的折磨，以致罗素在同他一起紧张工作了几个小时后也痛苦地喊出："逻辑真是地狱！"

笔者想说的是，对于我们现今的心理学家来说，自身的心理健康也是相当重要的。我们不该仅仅追求理论的成功，却忽略自己的心理需要。快乐的人生也能创造奇迹。如果心理学家自身的心理都有很大的缺陷，比如抑郁，整日想着自杀结束自己的生命，那还会有多少人在心理学事业上前赴后继？

探寻神秘的心理哲学之旅

在阅读维特根斯坦的著作时，我们感到很困惑。书中都是些短小、含蓄、格言一般的句子，使人很难理解。他用几乎是炼金术一般神秘的方式写作，《逻辑哲学论》不是连贯的叙述，而是由一些很短的段落构成。而段落划分则是根据一个复杂的多层划分系统，很多段落只有一句话，短语段之间的联系并不是很清楚。

仔细想想，他这样的写作方式与他的个性、为人处世的方式也有密切的关系。他是一个在各方面都非常喜欢挑剔的人。他在学术上十分苛求。他对自己、对自己的工作都极端严肃。一旦他的工作进展不顺利，他就会陷入绝望和痛苦中。他不想使自己的思想太激动，他不愿让人们竟能一目十行地读他的书，不费气力地理解他的思想。他的哲学是改变读者的整个精神生活的工具，但他又使通向这一"改变"的道路充满艰难。这就能够很好地解释他那神秘的写作风格了。

在笔者看来，维特根斯坦那种生涩的、难以理解的文字有故弄玄虚之嫌。哲学的目的是为了让人们能够了解更多的东西，看清生命中发生的一切。作为一个哲学家，这样一种晦涩的风格，不利于人们了解他。

前面已经提到过，维特根斯坦前后两个阶段有着两种不同的哲学思想，分别砥砺了两个重要的思想流派——逻辑实证主义和日常语言哲学。维特根斯坦早期逻辑哲学论的中心问题是：语言为什么会存在？为什么语言在使用中能实现它本身的目的？关于语言的目的，维特根斯坦认为那就是描述世界、陈述事实，告诉我们何者为真，或者，在不能告诉我们何者为真时，告诉我们何者为假。该理论明显的缺陷之一是他略去了相当重要的东西——维特根斯坦并没有明确究竟什么是"不能说的东西"。

另外，他认为，那种试图把世界当作一个整体来讨论的传统哲学是站不住脚的，因为分析世界的唯一途径是描述组成世界的具体事实。他的观点是：语言和世界的关系——从本质上来说，语言的组成部分和构成世界的现实组成部分之间在形式上对应或一致——是不能用图像表示出来的。同图像表示世界，是命题自身固有的性质。命题和世界之间的联系并不是我们能解析出来的东西，因此，我们不能谈论它。然而矛盾的是，维特根斯坦恰恰正是在谈论它。这是他完全承认的一个"矛盾"。

维特根斯坦前期的思想中也有着神秘主义的因素。在他看来，语言所涉及的世界是广袤的黑暗中的一点烛光，我们只能知道烛光所及的狭小范围，在这烛光之外是不可见的黑暗。而真正动人心弦、充满魅力的是那广袤的黑暗，然而我们却只能述说光明，对黑暗保持沉默。正如他所说的："对于我们不能说出的，就必须保持沉默。"

而维特根斯坦后期哲学的基本特征是，语言被解释成本质上是一种社会的现象，而且这种现象只有在一定条件下才是可能的。哲学的任务仍是对哲学问题进行语言分析。维特根斯坦认为，语言并不是精致的逻辑构造的产物，而是人类生活中的一种活动，它不仅包括语词和语句，而且还包括说话时的行为操作等活动。只有把它们与人们的生活活动联系起来，才能真正理解它们的意义。这就是非常著名的"语言游戏"说。

维特根斯坦的后期哲学对分析哲学具有开创性的贡献。分析哲学对于20世纪的西方哲学产生了深远的影响。它要求语言清晰的主张和逻辑语言分析的方法。它在英美哲学界始终是不可忽视的力量，但是，虽然分析哲学运动在反形而上学的问题上持非常激进的立场，但实际上它的"科学主义"恰恰是形而上学思维方式的余续。

认知主义心理学大师

维特根斯坦在《哲学研究》中提出了著名的"家族相似"（family resemblance）的"语言游戏"观，以此来否定和消解传统哲学中的"本质主义"。维氏的这一理论影响极为广泛，并被奉为对形而上学教条的重大理论突破。然而有学者认为，"家族相似"理论不过是一种似是而非的东西，其中包含着内在的逻辑谬误。如果我们沿着维氏的思维方式走下去，否定事物之间"客观的共同性关系"的存在，必然会堕入虚无主义的泥沼。

具体来说，维特根斯坦的家族相似性认为，种种游戏并没有一种"共同的"特征，而是形成了一个家族，这个家族的成员具有某些"相似"之处。家族相似性到目前为止都是值得心理学家、哲学家研究的话题，可见其理论意义之深远。

"维特根斯坦现象"

随着了解的深入，维特根斯坦也有打动我们的地方。他在临终时对守护在他身旁的人说："告诉我的朋友们，我度过了极为美好的一生。"尽管他的一生充满坎坷，经常闷闷不乐，悲观，想要自杀。在常人看来，他的性格是那么的怪僻，总是沉浸在对自我的谴责中，生活中也很少有欢乐。但是令人诧异的是，他临终时竟说了这么一句感人的话，这句话分明蕴藉着他对人生和朋友的身后温情，他对美好生活的渴望。

此外，维特根斯坦从不把哲学当作谋生的手段，也从未试图创立什么"哲学体系"，也不考虑自己在哲学史上的地位，他的一生都在严肃而又自由地思考和探索，可谓执著地追求着真理。对他来说，哲学研究是一项事业，更是一种生活方式。通过哲学的智慧洞见人生，并赋予人生以意义和价值，是维系自己生命的独特方式。他的一生像一场持续的旅行，在漫漫旅途中，无情地驱使着自己的心志，将整个心灵都倾注到真理的探索之中。

维特根斯坦：哲学思考的受难者

这正是值得我们称颂学习之处。他的执著，他的坚持，他的淡泊名利。他曾经把巨额的遗产留给他的兄妹，而自己过着平淡节俭的生活。他倾注了巨大的热情来研究哲学，全力以赴，满怀激情，从不浅尝辄止，总是千方百计地探索，尽量把问题研究清楚。当今中国社会，在市场经济等原因的驱动下，有些学者的心态越来越浮躁，做实验研究的目的也越来越功利，渴望得到更高的名利，更多的金钱。这使得心理学界鱼目混杂，学术质量参差不齐，更严重的是整个学术研究的风气也变得越来越糟。我们相信，维特根斯坦的治学态度是医治我们今天浮躁心态的一副清凉剂。

真正的哲学思考是一种受难，又是一种享受；是一种苦刑的折磨，又是一种快乐的源泉；是地狱，又是天堂。维特根斯坦的一生可谓是哲学思考的苦难者，但他痛苦并且快乐着。他执著地追求着自己的信念，思考着，直至死亡。他是哲学史上不可多得的天才，他的理论也深深地影响着心理学。

最后，让我们回到本文开头曾提到过的"维特根斯坦现象"。通常认为，哲学家思想的伟大与他人格上的弱点并不构成矛盾。但唯一的麻烦是，他的人格弱点往往由于他思想的伟大而得以彰显，甚至在某种程度上被夸大。维特根斯坦便是其中的"受害者"。他的哲学不仅由于他的人格特性而被大打折扣，而且人们对他的哲学本身似乎也存在着某种"信仰危机"。所以，作为一个心理学家，要想成功地做好研究，优秀的人品、健全的人格都是很关键的。在我们看来，诚实，亲和力，真诚，执著，开放，乐观和自信，这些都是很重要的品质。同时，还必须具备无私奉献的精神，淡泊名利地追求自己的事业。就维特根斯坦来说，有一点却是任何人都不能忽视和否定的：维特根斯坦的哲学无处不在，而且其理论高峰在当代哲学至今尚无法逾越。

皮亚杰："博而不专的"发生认识论掌门人

> 去读皮亚杰吧。记住，他经常含糊不清且时有错误，对于心理结构和过程的复杂性依然模糊的那些方面，他似乎也有所察觉。然而，是的，去读皮亚杰吧！
> ——玛格丽特·博登

巨匠是怎样炼成的

让·皮亚杰（Jean Piaget，1896—1980）是20世纪最负盛名的学者之一。他被公认为是与斯金纳和弗洛伊德并驾齐驱的当代心理学三大巨人之一。在美国评出的20世纪100位最杰出的心理学家的排名中，他居于榜眼的位置。事实上，皮亚杰首先是一位生物学家和哲学

皮亚杰:"博而不专的"发生认识论掌门人

家,其次才是心理学家。但是,皮亚杰在儿童心理学方面的成就和影响却是最引人注目的。英国著名的发展心理学家彼特·布莱安特说过:"没有皮亚杰,儿童心理学将是微不足道的。"

1896年8月9日,皮亚杰出生于瑞士的纳沙特尔,一座拥有浓厚文化氛围的大学城。父亲是当地大学的研究中世纪历史学的教授,他治学严谨、讲求证据,同时也将系统性研究的观念灌输给皮亚杰。皮亚杰的母亲聪慧、精力充沛,且和蔼可亲,但她相当神经质。在这样的家庭环境下,皮亚杰在他童年、幼年的时候就因为做一些"大人的"事而缺少游戏。

皮亚杰的父亲是理性的,常拘泥于实际证据,母亲则是非理性的,常沉溺于"想象性沉思"。父母亲个性的对立对皮亚杰本人的影响十分明显,而这些影响在他日后的成就乃至失误中都能看出,其结果是,"理性的验证和想象性沉思"这两种对立的东西,都成为成年皮亚杰重要的思考和研究工具。

皮亚杰的童年生活缺少游戏,难得有一般小孩经历过的那些童年快乐。好在他所在学校开放式的管理使得皮亚杰能够有余力去从事他所感兴趣的事情。他在很小的时候就开始从事生物学观察,并发表小论文。11岁时,皮亚杰发表了一篇关于患白化病的麻雀的简短的科学报告,并因此很快成为了当地自然历史博物馆馆长的兼职助手,皮亚杰在这一工作中学到了很多,以至于他在16岁前就能够独立地

皮亚杰在幼年时的经历为他今后的发展奠定了基础

在动物学杂志上发表科学论文。生物学的"学徒生涯",使皮亚杰不仅学会了如何从事自然科学研究,还养成了严谨的治学态度。

皮亚杰在获得博士学位之前,一直从事生物学研究,并接受自然

认知主义心理学大师

科学的系统训练。然而,由于早期父母亲个性对他的影响,皮亚杰一方面从事生物学的科学研究,另一方面又喜欢想象式沉思,还私下学习哲学和宗教。这使他发现了心理学才是连接生物学和认识论的纽带,并且是他将二者结合起来的有效手段。

在皮亚杰获得了博士学位之后,他才开始了心理学生涯。在随后60年的职业生涯中,他始终坚持研究科学认识的起源,按照自己所选定的主要途径——儿童心理——进行研究。他以非凡的合作精神和宽广的胸怀,与众多的弟子、同事以及外国专家们一起,不知疲倦地从事着紧张而有序的研究工作,直到他生命终结的前夕。他最大的成就莫过于建立了"发生认识论",并且描绘了从儿童出生的第一周到青春期之间的完整发展历程。他对儿童自我中心的发现使他扬名世界,他的卓越成就使他声名鹊起,他的文献的引用率超过了除弗洛伊德以外的其他任何学者。很多世界知名大学都授予皮亚杰名誉学位,而且国际心理学会也授予他心理学最高荣誉——爱德华·李·桑代克奖。

皮亚杰既没有接受任何专业的心理学系统训练,也没有任何心理学学位,却能取得如此骄人的成就。除了他的非凡天赋以外,早年所受的教育,儿童时期所从事的"成人化"的自然科学观察和研究,广泛的兴趣和阅读,严谨的治学态度,坚定不移的志向,非凡的合作精神,以及广阔的胸襟等都对他取得这样的成就有着不可或缺的作用。

神仙也有打盹的时候

从皮亚杰的成长历程来看,他似乎是一帆风顺的,而他本人的成就也表明了他属于那种百科全书式的智者,那难道这么睿智的一个人他就完美了吗?有道是"智者千虑,必有一失",笔者想皮亚杰未必就如此的无瑕。皮亚杰就像一棵大树,以鄙人孤陋之才学,就算倾尽

皮亚杰："博而不专的"发生认识论掌门人

全力，充其量也就让这棵树掉下几片叶子。不过也有说"愚者千虑，必有一得"。在下不才，欲以愚之一得比彼之一失。试着来浅析一下这位大家的失误及这些失误的影响。

提到皮亚杰，著作等身，汗牛充栋，笔耕不辍之类的词语就立刻冒出来。他7岁就开始发表小品文，到1966年底，发表论文和著作达两万多页，为后人留下了许多宝贵的资料。但另一方面，最好的学问是应该用最凝练、最精辟的话语来表达的，而皮亚杰似乎太依赖于写作，稍有想法就要长篇大论地记录下来。同时，他生活上乱糟糟的，从后面的照片上我们就可以窥见他凌乱的生活和工作，也可以看到他对于写作的态度了。他是主要用法语写作的作家，他的著作几乎全部在巴黎和日内瓦用法语出版，他的文字艰难晦涩，给后人的阅读造成了极大的不便，到后来才被翻译成英文到美国，并引起广泛关注。

此外，皮亚杰是众所周知的神童，博采众长，可谓是一位百科全书式的人物，所以他构造的"发生认识论"也似一座高楼大厦一般宏伟。但是，我们在为它的壮丽惊叹的时候，也应该看到在大厦的里面其实也是不尽完美的。它博大似不精深，皮亚杰几乎凭借一己之力构建了这座大厦，但是他毕竟是凡人，没能将大厦的每个角落都修缮到完美。不过这也为后来的研究者提供了广泛的研究材料，让后人去发掘，并将这座大厦装点得更加完美。

拖着生物学和逻辑学两条"尾巴"

皮亚杰最初的兴趣在生物学上，他承认这使他免受"哲学魔鬼"的欺骗。后来他又对哲学和逻辑学有了浓厚的兴趣。他之所以投身心理学是因为他既对生物学感兴趣，又对哲学和逻辑学感兴趣。他的生物学基础让他在遇见哲学时，能从生物学的角度对认识问题做出解释。但是，他认为生物学和认识论之间横着一道鸿沟，要填补这道沟壑的不是哲学，而是心理学。他又是一位心理学家，但之所以要跻身

认知主义心理学大师

皮亚杰笔耕不辍的态度，让他著作等身，
而他的杂乱无章也是相当让人佩服的

心理学界，是由于他力图把生物学和认识论问题联系起来。

所以从皮亚杰本人的角度来说，他并不喜欢别人称自己为"心理学家"。而他之所以研究心理学，说得不好听一点：其实是利用心理学来连接生物学和认识论。皮亚杰认为，每一种心理学解释或迟或早都会达到或依赖于生物学，或依赖于逻辑学。皮亚杰在其前辈心理学家鲍德温、加西亚和瑞士数学家龚塞思的影响下，把莱布尼兹的心理逻辑分化原理引入到心理学中来。该原理的核心思想是，有机体是某种逻辑—数学的生物机器。母亲是虔诚的新教徒，在他15岁时就坚持对他实行宗教教育，在他和教父的相处中，他开始坚信生物学能解释所有的知识。

皮亚杰过分看重生物学和逻辑学，必然导致对心理学的相对冷落，以至他在很大程度上忽略了社会环境对个体发展的影响。他常常低估人际影响和群体影响对儿童的重要意义，忽视广阔的社会背景。举个极端的例子，"狼孩"、"猪孩"这样脱离了人类社会的个体，难道他们也按时发展出了各种不同的"智慧"？

恩格斯说过："终有一天我们可以用实验的方法把思维'归结'为脑中的分子的化学运动；但是难道这样一来就把思维本身包括无疑

了吗？"所以，过分强调生物学或是逻辑学，对心理学这个学科乃至整个科学的发展其实都是不利的。在这点上，皮亚杰有些"在其位，不谋其政"了，他明明做的是心理学家的事情，却硬要强调自己不是心理学家，而是"发生认识论者"，结果都不讨好，招致了各个领域的批评。

老兄，小孩子岂是你以为的这么傻！

皮亚杰有着低估儿童认知能力的倾向，在这一点上可以从四个方面来讲：第一，他倾向于低估既定年龄儿童的认知水平，有证据表明，即使是更低年龄段的儿童也能够完成既定年龄的"皮亚杰任务"；第二，皮亚杰倾向于忽视大量微妙的不同心理过程，而它们对于既定认知水平的评估具有重大的作用；第三，皮亚杰的程序可能受限于儿童的语言能力而导致了对儿童能力的低估；第四，对儿童评估时的情景对儿童心理造成的影响导致了对儿童能力的低估。

首先，从第一个方面来讲，他有低估既定年龄儿童认知水平的倾向。关于这一点，由于他的很多研究数据是从他家那对心理学发展做出了很大贡献的三个孩子身上得到的，有人就拿皮亚杰开了个玩笑：皮亚杰自己这么天才聪明，他家的小孩怎么就明显低于一般水平呢！当然，这只是一个玩笑，不过确实有证据表明皮亚杰低估了儿童的智慧成就。就拿让皮亚杰扬名立万的"自我中心主义"的论断开刀吧。皮亚杰引用了大量的观察来支持他关于自我中心化是 2—7 岁儿童思维的普遍特征的论断。皮亚杰认为这一时期的儿童没有"观点采择"的能力，所有的思维都是从自己的立场出发，并认为别人也与自己持相同的观点。皮亚杰指出，甚至七八岁的儿童也没有完全脱离这种自我中心。对此，他最经典的任务莫过于类似"三山任务"的测验，向儿童呈现由不同形状构成的三座山的三维模型，然后问儿童，另一个坐在桌子其他位置的小朋友看到的模型是什么样的，即使是 8 岁的孩子也常常只是描述自己所看到的东西。

认知主义心理学大师

而对这个经典任务稍加修正的任务表明，其实更小的儿童就已经具备了所谓"观点采择"的能力，而不是完全的自我中心化的。比如，在模型中设置几面有趣的墙壁，加入几位警察，问儿童把自己藏在哪里警察就看不到自己。结果表明，甚至3岁的小孩就有30%的几率能够成功，而4岁小孩的成功率则达到了90%。小孩能在这个任务上获得成功实际上表明了，他们其实知道在其他的"视角"会看到怎样的情景。问题的关键在于，经典皮亚杰任务没有像修正任务那样，考虑儿童的经验，用更有趣的任务来吸引儿童的参与，从而让他们已经具备的能力显露出来。从这样的逻辑看，在皮亚杰的任务上获得成功的儿童是具备了某种能力的，但是却不能证明失败的儿童没有这种能力，只能说明这种方法不能证明儿童具备该种能力。

其次，皮亚杰忽略了大量的能够反映儿童具备了某种能力的细节。比如，很多细节性的证据表明，儿童客体概念的掌握比皮亚杰所宣称的要早得多。具体证据如下，当一个月大的婴儿听到从与其母亲所在位置不同的地方的扬声器发出的母亲的声音就会表现出紧张的情绪，说明此时婴儿已经知道这个声音应当是从母亲这个客体发出的。另外，在实验中设置婴儿可见的幻象（婴儿能够看到实际上不存在的物体），即使是出生几天的婴儿，他们在试图抓握幻象，而结果是"触摸"到虚无的空气时也会表现出紧张。说明他们知道当他们抓握某客体时，手是会有某种触觉的。更为神奇的证据是，婴儿在用手抓看上去"粗"的木棒时，会比抓"细"的木棒时，手指张得更开。有些研究者甚至提出了观看、倾听和抓握的格式是先天具备的，并且很快会达到比皮亚杰所宣称的高得多的程度。

当然，在这些明确反对皮亚杰的证据中，有些也存在方法学上的缺陷。但是，尽管如此，毋庸置疑的是，越来越多细节的证据表明了，新生儿的感知系统已经具备，并且它们内在的反应组织要比皮亚杰所描述的程度大得多。很多概念，比如"客体永久性"都比皮亚杰研究所界定的年龄要早得多。

皮亚杰:"博而不专的"发生认识论掌门人

再次,皮亚杰的研究程序很可能未能真正的对儿童的能力做出准确的评估,因为他的任务往往过分强调语言能力,从而导致了对幼儿的实际能力的低估。一种非常可能的情况是,小孩子并非真的相信不守恒,而仅仅是不懂得"一样多"、"较多"、"较少"、"数目"等术语的意思。例如,儿童有可能觉得"较多"意味着长度更长,而非是指客体的数目。

为了排除语言可能带来的影响,后来的一些研究者就采用了各种不同的方法,来检验这种潜在的可能。比如,一些研究者使用了言语前测,以确保儿童理解了守恒任务中所使用的术语。也有另外一些研究者,他们采取了言语的预先训练,也就是在测验前预先教会儿童在测验中会用到的词。还有一些研究者试图彻底摆脱语言的束缚,他们希望通过使用"非言语"的程序来评估皮亚杰的概念。虽然完全做到非言语是几乎不可能的,但是他们希望尽可能少的使用到语言,或者将语言简化。这些程序回避了使用诸如"一样多"或是"较少"等烦琐的用语。通常会使用两种策略,一种是让儿童在两堆糖中挑选,一堆糖看起来比较多而实际比较少,另外一堆则是看起来少实际上多。根据儿童做出的选择反映可以推断他们对相对数量的认识,儿童应当会挑选自己认为多的那一堆。另外一种方法就是设计一种明显不守恒的情形,然后观测儿童的反应,这种方法的思路是,如果儿童掌握了守恒的概念,那么他们面对不守恒时会有惊奇的反应。

最后,在对儿童作守恒评估时所涉及的一般情景,对被试儿童来说是相当陌生的,其中包含了很多因素可能让儿童做出不守恒的判断。比如说,儿童可能在想,为什么大人要将糖果铺开,为什么大人要在这么短的时间内两次问一模一样的问题,难道刚刚我回答错了?儿童就很可能认为大人是在暗示自己应当更改刚刚的答案。如果测验的情景更加自然熟悉,儿童或许将更可能看起来像个守恒者。

很多研究者对这种可能性进行了研究。罗斯和布兰克通过对一般被试略去变换前的那个问题,而只问最后的那个守恒问题,从而避免

认知主义心理学大师

了两次问同一个问题而带来的影响。麦克加里格尔和唐纳德森则用一只"淘气"的小熊制造一起意外来变换排列，替代原先由一个成人完成的那种有意的变换。莱特、白金汉和罗宾斯也进行了类似的处理，基本的思路就是制造某种意外来代替改变，让这种改变貌似是自然发生在某个游戏的进程之中。

通过对这些皮亚杰程序存在的漏洞进行的检验，得出了比较站得住脚的一般结论：首先，皮亚杰的方法的确导致了对幼儿能力的低估，儿童在修正过的程序中的表现，要好于在标准皮亚杰任务中的表现。其次，诸如守恒和观点采择这些概念的发展，比皮亚杰想象得更漫长、涉及更多方面，具有许多皮亚杰的程序所未触及的较早的发展水平和征兆性的技能。

虽然这些后继的研究将皮亚杰对具备既定认知能力的年龄所作的估计做出了重大的修正，但是，我们不要忘记，正是皮亚杰的理论——即使它是不完善的——导致了这些后继的硕果累累的研究。如果不是皮亚杰，发展心理学今日的面貌肯定大不相同，注定是一片更加贫瘠的土地。

领域一般性，还是领域特殊性？It's a problem!

在发展心理学中有一个无法回避的问题，儿童的发展是领域特殊性的还是领域一般性的。按照领域一般性的观点，儿童的发展都会遵循一般性的阶段，按照既定的顺序向前发展。而按照领域特殊性的观点，儿童的发展会朝着不同方向、以不同速率和连续的方式向前发展。皮亚杰的发展观实际上就是一种"领域一般性"的观点，这是一种过于一般、极端抽象并且是纯粹的逻辑数学化的发展观。它认为，在儿童的发展中，只存在单一的一条中心发展路线，即"逻辑数学结构"的发展，这条主线支配并影响着儿童其他所有的认知能力的发展。具体来说，皮亚杰认为"结构"的本质是逻辑数学的，而逻辑数学结构又对认知发展——特别是物理概念——的形成具有决

皮亚杰："博而不专的"发生认识论掌门人

定性的意义。在皮亚杰的理论中，正是逻辑数学这条主线的发展，牵动着儿童认知发展的每个方面。

而经过多年实证研究的积累，"领域特殊性"已经形成了一种占压倒性优势的新趋势，并向皮亚杰为代表的"领域一般性"观点发起了革命性的挑战。诚然，在这个问题上还没有一个盖棺定论的说法，或者以后永远也不会有，但是，这些研究所积累的实验数据却向世人证明了：皮亚杰的这种普遍发展观即使不说是错误的，至少也是值得重新商榷的。其中对皮亚杰最有挑战性的现象如下：

认知发展中的非同步现象，即儿童在相同逻辑结构的不同测验中表现出了年龄差异。以皮亚杰最钟爱的"守恒"概念为例，儿童的体积守恒落后于重量守恒，而重量守恒又在数量守恒之后。根据皮亚杰的观点——"可逆性"这一逻辑数学结构是儿童解决守恒问题的唯一根据的观点，那儿童一旦形成了可逆性结构，所有的守恒问题他都能迎刃而解。而不幸的是，在使用不同的测量去测试相同的逻辑结构时，结果表明通过不同测试的儿童年龄差异相当悬殊。根据皮亚杰的方法来测定守恒的年龄为：数量守恒在7岁左右，液体、长度、重量守恒在8岁左右，质量守恒在10岁左右，而体积守恒则要到13岁甚至更大。由此，皮亚杰的理论也饱受争议。为了解释这种现象，皮亚杰提出了"滞差"的概念来解释不同个体间或同一个体在不同认知领域间的差异现象。同时，另一方面，皮亚杰又坚定地贯彻他的阶段论，于是"阶段论"和"滞差说"之间就出现了不可调和的矛盾，硬要让二者同时并存未免就给人一种"以己之矛攻己之盾"的感觉。皮亚杰没能解决好认知结构的整合和变异的标准问题，因而就不能把阶段论置于坚实的基础之上。

个体发展的差异问题。测验的各项目之间得分的低相关，向皮亚杰的领域一般性观点发出了挑战。按照皮亚杰的观点，儿童的发展遵循一条普遍的既定的道路，那么以下的这些实验数据就应该不会出现：在被认为是同时发展的能力（比如，排列和组合）的测验间的低相关；纵向研究中，不同时间进行的同一皮亚杰任务的两次测验分数的低相关；在同一运算的不同测验上成绩的低相关。以上的这些低相关都表明了，不同个体很可能是沿着不同的方向、以不同的速度和方式发展的，或者以不同的方式或推论来解决逻辑结构相同的问题。

跨文化研究的失败。按照皮亚杰领域一般性的观点，在不同文化背景中的儿童应当几乎在相同的年龄阶段掌握相同的逻辑结构。但是，在诸多跨文化的皮亚杰研究中，皮亚杰的测验并没有证明这一点——形式运算是具有普遍性的。皮亚杰将此归咎为测验仪器以及受测者的文化背景让其没能完全理解测验的内容。但是，到目前为止，还没有证据表明，通过修正研究能得到皮亚杰所期待的结果。

逻辑训练的积极作用。皮亚杰认为逻辑数学结构是儿童自发构建的，而单纯的外部影响对儿童掌握逻辑概念不会有太大的作用。就算有影响，也只发生在相同逻辑结构的不同测验间的迁移上。但是现有的研究证明了，许多训练都让儿童在守恒测验等方面的表现出非常积极的作用。

当然，绝对地坚持"领域特殊性"也是不对的，二者很可能就不是二元对立的，而是可以辩证统一起来的。但是从这些实证研究所提供的证据来看，皮亚杰坚持的领域普遍性至少在某些方面是错误的。他的这个错误倾向引发了后继的许多研究，但是也让这些研究者从一个极端走向了另一个极端——产生了一批持极端的"领域特殊性"观点的学者，他们坚决反对并且批判皮亚杰的发展的普遍观。直到今天，人们才逐渐认识到这两种观点都是不完善的，二者也并非是非此即彼的，需要一个更进步的理论将两种观点整合统一起来。

革命尚未成功，亚杰仍须努力！

皮亚杰在关于"发展模式"的问题上，所做的研究也不够有说服力。所谓"模式问题"就是不同的认知能力如何结合在一起的问题，也就是不同能力在时间上的关系。皮亚杰的理论认为有两种重要的模式：顺序不变性——几种能力在所有儿童身上以相同顺序出现；共时性——在发展中若干能力同时出现。若要研究顺序性和共时性的问题，从方法论上讲，一是要求被试内测验；二是要求所欲比较的概念的任务敏感性等值。

同样的任务敏感性指的是，用于测量 A 和 B 的测验要同样敏感，才能确定 A、B 的相对难度。否则，就可能会得出关于发展顺序的错误结论。皮亚杰在这个问题上并没有解决好，他在比较不同概念时，很少或者往往是难以让人信服地试图使任务敏感性等值。另外，他缺乏被试内的比较，除了个别的例外，皮亚杰关于婴儿期后发展模式化的结论，绝大多数是基于不同样本的儿童在掌握不同任务时的平均年龄。例如，如果一组儿童在 6 岁时掌握任务 A，另一组儿童在 8 岁时掌握任务 B，则声称存在 A—B 的顺序；而如果它们都在 8 岁时掌握，则结论是共时性。应该看到，对于发展中的模式化问题，这样一种方法只能提供不可靠的并且是非结论性的证据。他没有比较同一组儿童是否在不同年龄掌握任务 A 和任务 B。

为了解决这个问题，皮亚杰以后的研究采用了被试内的方法，常使用多重任务，以及复杂的统计技术加以分析得到相互关系。而且这些研究也更认真地进行了任务敏感性的等值化。即使这样做了，这些研究的结果也只是表明，皮亚杰宣称的顺序性发展很容易得到证明，而发展的共时性则依然很难得到证明。所以，在这个方面，他真的需要再努力一点点。

哑巴和正常人还是有区别的

皮亚杰有些忽略语言对思维发展的重要作用，他相信，语言在思维的发展过程中作用有限，发展更多地依赖的是动作运算，逻辑思维在本质上是非语言的，而且派生自动作。但是，后来的研究者找到了相反的证据，证明了语言在儿童思维发展中不可替代的作用。实验证明，在问题解决中，用言语的指导有利于更快更好地解决问题，有利于解决更高级复杂的问题。告诉一组9—10岁的儿童，他们可以一边解决复杂问题，一边把想法讲出来；而另一组小孩则没有得到这样的指导。结果表明，获得了指导而利用言语的小孩能够更快更好地解决问题。

由此，一些心理学家相信尽管有些思维是非语言的，但这并不能抹杀语言的重要作用。语言是一套符号，让儿童能够更自由的通过心理控制世界，并按相应的方式对刺激做出反应，而不一定要直接的动作体验。比如，烧烫的锅，可以告知儿童"很烫，别碰"！而不一定要儿童亲自碰过之后才知道，不能碰。布鲁纳认为，语言是儿童符号系统中的关键一环，它不仅用以指代经验，而且可以转变经验。

小皮，就缺个"统计学家"的头衔

皮亚杰是国际著名的生物学家、心理学家、哲学家、发生认识论者，唯独就缺个"统计学家"的称号，看来他在这方面还是有些薄弱的。皮亚杰在数据获得和处理上的一些做法不大科学，他不是科班出身，这也导致了他在统计方法上遭到了一些非议。皮亚杰避免使用某种高度标准化的方法，而偏爱以"临床法"取向的方法来探测儿童的知识。从他的家庭背景来看，他母亲的神经症激起了他对精神分析的兴趣，引起了他后来对临床法的偏爱。他的研究主要基于个体的原始记录而非基于群体均数和统计检验。

他的样本取样也不甚科学。他婴儿期研究的样本多限于他自己的三个孩子。在他的报告中，很少提及他的样本大小及样本的构成方面的内容。皮亚杰没能精确描述他所研究的样本，正是他经常出现的一个科学报告中的过失。而且他经常没有搞清楚自己的研究是在被试间还是被试内。

总的来看，他的许多过失对他的整个理论体系具有负面的影响。但正是这些过失激发了后继的许多研究，才使得儿童心理学发展到今

皮亚杰："博而不专的"发生认识论掌门人

天这般的硕果累累！他的许多天才式的创举为儿童心理学的研究提供了无数的启示。但是，从另一个角度来看，皮亚杰从个体"智慧的发生"来研究儿童心理，实际上也是为这个领域的发展框定了一条既定的"路线"，后来者很多都要沿着他的路走。这从某种角度来说其实是禁锢了人们思维的发散性和创造力。或者这样说，如果没有皮亚杰，发展心理学不会走到今天的样子，也许他真的建立了一门"了无生气"的学问，可是谁又胆敢说没有这样的可能——儿童心理学沿着另外一条路走了，并且走得更好，更加的硕果累累！当然，这只是笔者个人的一点意见，认为皮亚杰的框架理论或统括性理论在某种程度上限制了儿童心理学的发展。当然，这样说并不会抹杀皮亚杰在儿童心理学乃至整个心理学中的地位。正是由于他构建了这座不完美的大厦，才使后继的儿童心理学家找到了研究的新领域，并且对皮亚杰尚未能解决的问题给出他们自己的解决之道，这些都可视为皮亚杰为心理学的发展做出的巨大贡献。

科尔伯格：一曲理想主义者的悲歌

> *科尔伯格憎恶相对主义。他害怕这样一种观念：人类的道德标准可能与人类的语言和食物一样，虽然彼此有差异，但都是平等的。*
>
> ——施维德

1987年1月19日，这天被认为是心理学家劳伦斯·科尔伯格（Lawrence Kohlberg, 1927—1987）生命的最后一天。3个月后的4月6日，警方在波士顿劳岗机场的沼泽地里发现了他的遗体。这位生前声名显赫的哈佛教育学研究生院明星教授以一种出乎所有人意料的方式走完了他的人生旅途，却给后人留下了诸多的疑问：

科尔伯格是自杀的吗？

科尔伯格的事业亦随他一起结束了吗？

科尔伯格的追随者们的路在何方？

……

让我们带着这些疑问重新审视科尔伯格的人生和思想，回到他的

科尔伯格：一曲理想主义者的悲歌

理想的开端。

激昂的青春

1927年10月25日，科尔伯格出生于纽约布朗克斯区的一个犹太富商家庭，他是家中最小的一个孩子。不过这个家庭在他年少时就已解散：1941年劳伦斯和他的一个姐姐选择了他们的父亲，阿尔弗雷德·科尔伯格。而正是这位父亲改变了劳伦斯的一生。

阿尔弗雷德·科尔伯格早年在中国做丝绸买卖，赚了不少钱。当二战开始之后，阿尔弗雷德曾想成为一名飞行员，但由于年龄过大而未能如愿。之后他成为国际犹太人救助会的主席。他在救助会上投入了大笔金钱及大量精力，做着许多人认为徒劳无功的事情，企图帮助那些被纳粹迫害的犹太人逃离苦海，重归应许之地。但科尔伯格似乎十分赞同父亲的事业，或者说身为犹太人的父亲让他深刻体会了犹太人的苦境和正义的重要性，而这样一种正义也成为其毕生追求的事业。

青年时，科尔伯格就读于安杜瓦的菲利普中学，一所为富裕家庭孩子中的佼佼者所设立的学校。科尔伯格虽然成绩好得令人惊异，而且颇具文学天赋；但他似乎更津津乐道于对隔壁女校的恶作剧。不久才华出众的他就获得了上大学预科的资格。不过科尔伯格遵从了他的父亲，放弃了这一机会，选择了成为商船队的机械师，选择了一条贯穿他今后人生的道路。

随商船队来到欧洲的他目睹了非亚利安人的悲惨境遇，目睹了杀戮，目睹了不受正义约束的可怕灵魂。尽管他想通过为犹太抵抗力量工作来为他心中的"正义事业"出些力，但是在偷渡去巴勒斯坦的行程中，他们的船被英军拦截，两名婴儿死于催泪瓦斯的烟雾中，科尔伯格本人也随难民被关进了集中营。

认知主义心理学大师

在集中营待了半个月后,科尔伯格回到了美国。他将选择以他自己的方式改变时代,捍卫人的尊严与理性,唤醒人们心中的正义。

"他以一种独特的方式关心我们所有人……"

科尔伯格曾说:"人类历史上的屠杀事件最能证明人类需要道德教育以及指导道德教育的哲学。"

这句话充分反应了科尔伯格对待道德问题的基调和目的,而他一生对之也奉行如初。

为了达到这一目的,科尔伯格于1948年进入芝加哥大学学习。在学校中他不仅博学广览,更是在亨利·萨姆斯和艾伦·格沃斯两位伦理学教授的指导下读遍了西方经典伦理学著作。更令人瞠目的是他在一年内修完了四年的学分,得到了文学学士学位。

之后科尔伯格一度研习临床心理学,不过当时精神病学的现状令他意识到不正义并非只存在于战争中,而是渗透于社会的每一个角落(读者若有兴趣,可参考影片《飞越疯人院》)。因此他的人生旅途又拐回了对道德和正义的求索上。

1955—1958年间,科尔伯格完成了奠定他"建构主义者"领导人地位的博士论文。他同时创下了花费9年获得博士学位的纪录——在芝加哥大学内,该纪录至今未被打破。这篇精雕细琢的论文包含了科尔伯格关于道德发展的大部分核心观念,其中当然包括最为人熟知的道德阶段论。

后来在芝加哥大学及来到哈佛教育学研究生院之后的研究中,科尔伯格又进一步提出了道德教育的诸多方法。他抨击"美德袋",强调通过道德两难的讨论进行教育,后又提出了公正团体的方法。这一系列的工作把他推到了事业的巅峰。

科尔伯格：一曲理想主义者的悲歌

理论拾遗

众所周知的是科尔伯格的死也同时埋葬了他的事业，为了理解这样一种戛然而止，我们有必要对其理论进行一些深入的分析。

科尔伯格理论的核心是他的道德阶段论——本文对此不多介绍，以下表概之：

阶段顺序	命 名	基本特征
第一级水平	前习俗水平	由外在要求判断道德价值
第一阶段 第二阶段	服从与惩罚定向 天真的利己主义	服从规则以及避免惩罚 遵从习惯以获得奖赏
第二级水平	习俗水平	以他人期待和维持传统秩序判断道德价值
第三阶段 第四阶段	好孩子的道德定向 维护权威和秩序的道德观	遵从陈规，避免他人不赞成、不喜欢 遵从权威，避免受到谴责
第三级水平	后习俗水平	以自觉守约、行使权利、履行义务判断道德价值
第五阶段 第六阶段	社会契约定向 普遍伦理定向	遵从社会契约，维护公共利益 遵从良心式原则，避免自我责备

（摘自《学校发展性辅导》，人民教育出版社 2004 年版。略作删改）

笔者更关心的是其理论如何挑战旧有的道德教育理论。

当时的美国教学仍旧依照行为主义的理论，道德教育是依照行为塑造的方法，通过"美德袋"（科尔伯格的说法）的形式灌输给学生的。所谓"美德袋"，即是一些社会认可的良好品行的集合，如诚

认知主义心理学大师

实,勇敢,而教育的功能就是通过条件反射的原理将之教授给学生。而科尔伯格对之很不以为然,并且他研究发现,道德行为与对道德的思维和认知并没有一致性。换言之,学生并非内心认可这些"美德袋"中的行为,只是行为控制的结果而已。他们内心对正义的诉求并未被唤醒。必要的时候,纳粹式的政府依旧可以将他们变为战争和杀戮的机器,践踏人类的文明与伦理。而这些"机器"则可以国家与民族的名义为自己开脱。

这种狭隘的道德观念并非自战场归来的科尔伯格所希望见到的,为了捍卫心中的正义与人类的未来,他以自己的方式和智慧向这样一种教育理念和方式发起挑战,最彻底的挑战。

科尔伯格讲课时的风采

科尔伯格凭借其深厚的伦理学功底,重新挖掘了柏拉图和康德等人关于善的理论,并结合皮亚杰的认知发展理论,描绘出了摆脱"文化枷锁"的道德阶段论。表面上,该理论在于探讨儿童的道德发展过程。实质上,科尔伯格通过习俗水平向后习俗水平的演进,从根本上否定了"美德袋"的合理性(这也是与皮亚杰理论的最大差异)。因为"美德袋"将受教育者固定在了习俗阶段,并受困于社会的规则。而只有在后习俗水平下,个体才能超然于社会规则之上。而这样一种演进必然是以个体的内省及结构的重构为主,而非行为的塑造。

这样的理论对传统的道德教育不但是一种巨大的冲击,更是一种彻底的否定。

同时为了达到这一目的,他也对传统道德教育方法进行了改革。这是一种浪漫的改革:他复兴了古希腊苏格拉底的诘问式教育方法。

科尔伯格：一曲理想主义者的悲歌

这种方法既不同于"美德袋"的机械主义，又不同于涂尔干式"隐蔽课程"的专制，而是在课堂中通过集体对"道德两难问题"（moral dilemma）的讨论，促使个体进行内省并使自身的道德水平得到提升。

在科尔伯格研究的后期，由于受到以色列集体农场中所见所闻的影响，他逐步转向于对"公正团体"的尝试，并且尝试在各级学校、社区，甚至监狱设立此类组织，以期通过这样一种道德氛围促使各类人群道德水平的提升。

正当科尔伯格的事业热烈展开的时候，学术界对之的讨论与批判也越发激烈，也为之后的没落埋了伏笔……

"一种不同的声音"

在对科尔伯格的批评中，或许吉利根的批评是最有名的，也最具影响力（或许也最不得要领——下面笔者将会解释这一说法），因此有必要听一下这种"声音"。

如果要为道德定一个标准，那么以罗尔斯为代表的绝大多数哲学家都会给出"公正"这个答案，作为道德心理学家的科尔伯格也不外如是。不过吉利根认为，这是男性的标准，表现了男权社会对女性文化的忽视。她强调女性有属于自己的道德标准——关爱。因为她发现，尽管女性在两难问题公正维度上的表现不如男性，但是却更多地表现出对对象使用关爱和责任的取向，如以下这段结论：

"因此在严格控制条件下，实际重复了以前所报告的科尔伯格道德成熟标准中有利于男性的性别差异。目前进行的研究报告支持对科尔伯格的理论的批评者的意见：突出表现在后习俗阶段水平，科尔伯格的理论仅仅反映了西方男性的观点，因此，科尔伯格的理论可能存在着不利于女性和其他持有某种不同道德观点的人们的倾向。"

关于女性道德水平普遍低于男性，这点皮亚杰和弗洛伊德都有所

认知主义心理学大师

认识，不过前者将之归于女性认知发展水平的落后，后者更认为，因不存在"阉割恐惧"，导致女性的"超我"发展落后于男性——这些观点正好印证了吉利根关于男权社会的假设。而科尔伯格的解释则较为中肯：由于这一差异在成年人群中表现得更明显，因此科尔伯格认为这是由于教育资源在性别比例之间的失衡导致的；如果女性接受了与男性相同的教育，也可以发展出较高的道德水平。

不过，这种声音并不能成为吉利根为女性道德水平较低进行辩护的理由。事实上后来的研究也很少支持她的理论，研究结果通常是男性对关爱和责任的维度的反应也较复杂，同时女性对于公正维度也表现出其自身的诸多观念——评分过程不存在性别歧视，关爱维度与公正维度被认为是两个平行的维度，并且个体在这两个维度上的表现并不存在性别上的差异。

其实经过深入的分析我们不难发现，吉利根和科尔伯格关注的并非同一问题：吉利根想通过对科尔伯格理论的修正，以期更全面地解析人的结构；但事实上，科尔伯格并没有打算建立一个能解释一切道德问题的模型——相反他是渴望建立一种跨文化的、非相对性的道德判断标准，并通过这一标准抹去文明之间相互仇杀的"正当性"，以及社会对公民思想和行为控制的"合法性"。因此，一种仅局限于亲人或朋友之间的关爱与责任对他的理论而言可有可无，对他的事业而言也是无意义的。而且吉利根认为，在较高阶段中两种道德（公正与关爱）之间存在的矛盾，可从社会制度的角度考量，公正与平等就是对社会中弱者最大的关爱——想必科尔伯格也认同这一观点。

尽管如此，吉利根在心理学上开女权主义之先河，并且也确实丰富了科尔伯格及他之后的道德心理学理论，这一点确实不可忽略。

不过对于科尔伯格而言，还有另一些声音令他无法沉默。

要"良民",还是要哲学家
——与实用主义者之争

　　了解科尔伯格理论的人都知道,在其研究生涯早期,由于受柏拉图《理想国》的影响,科尔伯格喜欢用苏格拉底的"诘问法"开展他的道德教育。不过,这种古希腊式的浪漫的教育方法很快就遇到了问题。

　　首先,科尔伯格的理论是"非文化相对性"的,即不存在文化之间的差异。换言之,那是以公正为核心的绝对的道德标准。而对学生而言,获得这种道德标准的方法在原则上是内省的。而教师同时就处于一个看似矛盾的问题中:如何通过平等、自由,而非强制权威的方法,教学生接受这一绝对道德标准——就好像把蛮牛赶回牛圈,又不能用绳套。虽说在科尔伯格看来,这一标准符合个体的发展规律,但要完成这一任务,亦必须施于相当高超的教育艺术。

　　另外,一个更重要的问题是科尔伯格发现某些青年(以某管教所中的青年为例)可以区分对待阶段2和阶段3:在干预之后,他们对于道德两难的回答看似达到了阶段3的水平,但事实上他们在日常生活中依然以阶段2的方式进行道德推论。而且,这种"情景倒退"在其他研究中也可以被观察到(只是不甚明显,科尔伯格倾向于忽略之)。这种多少有些"阳奉阴违"的行为不得不使科尔伯格重新思考,何以使其道德教育方式更为有效。

　　不仅在教育方式上,在对行为的解释力上科尔伯格的理论也无法令人满意。在其理论框架内,科尔伯格似乎无法给出一个有关道德水平与道德行为之间强有力的相关性研究结果。虽然根据其研究,两者之间存在相关:例如在示威游行中高道德水平的个体占总体中一个较大的比例;而在实验环境下考试作弊的人数随着道德水平上升而减少——但这些研究结果至多说明道德推理水平与道德行为只有中度相

认知主义心理学大师

关，甚至是低相关的。

这些问题如果是在19世纪的德国或许不称其为问题。不过在20世纪的美国，在这个实用主义和行为主义心理学的发祥地，这自然无法被接受。正是由于这种低效率的教育方式，以及过于注重认知建构而忽视行为塑造使得科尔伯格的理论在他死后迅速没落，取而代之的正是他生前猛烈抨击的行为主义的继承者："新行为主义"（如社会学习理论，社会信息加工理论）。这些理论的一个共同特点就是行为塑造的高效性，能创造出令社会满意的公民。而教育部门自然也更乐于接受后者——对于社会而言，教育的社会性必然是十分重要的一部分，社会需要的是行为良好的个体，而非一群道德哲学家。

而在笔者看来，科尔伯格的理论并非是对行为没有解释力，而是"诘问法"本身不可能真正改变人的道德推理水平。其实对道德推理起重大作用的还包括个体的生活及知识背景，这点尤其体现在后习俗水平上。后习俗水平的道德推理都必须建立在文化比较的基础之上，这需要个体有相当广泛的人文知识。特别是阶段6，这样一种超越文化的博爱精神不可能建立在空中楼阁之上，只有以深厚广泛的历史人文知识为基石，才能建设道德的大厦（正如科尔伯格本人）。这一切也不过只是必要条件，想要滋生出高水平的道德推理，个人的经历与境遇也是必不可少的。想象一下科尔伯格的父亲如果是个日耳曼人，他的道路又会如何呢？苏格拉底固然伟大，也只造就了一个柏拉图。我们没有那么多苏格拉底，更不能指望学生们都拥有柏拉图的禀赋及贵族水准的家庭背景。

被这些问题所困扰的科尔伯格也尝试着寻找一些新的教育方法，他似乎在以色列的一个基布兹（以色列的合作农场或集体工厂）找到了灵感：他发现这里的民主氛围大大促进了个体道德水平的发展——这里的孩子道德水平都高于平均水平。而这也促使他考虑道德氛围对道德推理和道德行为的影响，最终促成"公正团体"这一想法。终于在1974年，于剑桥瑞治和拉丁高中，第一个公正团体建立

科尔伯格：一曲理想主义者的悲歌

了：该组织奉行西方政治民主原则，每个人都必须充分发表其意见，并且每个人在公正团体中都有平等的一票，以投票决定该团体中的事务。之后陆续又有一些公正团体建成，科尔伯格对之也寄予了很高的期望，希望以一种公正民主的氛围促进学生得到的成熟。不过不知科尔伯格是否考虑过，这与涂尔干的"隐蔽课程"似乎颇为相似——两种方法的目的不同，但手段却有诸多雷同：以社会压力和诱导代替内省，迫使学生接受平等、民主的价值观念。科尔伯格恐怕也没想到会走上曾被他猛烈批判过的前辈的道路吧。而这又不得不使笔者将公正团体与科尔伯格主义的衰落联系起来。

我们拥有共同的上帝吗？
——"文化相对性"之争

如果说科尔伯格在教育方法上尚有回旋的余地，那么道德的非文化相对性问题则是其理论不可突破的底线。正如人类学家施维德说的："科尔伯格憎恶相对主义。他害怕这样一种观念：人类的道德标准可能与人类的语言和食物一样，虽然彼此有差异，但都是平等的。"

诚如先前所说的，科尔伯格理论的提出与他的早年经历及其理想有着莫大的关联。流着犹太人血液的科尔伯格不可能忘记纳粹的罪行，也不可能认可英国人对他们的拘禁和伤害，他需要的是来自上帝的绝对的启示，而这种启示他坚信早已植入每个人的灵魂。他的使命便是将之唤醒。而至于启示的内容，他与罗尔斯在认识上似乎达成了一些共识：公正才是正义的唯一标准。只有公正才是人类发展的唯一正确的方向！

因此科尔伯格为我们描绘了一条通往这唯一正义的道路——著名的道德阶段论及其模型。不过在这一点上，科尔伯格似乎没有处理好哲学与科学的矛盾。他用科学的方法建立了一系列哲学的命题，并试

认知主义心理学大师

图通过科学证明之，而这些哲学命题反而为科学所打破。

前面说过科尔伯格的理论是建立在皮亚杰的发生认识论之上的。而皮亚杰本人的道德理论与科尔伯格事实上很相似，两者主要差别在于后习俗水平即阶段5、阶段6上。这两个极具科尔伯格个人特色的观点也为后人诟病最多。

首先受到攻击的是阶段5。阶段5所论述的"社会契约定向"，事实上与以美国为首的西方官方道德体系的最高价值目标即民主、人权相一致。这一思想已经渗透到了包括经济、政治、法律等西方社会的各个角落。科尔伯格企图通过公正团体传授的也正是这一思想。但社会契约定向本身也是西方自由主义思潮的产物，源自文艺复兴时期产生的人文主义思想。因此社会契约定向也不可避免地、深刻地烙上西方文明的特征。换言之，阶段5也可能是文化相对性的产物。

这一点我们在科尔伯格自己的研究和其他研究者的研究中不难找到线索。相对于西方国家，在东方（诸如印度、中国台湾地区）的研究结果则令东方人无法释怀：东方达到阶段5的个体比例相对于西方低了很多。这可能是由于教育普及程度的影响，但文化本身的影响也不可忽视。而且东方的集体主义价值观念与西方源于文艺复兴的自由主义的冲突，同样影响到了个体对道德认识的变化趋势，例如印度人随年龄增长，越来越多的人认为普遍规则是不可改变的——这与西方人道德认知的发展趋向恰恰是相反的。

而笔者认为科尔伯格确实轻视了东西方文化差异的巨大影响力。一个很好的例子就是雷锋——他的道德水平一定已超越了阶段4（不单局限于社会规则），但还没有达到阶段6（很难想象他考虑了全人类的伦理问题），不过我们却不能将之置于阶段5。因为雷锋从一开始就将自己的道德感投向了对于一个抽象集体的责任感，而非社会制度及公民权利的思索。究其原因，笔者认为是东方文化中确实没有滋生阶段5的文化温床。

这里笔者不想讨论二者孰高孰低，只求说明科尔伯格企图将阶段

科尔伯格：一曲理想主义者的悲歌

5归于后习俗水平这一观点，总体上说是不成功的——阶段5可能只是习俗水平的延伸而已。同时阶段5在科尔伯格的理论体系中属于他律水平。即使"他律"也无法摆脱文化的影响，否则"他"从何来？这一划分更多地来自于科尔伯格对本民族文化的优越感。

相对而言，阶段6更具文化普遍性，诸如古代的柏拉图、释迦牟尼、耶稣，以及近现代的甘地、马丁路德·金，这些伟人身上都可以见到对普遍伦理的追求（包括科尔伯格本人应当也是，这正是他的工作目标）。不过致命的是，这样一种阶段在科学上则没有任何说服力，或者说达到该阶段的权利只属于那些位于人类文明顶端的先行者，以至于科学上无法对其存在的普遍性进行论证。这个问题更应当由哲学或人文科学，而非科学来回答。无论科尔伯格的理想有多么伟大，在科学的客观性面前也只能止步。他自己也承认证实阶段6尚有困难，并且从他的评分手册上去掉了阶段6这一部分。不过，他依旧以假设的形式将阶段6作为皮亚杰式的道德发展的最终阶段。

没有什么比理想不被认可更为痛苦的事了。由于资料有限，笔者很难揣测科尔伯格当时的心情，但想必那时的科尔伯格已经不是当年芝加哥大学那个踌躇满志的青年学者了。

作为科学家的科尔伯格似乎走进了死胡同，但他相信上帝没有抛弃他：他向我们提供替代阶段6的假设——阶段7——一种宗教的宇宙观，追求人与宇宙的和谐。似乎在科尔伯格看来，阶段6本身没有回答这个问题："为什么这是道德的？"较之缺乏实证的阶段6，同样缺乏实证的阶段7看来已不再纠缠于科学之中，而是更靠拢于道德的哲学诉求——这也符合一个理想主义者的风格。

不过这已无关紧要，重要的是此时的科尔伯格已从一个科学家蜕变为一个哲学家。他对自己的理想依然执著，只是较20多年前更明白了一件事：科学不是完成他事业的最佳手段。

也许，科学本身并不怎么欢迎"理想"，它所追求的只有客观的真实，而非彼岸世界的真、善、美。

认知主义心理学大师

自杀之谜？

谁也没有想到科尔伯格会这样离开我们。

在学生眼中，他是一个充满热情，但又严厉而固执的老师和天才。

在朋友眼中，他是一个开朗大方的绅士，他家中的吧台总有好酒等着老朋友的光顾。

在对手眼中，他是一个正直磊落的学者，与他总无争执，只有获益颇丰的畅谈。

这样一个人会以自溺来结束生命，笔者很难释怀。何况他还有自己未竟的事业，但或许他也有自己的难言之隐。

睿智而自信的科尔伯格

多少有些不修边幅、丢三落四的科尔伯格可能永远不会忘记1971年的伯利兹（Belize），因为这个地方注定改变了他今后16年的命运——在那里，他因喝生水而患上了一种肠道寄生虫传染病。对于这种疾病，科尔伯格想尽了一切办法，甚至用上了中医的偏方，然而痛苦依然随着时间的推移愈发猛烈而清晰。

不过科尔伯格是坚强的。在这样的痛苦之下，他依然要求自己忘记痛苦继续授课、研究以及创作。许多我们现在阅读的著作都是此后创作完成的。并且他的家始终还向所有来访者敞开大门，尽管他的健康状况每况愈下。不过在上课时，科尔伯格时常不得不中断几分钟，尽管他对此充满愧疚。

在生命的末期，科尔伯格似乎生活得有些凌乱，或者说惶惶不可终日，并且据说病痛发作时他还会出现幻觉。这一切的征兆都指向了1987年1月19日——一位大师在这天归于长眠。

科尔伯格：一曲理想主义者的悲歌

不同于其他自杀者，科尔伯格没有精神障碍的病历记载，而这样一位对生活充满热情的大师（并且具有犹太血统）会选择自杀，也实叫人（包括笔者在内）无法确信，以至于自杀之说至今仍无定论。

笔者曾想将他事业的挫折和其自杀之谜的联系做深入地研究，可苦于缺乏佐证。不过现今想来，或许科尔伯格并不希望他人过分关心于自己的死亡，他更渴望的应当是其事业的继承者。

重举科尔伯格的火炬

科尔伯格事业的没落，既象征着一个理想主义者的失败，又将重担压到了后来者的肩上。科尔伯格的失败并不意味着他所提出的问题已经得到解答。笔者亦相信，人类的道德不同于面包和米饭，重要的是如何让人们接受并贯彻这一信念。

科尔伯格的墓志铭

不同文明之间的碰撞依旧存在，种族之间杀戮依旧存在，道德的终极形态依旧含混不清，面对疑惑，科尔伯格是我们的先行者和引领者。用科学方法对道德的本质进行研究，科尔伯格也许是一个失败者，不过绝不应当是最后一个，因为这是一个造福于全人类的光荣事业。而这个光荣的事业正等着一个天才的接班人。

不过,这个接班人将面对一个巨大的挑战:如何以科学的方式证明普遍伦理的存在。他不应当只是一个单纯的哲学家或布道者,而应当以其才智,通过更客观的方式,向世人表明大同并非只存于彼岸世界,而是众人共同的未来。希望在不久的将来,这位继承者可以重新举起科尔伯格的火炬,帮助人类超越自我,叩开心灵之扉……

福柯：疯狂于性与死亡之间的"酷儿"

其实我这辈子对知识的全部追求就是为了吸引漂亮的男子。

——福柯

福柯是谁？

他是后现代主义和后结构主义思想的重要代表人物。他被称为"法兰西的尼采"、"20世纪的康德"以及"萨特之后法国最重要的思想家"。享有如此高声誉的他，却从不承认自己是一位哲学家。他的研究涉及各种知识领域，从医学到语言学，从精神病学到心理学，从考古学到社会文化，他似乎想探究哲学所能涵盖的每个方面，要挖掘知识的每一个角落。这样一位灵魂与思想的使者就是米歇尔·福柯

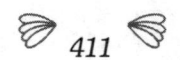

认知主义心理学大师

(Michel Foucault, 1926—1984)。

1984年6月25日中午,福柯去世的消息震惊了整个巴黎知识界。所有人都为这个英年早逝的奇才感到惋惜,他的离去无疑是法国思想界,乃至整个哲学界的损失。58岁的福柯死于艾滋病,但是这个死因在当时却没有得到许多人的承认,人们都不愿把这样一个思想伟人和令人恐惧的现代瘟疫联系在一起。福柯的思想左右了那一代人,或许正像法国著名哲学家德勒兹所说的,20世纪将被称作"福柯时代"。

在1926年10月15日的波瓦提埃,米歇尔·福柯来到这个世界,富裕的资产阶级家庭背景给了他优越的成长环境,也为他的成才奠定了不可磨灭的基础。出生于医生世家的他,并没有如其他人所期盼的那样成为一名大夫,而是选择了一条令人意想不到的"哲学之路"。当青年的福柯告诉全家人自己不想从医,而是想置身于文学和历史研究的想法时,全家人都万分意外,尤其那个希望长子能继承父业的父亲,更是瞠目结舌。

6岁的福柯被送到一所公立学校就学,之后又升入这所学校的中学部。在这样一个被他本人称为"现代权利的'规训机构'"中度过12年之久,能让他回忆起的,也就只有"可怕"二字了。后来福柯又被迫转到一个天主教学校,在那里受到思想和言行的"规训",更是让他感到是一种"折磨"。

20岁的福柯考上了巴黎著名的高等师范学校。对文史颇有兴趣的他在那里师从黑格尔学家让·玻利特和现象学家梅洛-庞蒂。同时,海德格尔和萨特的哲学思想也成为福柯探究哲学道路中的催化剂。同在这个时期,福柯受到频繁的身心失调疾病的困扰。自残、自杀、吸毒和酗酒,福柯通过各种方式希望摆脱束缚。在与人争辩时,他总是喜欢用激烈的言辞咄咄逼人,这使得同学对他渐渐产生了厌恶感。或许正是受益于这样的冲突,福柯得以有幸在学校疗养院认识了结构主义大师路易·阿尔都塞,并且从此开始了真正意义上的对哲学的深刻探索。

1949年福柯拿到心理学学位，1952年赴里尔教授心理学和哲学。之后福柯开始逐渐迷上尼采的生存哲学，还因此结识了有着同样性爱嗜好的尼采主义者、作曲家让·巴拉克，并与其建立了亲密的性关系。此后不久，福柯又对自杀和疯狂的研究产生强烈的兴趣。1970年福柯来到美国教书，旧金山的同性恋场所便成了福柯平时消遣的好去处。

1976年发表《认知的意志》（《性经验史》的第一卷），福柯把研究的矛头转向了性史，这也成为他整个学术思想的关键所在。可惜的是，已经感觉到生命有限和时间紧迫的他，最终没有能够完成性史最后一卷的写作。

福柯是西方思想知识界的斯芬克斯，他是个尚待解开的谜，对福柯理论的研究正在不断展开着，并且它也等待着未来的我们去进一步探索与挖掘。

同性恋与艾滋病

如果谈及哲学家，我们的第一反应大多会是柏拉图；如果谈及哲学家里的同性恋，我们依旧会想到柏拉图。但如果我们问，死于艾滋病的同性恋哲学家是谁，我们却未必会想起福柯。的确，福柯的身后之名无法超越柏拉图，那个从古希腊蔓延而来的"影子"仍会继续影响着今后的世世代代。只是有幸生在这个时代——"福柯时代"——的我们，却应该同样了解面前的这位思想巨人。

外省富裕家庭出身的福柯却非常抵触带有外省色彩和资产阶级色彩的东西。虽然并不满意自己的出生背景，但极端的智慧似乎也让他在青年时期挽回了些许自信心。尽管如此，福柯的学生时代仍然被低落的情绪所笼罩着，性欲旺盛的他着实没有"用武之地"。身为同性恋者，在当时性压抑的社会环境下根本没有立足地。正因为自身欲望

认知主义心理学大师

与残酷现实间的极端矛盾，致使福柯一蹶不振，并在对现实社会的强烈不满与抗争的同时造就了他那尖锐的性格。

从弗洛伊德的观点看，福柯是一个极其典型的"伊底普斯情结"者，也就是我们常说的恋母情结。精神分析的伊底普斯理论认为，男同性恋在幼年时期会有很强烈的恋母情结，而这个理论恰能用于福柯身上。当初福柯违背了家人，尤其是父亲的意志放弃从医，父亲刚开始不同意，正是有了母亲的支持，父亲最终做出了让步。他放弃自己的原名"保罗·米歇尔·福柯"，而使用"米歇尔·福柯"这个名字，这正是他和父亲间紧张关系的最好证据。然而，他与母亲之间却一直保持着非常亲密的尊重和依恋关系。作为对母亲长期支持的回报，福柯把他出版的第一本书题献给了母亲。1959年父亲去世之后，他每年夏天都回到家乡和家人一起度过，帮助母亲打理花园，直到艾滋病病魔致使他的行动不便为止。

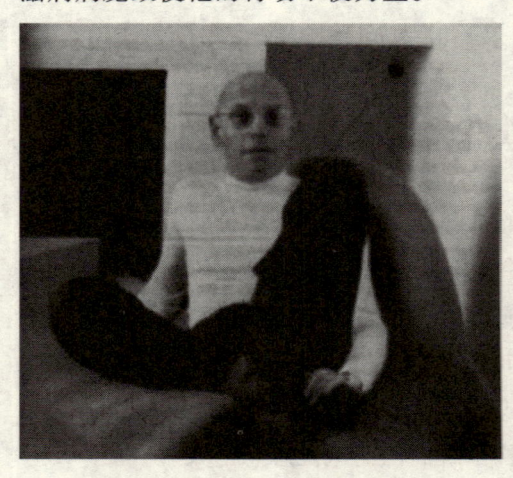

深受艾滋病折磨的同性恋者——福柯

1953年福柯阅读了尼采的《不合时宜的沉思》，并且受到了很大的启发，尼采自我创造的观点得到了他强烈的认同。同时期他还着迷于乔治·巴塔耶的作品——充斥着超越社会规范的性行为写作，以及"萨德乐队"。他和让·巴拉克之间的同性恋关系，可以说正是由两人对尼采的痴迷而促成的。酗酒、激烈的争论以及施虐受虐的性关系成了他们共同生活的特征。但他们的性关系并没有维持多久，当他们的恋情中断时，福柯已经受聘前往瑞典乌普萨拉大学教授法语课。

相对于极度压抑的法国社会，福柯本来寄希望于瑞典的宽松环

福柯：疯狂于性与死亡之间的"酷儿"

境。可惜事与愿违，在那里他并没有太多自由，不过与他在法国蹑手蹑脚的境况相比，也着实轻松了不少。当然他也很会炫耀和享受生活，买了捷豹的汽车来飙车，酗酒更是他早已养成的嗜好，除此之外，他还有一大堆性伙伴！1960年福柯认识了丹尼尔·德费尔，此人也正是他后半生的伴侣。但是他们之间却并不要求性的专———这也可以说是福柯后来身患艾滋病的原因之一。

正如福柯自己所说的那样，他的心思并非是在学术地位上出人头地，而是那些年轻漂亮的男子。他把公寓选在八楼的目的，仅仅因为这样可以方便使用小型望远镜偷窥其他房间的年轻人，满足自己的窥阴癖。1970年去到美国旧金山后，那里的性自由正中福柯下怀，无休止的纵欲狂欢正是他梦寐以求的事情。

可悲的是，1984年早期发表《性经验史》二、三两卷的时候，福柯被查出患艾滋病已经至少一年了。过世之后，家人原本要求不公开其死因。他本人究竟是否早就知道身患艾滋病，已经成了不解之谜。倘若他早已知道此事，而在最后一年仍经常出入同性恋场所并且完全不采取任何保护措施的话，福柯可能要受到无数人的谴责和唾骂了。

在生命的最后几年谈论艾滋病风险的时候，福柯曾说过这样一句令人记忆深刻的话："另外，还有比为那些可爱的男孩献身更美好的事情吗？"谁都难以想象，这竟出自一个痴迷于死亡的、死于艾滋病的同性恋哲学家之口。

吸毒、自杀、施虐受虐与死亡

在巴黎高等师范学校期间，福柯的精神抑郁非常严重，其一可能是由于他不能很好地适应学校里的激烈竞争；其二可能是因为他那与众不同的性倾向和特有的癖好让他觉得与其他人格格不入。福柯早在1945年毒品还不流行的时候，就已经开始频繁吸毒，并有了很深的

认知主义心理学大师

毒瘾，不仅如此，他还长时间酗酒，借此来麻痹自己。他曾尝试用酒精来治疗因劳累过度而导致的精神紧张和神经衰弱，当然是用自己的身体进行实验。由于屡屡吸毒和酒精中毒，福柯在 1950 年 10 月被送到医院接受戒毒和解毒治疗。但出院之后的他仍然屡教不改，因此他的吸毒和酗酒一直没有真正戒掉。1978 年的夏天，吸毒后的福柯在自己公寓前过马路时被车撞倒，还差点要了他的性命，他本人对此却不以为然，把这描述为生命中最快乐的享受。在他看来，吸毒和酗酒后的那种飘飘欲仙的状态正是他所追求的生命之美的真谛所在。

在 1948 年和 1950 年，福柯有过两次自杀经历。在此之前他还曾用刮胡刀刀片割自己的胸膛，1948 年更是企图吃过量安眠药自杀。我们也可以把福柯吸毒和酗酒的行为看成是一种慢性自杀，这样看来，他的这些极端行为或许也正符合了他个人所追求的目标吧。但福柯究竟是在追求真正的死亡还是追求死亡过程中的快感和美感，我们便不得而知了。

施虐受虐可说是福柯最为明显的癖好。他和让·巴拉克两人没多久便分道扬镳，正是由于巴拉克最终无法忍受他的残暴的性爱方式。但是两人的分开并没有断绝福柯对施虐受虐性爱中那种极度刺激的追求。正如前面所说的，在前往瑞典之后，他的性欲马上在那里得到了满足。1975 年福柯在伯克利分校教书时，他已经是同性恋施虐受虐客厅和浴室的常客了。据说他尤其偏好"皮场景"，在那里追求性和毒品的巅峰享受。那种无与伦比的冲天快感，似乎正是福柯一生所渴望的，而他也同样愿意为这种极端的快感而献身。

福柯向来追求死亡，吸毒、自杀、施虐受虐都被他形容成对死亡的体验过程，但这些极端行为却最终没有取走他的性命。然而当他得知自己患上了艾滋病的时候，连他自己也吃了一惊。艾滋病或许真的能让福柯如愿以偿，尽管有些过于悲哀。那他是在害怕死亡吗？笔者认为是这样的。对死亡的恐惧出于人的本性，对福柯而言他终于能够体验到真正的死亡，他的确也应该为此而兴奋不已了。但是突如其来

福柯：疯狂于性与死亡之间的"酷儿"

的噩耗也同样告诉他，他再也不能像以前那样体验更多的"死亡的快感"了。即使他不惧怕死亡本身，他也应该为此而沉默吧。

理论与销魂试验

"叛逆"是福柯的代名词，他的生活方式、人格、对知识的态度，乃至他的思维模式和思考方法以及他"另类的"理论研究过程，无处不体现着叛逆二字。他从不随波逐流，无论在何种问题面前，他都会思索出属于自己的独特结果。福柯对于理论的实践也不同于常人，在他看来，只有亲身体验理论的实际运用，才能感受到理论背后的真谛。这种"销魂试验"，正体现了福柯对自己理论所持的积极肯定态度。正是这种态度和做法，造就了20世纪法国思想界的一个奇迹。

福柯与萨特

福柯的理论可以按照时间分为四个不同的阶段，第一阶段（1976—1965）他主要从事精神治疗史和知识史的研究，第二阶段（1966—1970）他开始研究、论述解构和知识考古学，随后第三阶段（1970—1975）转向西方权力谱系学、社会规训制度和监狱史的研究，第四阶段（1976—1984）也是他的理论最为重要的阶段，着重研究"自身的技术"和"性经验"的问题。

福柯很早就意识到自己的性取向和别人有所不同，由于一直苦于心理压抑而带来的沉重负担，因此确定了自己在心理学和精神病学方面的学习决心。在精神诊疗方面，他希望能探寻出社会如何像精神治疗那样区分"正常"和"异常"的标准，同时社会又是如何完成对人们的分类和统治。他发现疯狂是"以特殊的极端方式所体现出来的人性",并没有违背人性,只是人们内心一种复杂性的表现。因此单纯地把精神病人归为"异常"是不可取的。而精神病院对病人的诊断过程只是一个按照其主观意志进行的机械划分,目的只是为了约束和控制那些他们认为"异常"的人们。所以那些被认为是疯子的人是无辜的,归根结底罪魁祸首是这个社会。社会分割其人民事实上也是按照同样的方式进行的,目的也是拥有权力的一方得以控制没有权力的其他人罢了。因此,福柯对弗洛伊德所发展的精神分析学和精神病治疗学,是怀疑和彻底批判的。电影《飞跃疯人院》的主题思想似乎和福柯的观点是完全吻合的,同样批判了权力集团对普通人的控制和压制。诚然,20世纪中叶的精神治疗机构的确并不完善,仍然有传统的迷信成分保留在其中,但是这并不代表整个精神分析学的理论框架和内容都是错误的。现代社会的心理咨询和精神治疗系统其实正是来自并得益于弗洛伊德的理论。现代精神治疗学对"异常"的判断,已经日趋完善,并且在不断改进,其目的正是要做到尽量的公正吧。另一方面而言,无论当时的精神治疗学实际操作上有何种闪失,它的目标都是治愈病人,以便其更好地生存和生活。福柯对其"彻底的"批判,看来似乎是有失偏颇的。

　　福柯认为社会是一个不断变动的权力系统。国家机构对人民实行集中全力控制的趋势愈演愈烈,而基督教的权力模式看似同其对立,实际上却是一个有效的补充。学校、精神病院和监狱就是一个小型的社会,学生、病人和犯人在其中被一种绝对的权力束缚着,得不到自由,同时他们得到一种强制性标准的规训,直至他们符合这个标准为止。家庭也是这样一个权力系统,父母通过一定的尺度来惩罚和教导孩子。或许因为福柯从小与父亲关系不融洽,也可能因为福柯的同性恋与施虐受虐癖好并不符合社会准则而遭到自我的压抑,因此才潜心研究整个社会的权力系统,企图推翻整个权力阶层。

　　身体是谱系学一个重要的研究领域,所以研究谱系学最终就要研究身体和性。福柯对性的研究，一方面着重于"自身的技术"，即在考虑到自身性欲满足的前提下进行对自身的约束和管制；另一方面着重于"性"的重要性的阐述，认为性是人、思想、文化乃至社会和政治的重要组成部分；再一方面，则是对生存美学的探索。

"生存美学"是贯穿福柯哲学思想的一个关键线索。福柯对笛卡尔式的身心分离理论采取批判的态度，他认为精神和身体是一个完整的生命体，精神上的审美活动离不开身体和性的感受和反应。而性在整个审美过程中占据了中心地位。

福柯对死亡的态度，和他对性的态度一样是积极的。死亡无时无刻不渗透于生命之中，生与死是融会贯通，浑然一体的。这一观点最好的体现就是，死亡时时刻刻都可能在生命中出现，人随时都会死亡。人的死亡造就了人类历史，并且人们重视自己的历史，这就是人与动物的区别。福柯非常赞同弗洛伊德关于死亡本能的观点，认为死亡是人的一种本能，是生命的倾向。他提倡人们要积极地追逐和享受死亡，而不是被动地等待死亡，成为死亡的奴隶，并且推崇通过真理游戏的过程来体验死亡和生命的不可分割性，体验死亡中的艺术与美。由于自己的这种思想，福柯愿意去体验酗酒后的昏迷状态，吸毒后的妄想状态和性爱中的疯狂状态，这些都被当作是体验死亡的各种形式。他甚至认为："最美的死亡，就是在审美中为了审美而死去。"只是不知他因艾滋病而死去，是否符合他的这句言论呢？无论如何，我们留下的也只有叹息了吧。

启示与未来

要说福柯的理论对当今社会影响最大的，莫过于"酷儿理论"（Queer Theory）的发展——或者说是关于同性恋文化的研究。他有关知识、权力和性欲三者有机联系的理论成为酷儿理论的重要思想来源。

认知主义心理学大师

福柯参加1968年5月学生示威游行

身为同性恋的福柯毕生都希望同性恋得到正名，这是毋庸置疑的。但他却并不提倡追究同性恋的原因。同性恋的意识与行为的历史可能和异性恋一样古老，在有异性恋的时候，同性恋或许就已经产生了。而在动物界的同性间性行为更是比我们想象的高得多。所以福柯更关注性在社会生活中是如何发挥效用的。他指出，同性恋运动需要增加有关"生活艺术"的内容，而不是性方面的知识，"性是人们行为的一个方面，是自由的一部分……性并不是终结，而是有可能创造新的生命。"

当时的性解放只是停留在对性的宽容上，与性有关的人权并没有得到应有的尊重。福柯还清楚地认识到，对同性恋的压制与排斥，将会导致社会中同性友谊的走向衰亡。同性恋日趋成为一个社会和政治的问题，而不是停留在个人和性的问题上。

对于同性恋的认同问题，他认为同性恋者没有必要发现自己的这一身份，而是去"创造同性恋的生活，成为同性恋"，而且这样做也不该有任何限度可言。虽然酷儿理论并没有延续福柯的这条道路，但是酷儿理论的建构者们却提出了"酷儿"这个新兴名词，以取代"男同性恋"或"女同性恋"的说法，使人们更容易找到认同性。因为"更为性感，更为超越常规，更为与众不同，更具差异性"才是"酷儿"真正蕴含的意义。

福柯作为一位"思想家——酷儿"，在死后成为许多男女酷儿和

福柯：疯狂于性与死亡之间的"酷儿"

知识分子的典范。人们希望像他一样找到自己所追求的真理的道路，毫无保留地实现自身的追求和梦想。人们认为酷儿身上所具有的"悖谬性、怪诞性、反常性、越轨性"并非是"不正常的"，甚至是"龌龊的"，而仅仅是人的这些本性在性取向上的表现和状态。这样的理念更是激发酷儿勇于自我认同，勇于追求自己真理的动力所在。

酷儿的存在是一种艺术，是一种美。酷儿们自己的人生得到了一种审美意义上的升华。福柯的生存美学就是在别人快乐的同时，使自己得到快乐。因此福柯毕生都在通过销魂试验找寻这样的快乐，使自己的生存艺术化和美学化。没有销魂试验就没有生存美学，酷儿理论的存在，就是要打破人们的固有的性观念，帮助酷儿们实现自身的生存之美。

在中国泱泱五千年的文明史上，多有文献记载的同性恋，比如，魏晋南北朝时期盛行"男风"，即"男男相愉，女女相悦"；何晏、王夷甫、潘安等历史名人都"以美男子而善敷朱粉、作妇人相见闻于世"。在我们的传统文化——京剧——中，亦有男扮女装的现象存在，而这也作为我们宝贵的文化遗产而得到全世界的关注。可惜的是，近代中国对于同性恋的看法却不是非常积极的，甚至今天还有不少人对同性恋怀有深恶痛绝和仇视的态度。笔者不禁深思，这难道是人们固有的"艾滋病和同性恋有必然联系"的观念而造成的吗？如果真是这样，那只能用愚昧无知来形容这些人了。无论如何，福柯的理论以及其后产生的酷儿理论，正在不断地帮助我们正确地认识同性恋或酷儿，以及他们相应的文化，为我们对同性恋的研究敞开了大门，铺设了前进的道路。

参考文献

1. B. R. 赫根汉：《心理学史导论》（第四版），华东师范大学出版社 2004 年版。

2. 范明生：《柏拉图哲学述评》，上海人民出版社 1984 年版。

3. 赵广明：《理念与神》，江苏人民出版社 2004 年版。

4. 米兰·昆德拉：《不能承受的生命之轻》，上海译文出版社 2003 年版。

5. 乔纳逊·伯内斯：《亚里士多德》，中国社会科学出版社 1986 年版。

6. 王树人、于丽嫦、侯鸿勋主编：《西方著名哲学家传略》，山东人民出版社 1987 年版。

7. 弗朗西斯·培根：《培根论人生》，团结出版社 2005 年版。

8. 皮埃尔·弗雷德里斯：《勒内·笛卡尔先生和他的时代》，商务印书馆 1997 年版。

9. 姚鹏：《笛卡尔的天赋观念说》，求实出版社 1986 年版。

10. 熊哲宏：《论"心理模块性"研究的理论心理学意义》，《心理学探新》2002 年第 1 期。

11. 杨鑫辉主编：《心理学通史 第五卷（下）》，山东教育出版社 2000 年版。

12. 卢梭：《忏悔录》，人民文学出版社 1992 年版。

13. 卢梭：《论人类不平等的起源和基础》，广西师范大学出版社 2002 年版。

14. 赖军维：《萨德侯爵的神学观："恶魔化"的上帝与"情色"书写》，《中外文学》第 33 卷，2005 年 3 月。

15. 柳鸣九主编：《淑女蒙尘记》、《魔鬼附身》，时代文艺出版社 2002 年版。

16. S. E. 佛罗斯特：《西方教育的历史和哲学基础》，华夏出版社 1995 年版。

17. 中国教育史研究会主编：《杜威赫尔巴特教育思想研究》，山东教育出版社 2001 年版。

18. 舒尔茨：《现代心理学史》，人民教育出版社 1981 年版。

19. 车文博：《西方心理学史》，浙江教育出版社 1998 年版。

20. E. G. 波林：《实验心理学史》，商务印书馆 1991 年版。

21. 杨治良：《心理物理学》，甘肃人民出版社 1989 年版。

22. 叶浩生：《西方心理学的历史与体系》，人民教育出版社 1998 年版。

23. 陈元晖：《论冯特》，上海人民出版社 1979 年版。

24. 高申春：《冯特心理学遗产的历史重估》，《心理学探新》2002 年第 1 期。

25. 杜·舒尔兹等：《现代心理学史》，江苏教育出版 2005 年版。

26. 莫顿·亨特：《心理学的故事》，海南出版社 1999 年版。

27. R. J. 斯腾伯格：《成功智力》，华东师范大学出版社 1999 年版。

28. 吉姆·霍尔特：《优生学之父高尔顿的奇怪科学》，《国外社会科学文摘》2005 年第 2 期。

29. 任本命：《弗朗西斯·高尔顿》，《遗传》2005 年第 4 期。

30. 张述祖等编：《西方心理学家文选》，人民教育出版社 1983 年版。

31. 熊哲宏主编：《西方心理学大师的故事》，广西师范大学出版社 2006 年版。

32. 张春兴：《心理学思想的流变——心理学名人传》，上海教育出版社 2002 年版。

33. 高峰强、秦金亮：《行为奥秘透视——华生的行为主义》，湖北教育出版社 2000 年版。

34. 华生：《行为主义》，浙江教育出版社 1999 年版。

35. 熊哲宏主编：《心理学大师的爱情与爱情心理学》，中国社会科学出版社 2007 年版。

36. 马文驹、李伯泰主编：《现代西方心理学名著介绍》，华东师范大学出版社 1991 年版。

37. Roger R. Hock：《改变心理学的 40 项研究》，中国轻工业出版社 2004 年版。

38. 弗恩（傅铿编译）：《精神分析的过去和现在》，学林出版社 1988 年版。

39. 熊哲宏：《心灵深处的王国——弗洛伊德的精神分析学》，湖北教育出版社 1999 年版。

40. 车文博主编：《弗洛伊德主义评论》，吉林教育出版社 1992 年版。

41. Pierre Babin（黄发典译）：《弗洛伊德——科学时代的解梦者》，上海书店出版社 2000 年版。

42. 沈德灿：《精神分析心理学》，浙江教育出版社 2005 年版。

43. 丽迪娅·弗莱姆：《弗洛伊德别传——弗洛伊德和他的病人们的日常生活》，文化艺术出版社 2002 年版。

44. 荣格：《分析心理学的理论与实践》，三联书店 1991 年版。

45. F. 弗尔达姆：《荣格心理学导论》，辽宁人民出版社 1988 年版。

46. 理查德·诺尔：《荣格崇拜——一种有超凡魅力的运动的起

源》，上海译文出版社 2003 年版。

47. 伯纳德·派里斯：《一位精神分析家的自我探索》，上海文艺出版社 1997 年版。

48. 葛鲁嘉、陈若莉：《文化困境与内心挣扎——霍妮的文化心理病理学》，湖北教育出版社 199 年版。

49. 汪新建：《霍妮对神经症人格的社会文化视角分析》，《医学与哲学》2000 年第 10 期。

50. 黄颂杰主编：《弗洛姆著作精选——人性·社会·拯救》，上海人民出版社 1987 年版。

51. 吴光远、李慧编著：《弗洛姆——有爱才有幸福》，新世界出版社 2006 年版。

52. 郭兴：《金赛的性调查和今人的性调查》，《百科知识（上）》2005 年第 6 期。

53. B. M. 雷宾：《精神分析和新弗洛伊德主义》，社会科学文献出版社 1988 年版。

54. M. M. 巴赫金、B. H. 沃洛申诺夫：《弗洛伊德主义评述》，辽宁人民出版社 1987 年版。

55. 鲁本·弗恩：《精神分析学的过去和现在》，学林出版社 1988 年版。

56. 杨大春：《沉沦与拯救——克尔凯郭尔的精神哲学研究》，人民出版社 1995 年版。

57. 魏韶华：《克尔凯郭尔的基督教信仰观与鲁迅的国民信仰批判》，《东方论坛》2005 年第 2 期。

58. 袁志英编著：《抑郁的心灵之光——叔本华传》，上海世界图书出版公司 1994 年版。

59. 陈小平等编著：《独身哲学家》，中国社会出版社 1994 年版。

60. 陶黎铭著：《一个悲观者的创造性背叛——叔本华的〈作为意志和表象的世界〉》，云南人民出版社 1990 年版。

61. 杜丽燕：《尼采传》，河北人民出版社 1998 年版。

62. 陈鼓应：《尼采新论》，上海人民出版社 2006 年版。

63. 比梅尔：《海德格尔》，商务印书馆 1996 年版。

64. 吕迪格尔·萨弗兰斯基：《海德格尔传》，商务印书馆 1999 年版。

65. 帕特里·夏奥坦·伯德约翰逊：《海德格尔》，中华书局 2003 年版。

66. 张志伟、欧阳谦：《写给大众的西方哲学》，人民出版社 2004 年版。

67. 崔唯航、张羽佳：《本真存在的路标——马丁·海德格尔》，河北大学出版社 2005 年版。

68. 维克托·法里亚斯：《海德格尔与纳粹主义》，时事出版社 2000 年版。

69. 黄忠晶：《第三性》，青岛出版社 2002 年版。

70. 钱秀中：《波伏娃画传》，东方出版社 2006 年版。

71. 彭运石：《走向生命的巅峰——马斯洛的人本心理学》，湖北教育出版社 1999 年版。

72. 弗兰克·G. 戈布尔：《第三思潮》，上海译文出版社 2006 年版。

73. 江光荣：《人性的迷失与复归——罗杰斯的人本心理学》，湖北教育出版社 1999 年版。

74. 李绍昆：《美国的心理学界》，商务印书馆 2000 年版。

75. James F. T. Bugental, Rollo May (1909—1994). American Psychologist, April 1996.

76. Fredric E, Elenn Good, Liza Cozad, Rollo May: A Man of Meaning and Myth. Journal of Counseling and Development, April 1989.

77. 郭永玉：《两种人本心理学的辩论》，《心理学探新》2003 年第 1 期。

78. 约翰希顿：《维特根斯坦与心理分析》，北京大学出版社

2005 年版。

79. 巴特利：《维特根斯坦传》，东方出版中心 2000 年版。

80. 麦基：《思想家——与十五位杰出哲学家的对话》（第二版），三联书店 2004 年版。

81. 熊哲宏：《皮亚杰理论与康德先天范畴体系研究》，华中师范大学出版社 2002 年版。

82. 李其维：《破解"智慧胚胎学"之谜——皮亚杰的发生认识论》，湖北教育出版社 1999 年版。

83. 杜声峰：《皮亚杰及其思想》，三联书店（香港）有限公司 1988 年版。

84. 杜丽燕：《皮亚杰》，台湾三民书局 1994 年版。

85. Gatherine Walsh, "Reconstructing Larry: Assessing the Legacy of Lawrence Kohlberg", Harvard Graduate School of Education, October 1, 2000.

86. 莫雷主编：《20 世纪心理学名家名著》，广东高等教育出版社 2002 年版。

87. 唐纳德·里德：《追随科尔伯格：自由和民主团体的实践》，黑龙江人民出版社 2003 年版。

88. L. 科尔伯格：《道德发展心理学：道德阶段的本质与确证》，华东师范大学出版社 2004 年版。

89. 李银河：《性的问题·福柯与性》，山东人民出版社 2001 年版。

90. 高宣扬：《福柯的生存美学》，中国人民大学出版社 2005 年版。

91. 黄华：《权力、身体与自我——福柯与女性主义文学批判》，北京大学出版社 2005 年版。

92. 塔姆辛·斯巴格：《福柯与酷儿理论》，北京大学出版社 2005 年版。

跋：祈盼 21 世纪诞生中国心理学大师

我的导师李其维教授在给"当代心理科学名著译丛"（华东师范大学出版社出版）撰写的"总序"中，曾这样深情地表达编委会的"最诚挚的愿望"、"最核心的初衷"："今日播种西方译丛，为的是来年收获中国的名著！随着新世纪曙光的到来，随着中国现代化的高歌猛进，中国的心理学家既有能力也有信心，贡献于世界科学与文明更多创造性的成果。我们深信，待以时日，'当代中国心理学家名著译丛'也会出现于西方！"

而我主编《心理学大师的失误启示录》，其愿望或初衷与我的导师完全一致。若是套用或模仿他的说法，可以这样写：今日探讨西方心理学大师的失误，为的是祈盼 21 世纪诞生中国的心理学大师！待以时日，中国的心理学大师一定会屹立于世界的东方！

话虽这样说，可我的"底气"还是不足。一个不争的事实是，整个 20 世纪，在中国，没有出现心理学大师！也许你会说，有没有"心理学大师"，取决于你关于"大师"的概念。我不想在这里引发一场概念之争，因为这样的争论是没有结果的！但我可以拿出一个强有力的证据：国内《心理科学》2003 年第 2—3 期，刊载了孙晓敏、张厚粲的《二十世纪一百位最著名的心理学家》，其开篇写道："前不久，美国广受欢迎的心理学期刊——《普通心理学评论》（第 6 卷第 2 期）刊登了一项最新的调查研究结果，其内容是对 20 世纪的心理学家的知名度进行评比，结果列出了其中最著名的前 99 位。斯金纳排名第一，皮亚杰、弗洛伊德和班杜拉紧随其后。"当然，这中间

跋：祈盼21世纪诞生中国心理学大师

并没有中国人。

在这样一个后记式的"跋"里，我不可能，也没有必要去分析一下为什么中国没有"最著名的心理学家"或心理学大师，也不想触及当下人们谈兴正浓的"学术腐败"问题——这是一个无解的问题。鉴于我的读者对象主要是年轻的心理学初学者（本科生）和心理学爱好者，如果在这里谈论学术腐败问题，势必会使他们对中国心理学的未来信心不足。干脆，我把我要谈的主题限定为：究竟什么是心理学家？心理学大师又该如何？你怎么样才能凭自身的努力而成为一名21世纪的中国心理学大师？就算是我对开篇的"主编序言"的一个补充吧。

在1999年以前，我的教授岗位是哲学；就算我今天栖息的是心理学系，但我最认同的仍然是我的哲学研究者身份。我曾跟我的研究生们调侃说："我是待在心理学系的哲学研究者！"我没有使用"哲学家"这个词，因为印象中，哲学界没有人胆敢肆意号称自己是"哲学家"。在中国的哲学界，"哲学家"的称谓既是神圣的，又是公认的，如冯友兰、贺麟、金岳霖等，就那么几位。可中国心理学界的情况就不同了。好像只要是搞心理学的，就人人都是，或都可以叫做"心理学家"！不是吗？只要你混上了"教授"，特别是你捞上了什么校长、院长或系主任，再加上你在学术江湖上闯进了什么学会的"理事"，那么你就能根据某某学会的常务理事会和下属各专业委员会的"推荐"，成为"国内百位著名心理学家"——当然是"有影响、学术上有造诣的心理学家"。

可是，据我所知，"二十世纪一百位最著名的心理学家"可不是"推荐"出来的！人家可是有三个"定量的"指标、三个"定性的"指标。如果用这样的指标来衡量所谓"国内百位著名心理学家"，除了屈指可数的几位可以称得上是"心理学家"外，许多人是完全不配这个称谓的。对此，我并无成见；更何况，我是对事不对人。其实，我在这里真正想说的是，"心理学家"的头衔可不是好混的。中

心理学大师的失误启示录

国人是不是每每见到西文"psychologist"就一定能译为"心理学家"？尽管这是许多人的惯用伎俩，可我认为未必能这样处理。略知一点缀词法的人都知道，后缀"-ist"本来不过就是"专业人员"、"工作者"、"实践者"的意思。你要是动不动就将"-ist"译成"……家"，那么中国人所讲的"家"，就毫无意义了！就连娱乐圈里的人都知道"歌手"与"歌唱家"还是有区别的嘛；那心理学界的人，就不应该知道"心理学工作者"与"心理学家"其实是有界限的吗？

你也许会说我是在"字眼"里面"挑骨头"。然而我认为这根本不是一个"字眼"的问题，而是如何评估当下中国心理学在国际上的地位和声誉问题。依我看，如果把中国的哲学和心理学在国际上的地位两相比较，我可以肯定地说，中国的心理学比中国的哲学要落后得多！说起来道理也很简单：中国有悠久而深厚的哲学传统，在"形而上"的层面上，无论是古代还是今天，中国人都可以与西方平起平坐地对话；可心理学就完全不同了！中国传统上只有"哲学心理学"或"常识心理学"（通常所说的"中国心理学史"不过就是哲学心理学史或常识心理学史），而所谓"科学心理学"只是20世纪初的"舶来品"。直至今天，由于众所周知却讳莫如深的原因，这个舶来品仍然只是"舶来"者——"照葫芦画瓢"。不说别的，只要你看一下那汗牛充栋、占据全部心理学期刊版面近一半的所谓"综述"，你就知道心理学的"科研成果"是怎么回事了。

也许有人觉得这是一个不成问题的问题，你是在小题大做！但出于对我自己的学生们——我曾在《西方心理学大师的故事》的"后记"中写过："中国心理学的未来属于他们！中国未来心理学大师将从他们之中诞生！"——有望成为21世纪心理学大师的期待，我觉得明确一下"心理学家"的概念，是大有裨益的。

首先我觉得，要真的懂得心理学家的概念，首先必须具有心理学的历史知识。而这正是当下中国心理学界所缺乏的东西。说来都不好

跋：祈盼21世纪诞生中国心理学大师

意思。没有哪一门自然科学的学科能够免除自身历史知识的学习，如物理学系的本科生，选修《物理学史》就是天经地义的事情；可中国的心理学就又不同了——不懂心理学史，照样搞心理学！难怪北京某一名牌大学的心理学系，尽管在教学计划中列有《心理学史》课程的名目，但实际上从来就没有开过这门课！而《2007年全国硕士研究生入学统一考试——心理学专业基础综合考试大纲》，将心理学史完全剔除考试范围！但我总是相信，"那些不懂历史的人注定要重蹈历史的覆辙"（美国哲学家桑塔亚那语），难道不是吗？

正如我在"主编序言"中所说的那样，我主张从"范式"的视角来界定心理学家——这正是心理学史所教给我的知识和启迪。如果我的这一视角不错的话，那么，一位心理学家，首先就在于他提出了历史上前所未有的"理论假设"，像达尔文的自然选择和性选择假设、皮亚杰的衍生论假设、斯金纳的后效强化假设等。理论假设可不是一般人能够随便提出来的，它需要有哲学家的头脑。然而可悲的是，国内心理学界某些人对哲学抱有一种奇怪而又自相矛盾的心态：一方面大肆拒斥哲学，说它"思辨"（而心理学是"实证"）；另一方面又拉大旗作虎皮，说"我的这项研究是在辩证唯物主义的指导下进行的"；或"符合辩证唯物主义的基本原理"，如此等等。可笑得很，中国哲学界早就不使用"辩证唯物主义"这个词了——这是一个被废弃了的过时的词，心理学界有多少人知道呢？

当然，问题不在于你怎么使用某个词，而在于你骨子里面对哲学的态度！恕我直言，国内心理学界的理论思维水平——或提出理论假设的能力——太差，我认为这是中国心理学工作者不能跻身"心理学大师"的最根本的原因。也许你会说，我们不是有搞"理论心理学"的人吗？他们应该是有"哲学头脑"的呀！可是，就我所了解的某些头面人物来说，这些人是既不懂哲学，又不会做实验，擅长的倒是"打棍子、贴标签"：你说弗洛伊德吗？"我""研究"了几十年但观点不变："十足的非理性主义"、"陷入唯心主义和形而上学的

心理学大师的失误启示录

境地"、"具有神秘主义色彩"。你说进化心理学吗？"我"不用具备任何进化生物学知识就可以断定，它是"缺乏科学依据的"、"大多是推测性的"、"不具备可证伪性"、"不符合科学方法论的基本原则"、"有意或无意地夸大了基因的作用"。

我要说的心理学家的第二个标志，就是独创了自己的"研究方法"。理论假设的提出还只是具备了成为一名心理学家的可能性，而方法的创新才使这种可能性变为现实——这就是为什么前者叫做哲学家，后者才是心理学家的理由。斯金纳的"纯粹描述法"、高尔顿的"相关分析法"、卡特尔的"因素分析法"等，是使他们成为"科学的"心理学家的客观准绳。没有这些方法上的独创，心理学就只能停留在"常识心理学"水平，世界上也就没有所谓"心理学家"——更不用说"科学心理学家"了。

有了理论假设和研究方法，最后就要看他所贡献的研究成果即"概念框架"了。概念框架是我们经常所说的"理论体系"之核心部分，是由许多彼此之间有内在联系的概念所构成的网络。如果一个搞心理学的人曾阐发过某个或某几个概念（像有人热衷的所谓"中国特色的心理学"——最近又冒出了一个新变种即"心理学研究中国化"；"本土心理学"之类），但此概念不仅内涵不清，而且此概念与彼概念之间有内在的矛盾冲突（像所谓"心理和谐"、"非智力因素"等），那这个人就算不上心理学家。只有那种概念与概念之间有内在的逻辑联系——如果抽取出其中的某一个概念，则不仅这个概念本身无法得到理解，而且还会使整个概念框架倒塌，那就是我所说的概念框架了。一个经典的例子是皮亚杰。他在概括自己的成就《皮亚杰的理论》一文中，正是围绕"格式"、"同化"、"顺化"和"平衡过程"这样一个概念框架来陈述的。在这四个核心概念中，任何一个概念都不能脱离其他的概念——要是离开了整个概念框架，那单个的概念本身就是毫无意义的！

写到这里，聪明的读者就会明白，作为一个"心理学家"，应该

跋：祈盼21世纪诞生中国心理学大师

意味着什么了！只有那些提出了历史上前所未有的"理论假设"，独创了自己的"研究方法"，阐明了自己特有的概念框架的人，才能称得上"心理学家"。而我所说的"心理学大师"，则只要在"心理学家"前面加上"最著名的"或"最杰出的"，就可以了。

如果我的这个心理学家的概念是正确的，那么对于我的年轻读者来说，要想成为21世纪的中国心理学大师，他们该知道从哪些方面努力了。

华东师范大学心理系国家理科基地2004级基础心理学专业的部分同学，勇敢而又审慎地承担了本书初稿的写作任务。说他们"勇敢"，是因为他们尚在大学三年级且心理学知识有限的情况下，大胆无畏地向西方心理学大师挑战，以初生牛犊不怕虎的精神，以自己的独特理解方式找出了大师的失误所在；说他们"审慎"，是因为他们严谨地、一丝不苟地投身心理学大师成长道路的探索，从他们对大师的人格缺陷、日常生活疏懒、理论和方法上留下的缺憾等方面的亲身感悟中，意味深长地道出了他们从中所得到的启示。无论是他们找出的"失误"，还是他们发自内心的"启示"，对于他们日后向新一代中国心理学工作者，特别是向21世纪中国心理学大师的迈进，都将产生不可磨灭的影响！我想，这是我指导他们从事这项研究的实质意义所在。

这里我又忍不住要赞美一下我们的本科生。在现行的教育体制下，我认为他们是最有创造性的。我曾经在系里的教务会议上，还有2006年暑期在黄山的小型研究生教材编写会上，我说了一句"名言"——因为它博得了不少同仁的共感："我最喜欢的是本科生，我最不喜欢的是硕士生，我最没有感觉的是博士生。"在此，我对我的研究生们表示歉意！但你们要知道我的用心良苦！我照样是对事不对人。你们要把我的这句话看作是对现行教育体制之弊端的血泪控诉："学历"与"创造性"成反比——随着学生学历的增高，他们的创造

心理学大师的失误启示录

性反而在下降!

正是出于对本科生新锐、旺盛的创造力的珍惜,我近几年把大量精力用在培养他们在本科阶段的科研能力上,同时也得到了我系"国家理科基地人才培养基金项目"的支持。而关于心理学人物的研究与写作,是我培养计划中的重要一环。我在课堂教学中,还发明了一些有助于"研究性学习"的其他方法,如"心理学经典文本的阅读与翻译"、"心理学史课堂学术报告会"等。我最喜欢给本科生上课。当我看着那一双双渴求知识的眼神时,我怎么也不敢怠慢、慵懒;而当我的付出从学生的满足神态中得以回馈时,个中的美妙、惬意之感实在难以言表!可惜的是,在硕士生、博士生那里,我再也看不到那种渴求知识的眼神了。

以下是各位作者的姓名(以本书目录为序):

乔玲(柏拉图)、左东朔(亚里士多德)、方茜茹(培根)、沈曹磊(笛卡尔)、樊义(卢梭)、杜萍(萨德侯爵)、黄天翼(赫尔巴特)、王喆彬(费希纳)、王嘉(冯特)、张亮(铁钦纳)、姚颖蕾(高尔顿)、赵斯曼(比纳)、苏辰昌(詹姆斯)、贺琰旻(桑代克)、黄静怡(华生)、李俊耀(麦独孤)、陶渊慭(班杜拉)、蒋柯(弗洛伊德)、叶丹青(荣格)、马明远(霍妮)、谭洁(弗洛姆)、孙璇(金赛)、朱萍(赖希)、杜熙茜(克尔凯郭尔)、李二霞(叔本华)、徐旻(尼采)、刘颖仪(海德格尔)、吴永钦(萨特)、李倩(马斯洛)、陈莹(罗杰斯)、强法(罗洛·梅)、计云(维特根斯坦)、张莹(皮亚杰)、陈中廷(科尔伯格)、唐淦琦(福柯)。

书中的行文表述文责自负,体现的是每一个作者的研究成果,并不直接代表主编的观点。在写作过程中,作者们参考了国内有关的研究成果。我在此谨向有关成果的作者表示衷心的感谢!我们率先大胆地探索西方心理学大师的失误,这在国内尚属首次。惟其如此,不免会存在这样那样的欠缺与不足。我们诚恳地期待读者批评指正,以便我们在这方面的研究再上一个新的台阶。

跋：祈盼 21 世纪诞生中国心理学大师

我要感谢我的硕士生代慧慧，她作为主编助理，为本书付出了辛勤的劳动。初稿我总共修改了三次，每次全部都由她在电子版上改正文字，还为本书作了初步的排版，其中的烦琐、艰辛可想而知。比利时鲁汶大学的留学生陈蓓雯小姐就本书的创意和构思提出了极富建设性的意见，并发来了我所需要的英语文献。我的博士生蒋柯拨冗撰写了弗洛伊德一章。我的硕士生高小昕对部分文字做了修饰与润色。责任编辑李炳青编审高水平的文字加工使本书大为增色。这里一并致谢！

最后当然要感谢陈彪先生，我俩共同发起"走近西方心理学大师丛书"，目的是为了以介绍心理学人物的方式向中国大众普及心理学知识。相信我们的合作会越来越好！

熊哲宏
2007 年 8 月 30 日